Blecken/Hasselmann **Kosten im Hochbau**

Kosten im Hochbau

Praxis-Handbuch und Kommentar zur DIN 276

mit 81 Abbildungen und 23 Tabellen

Herausgeber:

(Univ.-)Prof. em. Dr.-Ing. Udo Blecken

war Inhaber des Lehrstuhls für Baubetrieb an der Universität Dortmund, Mitglied im Normenausschuss zur DIN 276

Prof. Dr.-Ing. Willi Hasselmann

Hochschullehrer an der Technischen Fachhochschule Berlin, Mitinhaber eines Ingenieurbüros für Projektmanagement

Autoren:

Dr.-Ing. Architekt Bert Bielefeld, (Univ.-)Prof. em. Dr.-Ing. Udo Blecken, Dr.-Ing. Thomas Feuerabend, Prof. Dr.-Ing. Willi Hasselmann, Dipl.-Ing. Jens-Uwe Heß, Prof. Dr.-Ing. Ursula Holthaus, Prof. Dipl.-Ing. Andreas Krebs, Dipl.-Ing. MA Klaus Liebscher, Dr. jur. Karsten Prote, Dipl.-Ing. Matthias Sundermeier, Dipl.-Ing. Bianca Wiemer

Rudolf Müller

Bibliografische Information der Deutschen Nationalbibliothek
Die Deutsche Nationalbibliothek verzeichnet diese Publikation in der Deutschen National-
bibliografie; detaillierte bibliografische Daten sind im Internet über http://dnb.d-nb.de abruf-
bar.

Wiedergabe der DIN 276 mit Erlaubnis des DIN Deutsches Institut für Normung e.V. Maßgebend für das Anwenden von Normen ist deren Fassung mit dem neuesten Ausgabedatum,
die bei der Beuth Verlag GmbH, Burggrafenstraße 6, 10787 Berlin, erhältlich ist. Maßgebend
für das Anwenden von Regelwerken, Richtlinien, Merkblättern, Hinweisen, Verordnungen
usw. ist deren Fassung mit dem neuesten Ausgabedatum, die bei der jeweiligen herausgeben-
den Institution erhältlich ist. Zitate aus Normen, Merkblättern usw. wurden, unabhängig von
ihrem Ausgabedatum, in neuer deutscher Rechtschreibung abgedruckt.

Das vorliegende Werk wurde mit größter Sorgfalt erstellt. Verlag, Herausgeber und Autoren
können dennoch für die inhaltliche und technische Fehlerfreiheit, Aktualität und Vollständigkeit des Werkes keine Haftung übernehmen.

Wir freuen uns Ihre Meinung über dieses Fachbuch zu erfahren. Bitte teilen Sie uns Ihre
Anregungen, Hinweise oder Fragen per E-Mail: fachmedien.architektur@rudolf-mueller.de
oder Telefax: 0221 5497-140 mit.

Lektorat: Jan Stüwe, Köln
Umschlaggestaltung: Designbüro Lörzer, Köln
Satz: Satz+Layout Werkstatt Kluth GmbH, Erftstadt
Druck und Bindearbeiten: CPI books GmbH, Ulm
Printed in Germany

ISBN 978-3-481-02245-7

Vorwort

Mit der DIN 276-1:2006-11 „Kosten im Bauwesen – Teil 1: Hochbau" wurde die DIN 276 im November letzten Jahres zum achten Mal seit ihrer Erstausgabe im Jahre 1934 in überarbeiteter Form vom Deutschen Institut für Normung veröffentlicht. Auf den ersten Blick, so der Anschein, hat sich nicht allzu viel verändert. Liest man jedoch genauer, so sind wichtige neue Aspekte, die das Thema Kosten und Kostenermittlung beim Planen und Bauen beinhalten, dazugekommen, die zum Teil ein Umdenken bei den Anwendern dieser Norm – den Architekten und Ingenieuren des Bauwesens – erfordern. Dies betrifft speziell die Themen Kostenvorgabe und Berücksichtigung von Kostenrisiken. Daneben wird das Spektrum der Kostenermittlungen um eine weitere Kostenermittlungsstufe – den Kostenrahmen – erweitert.

Die Neuerungen der DIN 276-1:2006-11 und deren Anwendung bei der Kostenplanung einschließlich eines Praxisbeispiels werden in den Teilen A bis C des vorliegenden Buches erläutert.

Die DIN 276-1:2006-11 ist zwar nach wie vor primär auf die Kostenplanung bei der Planung und Realisierung eines Gebäudes fokussiert, es darf jedoch nicht übersehen werden, dass diese Thematik auch sehr eng mit der Wirtschaftlichkeit von Immobilien verknüpft ist. Hierzu werden in Teil D nähere Ausführungen gemacht.

Korrespondierend mit der DIN 276-1:2006-11 widmet sich Teil E des vorliegenden Buches der DIN 18960:1999-08 „Nutzungskosten im Hochbau" und den Weiterentwicklungen dieser Norm.

Außerdem wurde mit Teil F auch ein ausführlicher und eigenständiger Teil zu den rechtlichen Rahmenbedingungen der Kostenplanung und zum Vertragsrecht angefügt, um zu zeigen, dass Fehler bei der Anwendung der neuen DIN 276-1:2006-11 sehr schnell auch Rechtsfolgen nach sich ziehen können. In diesem Zusammenhang werden auch wertvolle Hinweise zur Vertragsgestaltung zwischen Bauherren und Architekten bzw. Planern gegeben.

Auf der beiliegenden CD werden Formularmuster zu allen Kostenermittlungsstufen auf der Grundlage des Programms Microsoft® Excel angeboten, mit denen der Praktiker seine tägliche Arbeit erleichtern kann. Darüber hinaus ist mit den Formularmustern eine Risikobewertung der Kosten auf Basis eines in Teil A vorgestellten Verfahrens möglich. Hinweise zur Benutzung der CD finden sich in Teil G.

Gedankt sei an dieser Stelle allen Autoren, die sich an dem Buch beteiligt und mit ihrem Fachwissen das dargestellte fachliche Spektrum ermöglicht haben. Unser Dank gilt in ganz besonderer Weise auch zwei Kollegen, den Professoren Friedrich Quack, ehemals Bundesrichter am Bundesgerichtshof, und Dr. Karlheinz Pfarr, emeritierter Inhaber des Lehrstuhles für Bauwirtschaft und Baubetrieb an der Technischen Universität Berlin, für ihre Anregungen und Hinweise, die zum Gelingen des Buches beigetragen haben.

Des Weiteren gilt unser Dank Herrn Dipl.-Ing. MA Klaus Liebscher, der in unermüd-
licher Kleinarbeit alle Teile mit den Autoren und dem Verlag abgestimmt und damit
wesentlich die Erstellung des vorliegenden Buches befördert hat.

(Univ.-)Prof. em. Dr.-Ing. Udo Blecken   Prof. Dr.-Ing. Willi Hasselmann

Berlin/Karlsruhe, im März 2007

Inhaltsverzeichnis

Teil A: Grundsätzliches zur DIN 276-1:2006-11

Autoren: (Univ.-)Prof. em. Dr.-Ing. Udo Blecken, Prof. Dr.-Ing. Willi Hasselmann, Dipl.-Ing. MA Klaus Liebscher

0   Einleitung

Eine DIN-Norm sollte ca. alle 5 Jahre auf ihre Aktualität hin überprüft und – falls erforderlich – überarbeitet werden. Für die DIN 276 in ihrer Fassung aus dem Jahr 1993 war aus unterschiedlichen Gründen eine solche Überprüfung notwendig geworden.

Die DIN 276 ist für Architekten und Ingenieure eine der wichtigsten Normen überhaupt, geht es doch um die Ermittlung der Kosten eines Bauobjektes. Der Architekt und Fachingenieur, beide gemeinsam, ermitteln für den Bauherrn die Kosten seiner geplanten Investition in unterschiedlichen Stadien des Planungs- und Bauprozesses. Diese Kostenermittlungen stellen Kosten und Qualitäten/Quantitäten in einen engen Kontext zueinander und liefern somit die Grundlage für Wirtschaftlichkeitsbetrachtungen des Bauobjekts. Diese Wirtschaftlichkeitsbetrachtungen wiederum entscheiden über die Durchführbarkeit einer Bauinvestition schlechthin. Kostenermittlungen auf Basis der DIN 276 bilden bereits in frühen Planungsphasen die Grundlage für Finanzierungsüberlegungen und -entscheidungen. Auch dass die DIN 276 in die derzeit gültige Honorarordnung für Architekten und Ingenieure (HOAI) als Grundlage für die Honorarermittlung und innerhalb der Beschreibung des Leistungsbildes „Objektplanung" eingebunden ist, zeigt deutlich, wie eng diese Norm mit der Tätigkeit der Architekten und Ingenieure verbunden ist.

Historisch gesehen folgt die DIN 276 von ihren Ursprüngen im Jahr 1934 bis heute in ihren Kostenermittlungsansätzen den Vorgaben des Bauherrn, indem sie dessen Vorstellungen von Qualität und Quantität in Kostenansätze transformiert. Man könnte dies vereinfacht auch so ausdrücken: Der Bauherr erwartet von seinem Architekten und den Ingenieuren eine möglichst exakte Kostenermittlung, die sich aus seinen Vorgaben und den daraus resultierenden planerischen Festlegungen in den einzelnen Leistungsphasen des Planungs- und Bauprozesses ergibt. Wenn sich herausstellt, dass das Bauvorhaben zu teuer wird, muss umgeplant (quantitative Änderungen) oder die Qualität reduziert werden. Eine andere Variante im Umgang mit den Kosten liefe darauf hinaus, Mehrkosten durch Finanzierungszugeständnisse der Geldgeber zu kompensieren und darauf zu hoffen, dass der Markt dies mit höheren Erträgen auf der Einnahmenseite (Mieten oder Veräußerung) honorieren würde. Wie die Entwicklungen des letzten Jahrzehnts gezeigt haben, lässt sich dieser Ansatz so heute allerdings nicht mehr aufrechterhalten. Die neue DIN 276-1:2006-11 „Kosten im Bauwesen – Teil 1: Hochbau" orientiert sich deshalb in stärkerem Maße am Marktgeschehen. Sie stellt zunächst die Frage: „Was darf das Bauobjekt unter Berücksichtigung der aktuellen Marktsituation auf der Ertragsseite (Miete oder Veräußerung) überhaupt kosten?" Erst daraus werden Quantitäten und Qualitäten abgeleitet. Dies ist eine gänzlich andere „Philosophie" als die bisher praktizierte. Sie erfordert deshalb auch ein Umdenken bei Architekten und Ingenieuren. Diese Vorgehensweise kann sich durchaus positiv für alle Beteiligten auswirken. So ergeben sich für den Bauherrn Vorteile in Bezug auf Kostensicherheit und Controlling. Architekten und Fachingenieure wiederum können vom Bauherrn nunmehr klare Kostenvorgaben verlangen und ihrerseits darauf hinweisen, dass Kostenvorgaben immer auch eindeutig definierbare Quantitäten und Qualitäten nach sich ziehen. Außerdem wird für alle Beteiligten bei dieser Vorgehensweise der Blick immer wieder auf das aktuelle Marktgeschehen gelenkt. Dadurch wiederum wird die ökonomische Kompetenz der Architekten und Ingenieure gestärkt.

Ergänzend lässt sich festhalten, dass die Investitionskosten allein – so wurde Mitte der 90er-Jahre deutlich – für eine Investitionsentscheidung des Bauherrn nicht mehr ausreichend sind. „Das Projekt muss sich rechnen", wie es so schön heißt.

Die Investitionsentscheidung wird durch den nachzuweisenden Gewinn bzw. die **Rentabilität** des Bauobjektes bestimmt.

Dieser Gesichtspunkt soll, obwohl er die DIN 276 nur aus der Kostensicht tangiert, in diesem Buch mit methodischen Verfahrensweisen näher beschrieben werden. Ziel ist es, die Investitionskostenberechnung in das wirtschaftliche Umfeld der Projektplanung zu integrieren.

Eine umfassendere Einführung hierzu, inkl. Berechnungsbeispielen und Betrachtungsweisen, erfolgt in den Teilen D und E des vorliegenden Buches.

1   Änderungen in der DIN 276

Seit Ihrem Erscheinen im Jahr 1934 hat die DIN 276 immer wieder Neuauflagen und Überarbeitungen erlebt. Im Folgenden sollen die für die heutige Kostenplanung relevanten Entwicklungsstufen kurz vorgestellt werden.

1.1   Die DIN 276 von gestern bis heute

Verfolgt man die Historie dieser Norm, so lässt sich Folgendes feststellen:

Im Mittelpunkt dieser Norm stand im ingenieurökonomischen Sinne immer die Ermittlung der (Investitions-)Kosten eines Bauwerkes (des Bauobjektes).

Die DIN 276 bestand immer aus 2 wesentlichen Bestandteilen: So beschreibt die Norm zum einem die Grundlagen der Kostenermittlung (Zuordnung der unterschiedlichen Arten der Kostenermittlung zu verschiedenen Planungs- bzw. Bauphasen), zum anderen wird der Rahmen für die Zuordnung der Kosten gesetzt. Diese Struktur der Kostengliederung bildet außerdem die Basis für die Vergleichbarkeit der Kosten.

Über die Jahrzehnte entstand mit dieser Norm ein für alle am Planungs- und Bauprozess Beteiligten ein überaus wichtiger Handlungsrahmen mit Vernetzungen zu anderen wichtigen Normen und Verordnungen, wie z. B. der DIN 277 „Grundflächen und Rauminhalte von Bauwerken im Hochbau", der DIN 18960 „Nutzungskosten im Hochbau", der HOAI (Honorarordnung für Architekten und Ingenieure), der II. Berechnungsverordnung (Verordnung über wohnungswirtschaftliche Berechnungen) und der Wohnflächenverordnung, um nur einige zu nennen.

Vergleicht man die Fassungen dieser Norm seit ihrer erstmaligen Veröffentlichung 1934, dann wird deutlich, dass es zwar mannigfaltige Veränderungen gab, sich aber an der Grundkonzeption (**Kostenermittlungen und Kostengliederungen**) nichts Wesentliches verändert hat.

Die Arten der Kostenermittlung wurden von der Erstausgabe der Norm 1934 bis ins Jahr 1993 stark verändert: 1971 wurden aus ursprünglich 2 Kostenermittlungsarten (Kostenvoranschlag und Kostenanschlag) 4 Arten der Kostenermittlung (Kostenschätzung, Kostenberechnung, Kostenanschlag, Kostenfeststellung). Diese Kostenermittlungsarten sind seitdem über die Jahrzehnte fast unverändert geblieben.

Bis zur Neuausgabe der Norm im Jahr 1971 wurden die Kosten lediglich in 2 Hauptkostenarten (Baugrundstück und Baukosten) unterteilt. Im September 1971 wurde dann die Kostengliederung in 7 Kostengruppen eingeführt.

In der Folgeausgabe der Norm 1981 wurde die Gliederung der Kosten des Bauwerks nach Gebäudeelementen eingeführt. Diese Ausgabe der Norm ist heute immer noch von besonderer Bedeutung, da es in der HOAI einen statischen Verweis auf die DIN 276 aus dem Jahr 1981 gibt. So schreibt die HOAI vor, dass die anrechenbaren Kosten zur Honorarermittlung *„unter Zugrundelegung der Kostenermittlungsarten nach DIN 276 in der Fassung vom April 1981 (DIN 276) zu ermitteln"* (§ 10 Abs. 2 HOAI) sind. Hingegen sind Kostenermittlungen für den Bauherrn auf Basis der jeweils aktuellen Fassung der DIN 276 zu erstellen.

Mit der Ausgabe der Norm aus dem Jahr 1993 wurde die Gliederung nach Bauelementen stark überarbeitet, gleichzeitig wurde eine Gliederungstiefe bis in die dritte Ebene eingeführt, auf die in den einzelnen Kostenermittlungsarten Bezug genommen wird. Somit wurde die Kostenelementemethode zum ersten Mal auf breiter Basis eingeführt.

Diese hat besonders in den ersten Planungsphasen wie Vorplanung und Entwurfsplanung die Kostenplanung erheblich verbessert und vereinfacht. Im Bereich der Bauausführung allerdings zeigt die Kostenelementemethode deutliche Schwächen, da der Übergang von der Planung (bauelementeorientiert) zur Bauausführung (gewerkeorientiert) nicht berücksichtigt wurde.

Parallel zur Gliederung nach Bauelementen ermöglichte die DIN aber auch weiterhin eine ausführungsorientierte Gliederung nach Gewerken.

Die statische Vorgehensweise der Kostenplanung/Kostenermittlung wurde erstmalig in der Normfassung von 1993 mit der Definition der Begriffe Kostensteuerung und Kostenkontrolle dahingehend erweitert, dass nunmehr der Aspekt einer dynamischen Kostenplanung Eingang in die Norm fand. Betont wurde hierbei das Prozesshafte der Kostenplanung mit der Maßgabe, nicht nur zu bestimmten Ereignissen, wie z. B. der Fertigstellung des Entwurfes, eine Kostenermittlung durchzuführen, sondern diese permanent während des gesamten Planungs- und Bauprozesses zu verfolgen.

1.2   Die DIN 276 in der Fassung 2006

Was ist nun neu in der DIN 276-1:2006-11?

Gegenüber DIN 276:1993-06 „Kosten im Hochbau" wurden im Detail weitere Änderungen vorgenommen:

- Titel und Gliederung der Norm wurden geändert, um die Norm über den Hochbau hinaus anderen Bereichen des Bauwesens zu öffnen: DIN 276-1:2006-11 „Kosten im Bauwesen – Teil 1: Hochbau".
- Der Anwendungsbereich der Norm wurde entsprechend den geänderten Inhalten neu formuliert.
- Die Begriffe wurden entsprechend dem Stand der Technik geändert und ergänzt.
- Die Grundsätze der Kostenermittlung wurden zu Grundsätzen der Kostenplanung erweitert.
- **Für den neu eingeführten Begriff „Kostenvorgabe" wurden Grundsätze der Anwendung formuliert.**
- Die Grundsätze der Kostenermittlung wurden mit dem Ziel größerer Wirtschaftlichkeit und Kostensicherheit neu gefasst.
- **Die Stufen der Kostenermittlung wurden im Hinblick auf eine kontinuierliche Kostenplanung erweitert und neu formuliert.**
- **Für Kostenkontrolle und Kostensteuerung wurden Grundsätze der Anwendung formuliert.**
- **Die Definition des Kostenrisikos und Anwendungsgrundsätze dazu wurden eingeführt.**
- Der Aufbau der Kostengliederung bleibt unverändert, die Beschreibung wurde redaktionell geändert.
- Die ausführungsorientierte Gliederung der Kosten wurde als gleichwertige Alternative beibehalten; Tabelle 2 (Übersicht über die Leistungsbereiche) wurde gestrichen; stattdessen finden sich in den Literaturhinweisen der Norm Verweise auf das Standardleistungsbuch für das Bauwesen (STLB-Bau) und die Vergabe- und Vertragsordnung für Bauleistungen (VOB Teil C).
- Die Darstellung der Kostengliederung wurde entsprechend dem Stand der Technik redaktionell überarbeitet (Änderungen innerhalb einzelner Kostengruppen).

● Der Anhang A (Tabelle 3 – Gegenüberstellung der dreistelligen Kostengliederung mit der Kostengliederung der DIN 276 [Ausgabe 1981]) wurde gestrichen.

Die wesentlichen Neuerungen und Änderungen innerhalb der einzelnen Kostengruppen zwischen der DIN 276:1993-06 und der DIN 276-1:2006-11 sind in der Tabelle A 1.1 dargestellt.

Tabelle A 1.1:   Übersicht der neuen Kostengruppen der DIN 276-1:2006-11

neue Kostengruppen DIN 276-1:2006-11		alte Kostengruppen DIN 276:1993-06	Anmerkungen
200 Herrichten und Erschließen			
228 Abfallentsorgung	neu		
250 Übergangsmaßnahmen	neu		
251 Provisorien	neu		
252 Auslagerungen	neu		
300 Bauwerk – Baukonstruktionen			
396 Materialentsorgung		396 Recycling, Zwischendeponierung und Entsorgung	in 396 enthalten
397 Zusätzliche Maßnahmen		397 Schlechtwetterbau	in 397 enthalten
398 Provisorische Baukonstruktionen	neu	398 Zusätzliche Maßnahmen	in 397 aufgegangen
400 Bauwerk – technische Anlagen			
434 Kälteanlagen		435 Kälteanlagen	
474 Medizin- und labortechnische Anlagen		474 Medizintechnische Anlagen	
475 Feuerlöschanlagen		414 Feuerlöschanlagen	
477 Prozesswärme-, kälte- und -luftanlagen		434 Prozesslufttechnische Anlagen 477 Kälteanlagen	in 477 enthalten in 477 enthalten
482 Schaltschränke		482 Leistungsteile	
483 Management- und Bedieneinrichtungen	neu	483 Zentrale Einrichtungen	in 483 enthalten
484 Raumautomationssysteme	neu		
485 Übertragungsnetze	neu		
496 Materialentsorgung		496 Recycling, Zwischendeponierung und Entsorgung	in 496 enthalten
497 Zusätzliche Maßnahmen		497 Schlechtwetterbau	in 497 enthalten
498 Provisorische technische Anlagen	neu	498 Zusätzliche Maßnahmen	in 497 aufgegangen
500 Außenanlagen			
511 Oberbodenarbeiten		511 Geländebearbeitung	
512 Bodenarbeiten		511 Geländebearbeitung	
560 Wasserflächen		517 Wasserflächen	

Fortsetzung Tabelle A 1.1:   Übersicht der neuen Kostengruppen der DIN 276-1:2006-11

neue Kostengruppen DIN 276-1:2006-11		alte Kostengruppen DIN 276:1993-06	Anmerkungen
561 Abdichtungen		517 Wasserflächen	
562 Bepflanzungen		517 Wasserflächen	
569 Wasserflächen, Sonstiges		517 Wasserflächen	
570 Pflanz- und Saatflächen	neu		
571 Oberbodenarbeiten		511 Geländebearbeitung	
572 Vegetationstechnische Boden-bearbeitung		512 Vegetationstechnische Boden-bearbeitung	
573 Sicherungsbauweisen		513 Sicherungsbauweisen	
574 Pflanzen		514 Pflanzen	
575 Rasen und Ansaaten		515 Rasen	
576 Begrünung unterbauter Flächen		516 Begrünung unterbauter Flächen	
579 Pflanz- und Saatflächen, Sonstiges	neu		
596 Materialentsorgung		596 Recycling, Zwischendeponierung und Entsorgung	
597 Zusätzliche Maßnahmen		597 Schlechtwetterbau	in 597 enthalten
598 Provisorische Außenanlagen	neu	598 Zusätzliche Maßnahmen	in 597 aufgegangen
700 Baunebenkosten			
712 Bedarfsplanung		712 Projektsteuerung	jetzt 713
713 Projektsteuerung		713 Betriebs- und Organisations-beratung	in 712 aufgegangen
731 Gebäudeplanung		731 Gebäude	
732 Freianlagenplanung		732 Freianlagen	
733 Planung der raumbildenden Ausbauten		733 Raumbildende Ausbauten	
734 Planung der Ingenieurbauwerke und Verkehrsanlagen		734 Ingenieurbauwerke und Verkehrs-anlagen	
736 Planung der technischen Ausrüstung		736 Technische Ausrüstung	
746 Brandschutz	neu		
747 Sicherheits- und Gesundheitsschutz	neu		
748 Umweltschutz, Altlasten	neu		
750 Künstlerische Leistungen		750 Kunst	
759 Künstlerische Leistungen, Sonstiges		759 Kunst, Sonstiges	
760 Finanzierungskosten		760 Finanzierung	
761 Finanzierungsbeschaffung		761 Finanzierungskosten	

Fortsetzung Tabelle A 1.1:   Übersicht der neuen Kostengruppen der DIN 276-1:2006-11

neue Kostengruppen DIN 276-1:2006-11	alte Kostengruppen DIN 276:1993-06	Anmerkungen
762 Fremdkapitalzinsen	761 Finanzierungskosten	
763 Eigenkapitalzinsen	761 Finanzierungskosten	
	762 Zinsen vor Nutzungsbeginn	entfällt
769 Finanzierungskosten, Sonstiges	769 Finanzierung, Sonstiges	
775 Versicherungen		

Tabelle A 1.2:   Übersicht der Bezugseinheiten der neuen Kostengruppen der DIN 276-1:2006-11

neue Kostengruppen nach DIN 276-1:2006-11	Mengen- und Bezugseinheiten nach DIN 277-3:2005-04, Tabelle 1
200 Herrichten und Erschließen	
228 Abfallentsorgung	m² Grundstücksfläche
250 Übergangsmaßnahmen	m² Grundstücksfläche
251 Provisorien	m² Grundstücksfläche
252 Auslagerungen	m² Grundstücksfläche
300 Bauwerk – Baukonstruktionen	
396 Materialentsorgung	m² Brutto-Grundfläche (BGF)
397 Zusätzliche Maßnahmen	m² Brutto-Grundfläche (BGF)
398 Provisorische Baukonstruktionen	m² Brutto-Grundfläche (BGF)
400 Bauwerk – technische Anlagen	
434 Kälteanlagen	m² Brutto-Grundfläche (BGF)
474 Medizin- und labortechnische Anlagen	m² Brutto-Grundfläche (BGF)
475 Feuerlöschanlagen	m² Brutto-Grundfläche (BGF)
477 Prozesswärme-, kälte- und -luftanlagen	m² Brutto-Grundfläche (BGF)
482 Schaltschränke	m² Brutto-Grundfläche (BGF)
483 Management- und Bedieneinrichtungen	m² Brutto-Grundfläche (BGF)
484 Raumautomationssysteme	m² Brutto-Grundfläche (BGF)
485 Übertragungsnetze	m² Brutto-Grundfläche (BGF)
496 Materialentsorgung	m² Brutto-Grundfläche (BGF)
497 Zusätzliche Maßnahmen	m² Brutto-Grundfläche (BGF)
498 Provisorische technische Anlagen	m² Brutto-Grundfläche (BGF)

Fortsetzung Tabelle A 1.2:   Übersicht der Bezugseinheiten der neuen Kostengruppen der
DIN 276-1:2006-11

neue Kostengruppen nach DIN 276-1:2006-11	Mengen- und Bezugseinheiten nach DIN 277-3:2005-04, Tabelle 1
500 Außenanlagen	
511 Oberbodenarbeiten	m² Oberbodenfläche
512 Bodenarbeiten	m² bearbeitete Bodenfläche
560 Wasserflächen	m² Wasserfläche
561 Abdichtungen	m² Abdichtungsfläche
562 Bepflanzungen	m² Pflanzfläche
569 Wasserflächen, Sonstiges	m² Wasserfläche
570 Pflanz- und Saatflächen	m² Pflanz- und Saatfläche
571 Oberbodenarbeiten	m² Oberbodenfläche
572 Vegetationstechnische Bodenbearbeitung	m² vegetationstechnisch bearbeitete Bodenfläche
573 Sicherungsbauweisen	m² stabilisierende Fläche
574 Pflanzen	m² Pflanzfläche
575 Rasen und Ansaaten	m² Rasen- und Ansaatfläche
576 Begrünung unterbauter Flächen	m² begrünte, unterbaute Fläche
579 Pflanz- und Saatflächen, Sonstiges	m² Pflanz- und Saatfläche
596 Materialentsorgung	m² Außenanlagenfläche
597 Zusätzliche Maßnahmen	m² Außenanlagenfläche
598 Provisorische Außenanlagen	m² Außenanlagenfläche
700 Baunebenkosten	
712 Bedarfsplanung	m² Brutto-Grundfläche (BGF)
713 Projektsteuerung	m² Brutto-Grundfläche (BGF)
731 Gebäudeplanung	m² Brutto-Grundfläche (BGF)
732 Freianlagenplanung	m² Brutto-Grundfläche (BGF)
733 Planung der raumbildenden Ausbauten	m² Brutto-Grundfläche (BGF)
734 Planung der Ingenieurbauwerke und Verkehrsanlagen	m² Brutto-Grundfläche (BGF)
736 Planung der technischen Ausrüstung	m² Brutto-Grundfläche (BGF)
746 Brandschutz	m² Brutto-Grundfläche (BGF)
747 Sicherheits- und Gesundheitsschutz	m² Brutto-Grundfläche (BGF)
748 Umweltschutz, Altlasten	m² Brutto-Grundfläche (BGF)
750 Künstlerische Leistungen	m² Brutto-Grundfläche (BGF)

Fortsetzung Tabelle A 1.2:   Übersicht der Bezugseinheiten der neuen Kostengruppen der DIN 276-1:2006-11

neue Kostengruppen nach DIN 276-1:2006-11	Mengen- und Bezugseinheiten nach DIN 277-3:2005-04, Tabelle 1
759 Künstlerische Leistungen, Sonstiges	m² Brutto-Grundfläche (BGF)
760 Finanzierungskosten	m² Brutto-Grundfläche (BGF)
761 Finanzierungsbeschaffung	m² Brutto-Grundfläche (BGF)
762 Fremdkapitalzinsen	m² Brutto-Grundfläche (BGF)
763 Eigenkapitalzinsen	m² Brutto-Grundfläche (BGF)
769 Finanzierungskosten, Sonstiges	m² Brutto-Grundfläche (BGF)
775 Versicherungen	m² Brutto-Grundfläche (BGF)

Die DIN 276-1:2006-11 bringt für den Baukostenplanungsprozess wesentliche Änderungen, die sich aus der veränderten Marktsituation ergeben.

Der **Baumarkt** ist zum **Käufermarkt** geworden. Der Bauherr bestimmt den Preis z. B. mit der Vorgabe eines Budgets, das der öffentliche Auftraggeber für ein Bauvorhaben zur Verfügung hat, oder mit der Formulierung eines Gewinnziels, das ein privater Investor verfolgt.

In der DIN 276-1:2006-11 sind demzufolge die Kostenvorgabe und die zur Durchsetzung der Kostenvorgabe erforderlichen Maßnahmen, wie Kostenermittlung (speziell der Kostenrahmen), Soll-Ist-Vergleiche, Kostenprognose und Kostensteuerung bis hin zu einer Risikobetrachtung – kurz Controlling genannt –, neu eingeführt oder definiert.

Dieses **Controllingkonzept** der DIN 276-1:2006-11 mit der **Kostenvorgabe** als zentralem Ausgangspunkt soll in den folgenden Kapiteln in seiner grundsätzlichen Handhabung beschrieben werden.

Die neue DIN 276 schreibt mit diesem Controllingkonzept die in den 70er- und 80er-Jahren entwickelten betriebswirtschaftlichen Instrumente der Zielkostenplanung für den Bereich der Bauwirtschaft fest. Die Norm stellt somit ein Instrumentarium bereit, mit dem der Planer bzw. Projektsteuerer die Kostenvorgabe des Bauherrn durchsetzen kann. Bei Generalunternehmern mit Pauschalfestpreis wird dieses Vorgehen schon seit Jahrzehnten praktiziert. Der Planer wird mit diesem Instrumentarium den Generalunternehmern wieder etwas entgegensetzen können.

Die DIN 276-1:2006-11 hat sich einem weiteren Problem der Norm von 1993 gestellt. Mit der Orientierung auf die Kostenelementemethode in der Fassung von 1993 traten für ein Controllingverfahren, das durchgängig die Kosten ermitteln und kontrollieren soll, wegen der Vergabe und Abrechnung nach Gewerken oder Vergabeeinheiten methodische Probleme auf: Einerseits lagen als Ergebnisse der Kostenermittlungen innerhalb der Planungsphase Kosten für einzelne Kostenelemente vor, andererseits wurde in der Ausführungsphase mit Kosten für einzelne Gewerke mit Positionen des LV (Leistungsverzeichnis) als Rechengröße gearbeitet. Der Kostenanschlag nach Maßgabe der neuen Norm stellt nun eine Verbindung zwischen den beiden Rechengrößen her. So ist der Kostenanschlag nach DIN 276-1:2006-11, Abschnitt 3.4.4, der Ausführungsplanung zugeordnet:

„Der Kostenanschlag dient als eine Grundlage für die Entscheidung über die Ausführungsplanung und die Vorbereitung der Vergabe."

Außerdem heißt es in der Norm, ebenfalls in Abschnitt 3.4.4:

„Im Kostenanschlag müssen die Gesamtkosten (...) nach den vorgesehenen Vergabeeinheiten geordnet werden."

Diese Ordnung der bauelementeorientierten Kosten nach Vergabeeinheiten schlägt in der Kostenplanung nun eine Brücke von der Planungs- zur Ausführungsphase. Durch die Zuordnung zur Ausführungsplanung werden im Rahmen des Kostenanschlages noch vor der eigentlichen Ausschreibung **Vergabeeinheiten** gebildet. Diese wiederum bilden ein weiteres **Controllinginstrument:** Trägt der Planer bei der Erstellung der Leistungsverzeichnisse gleich seine eigenen Schätzwerte als Nullbieter ein, kann er eine Auswertung dieser Schätzwerte noch vor dem Einholen von Firmenangeboten vornehmen und steuernd eingreifen (durch Änderung der Leistungsverzeichnisse).

Eine andere Brücke zwischen den Kostenelementen einerseits und den LV-Positionen andererseits wird direkt in den AVA-Programmen (AVA = **A**usschreibung, **V**ergabe und **A**brechnung) geschlagen, indem der jeweiligen LV-Position eine entsprechende Kostengruppe zugewiesen wird. Ebenso können dem jeweiligen Kostenelement entsprechende LV-Positionen oder vereinfacht die LV-Leitpositionen zugewiesen werden.

Im Folgenden soll auf die wesentlichen Änderungen in der DIN 276-1:2006-11 näher eingegangen werden.

2   Kostenvorgabe

Zunächst soll an dieser Stelle die begriffliche Abgrenzung von **Kosten** und **Preisen** erfolgen.

Unter Preisen versteht man in der Betriebswirtschaft eine *„geldmäßige Gegenleistung für die Einheit oder Mehrheit angestrebter, angebotener oder erhaltener Leistungen, wobei diese Dienst- oder Werkleistungen auch in Form von Sach- oder immateriellen Gütern auftreten können"* (Pfarr, 1984, S. 52). Wirtschaftliches Handeln wird immer durch das Ziel bestimmt, Gewinn zu erzielen. Dementsprechend beinhalten Preise immer einen Teil Kosten, die bei der Erbringung von Leistungen anfallen, zuzüglich eines Gewinnanteils.

Die Abgrenzung zwischen Kosten und Preisen wird noch deutlicher, wenn man den Wirtschaftsablauf mit den beteiligten Institutionen betrachtet: Der Verkaufspreis einer vorgelagerten Wirtschaftsinstitution verursacht bei der nachgelagerten Wirtschafts-institution Kosten. Die Baupreise einer Baufirma setzen sich also immer aus den Kos-ten bei der Erbringung von Bauleistungen und dem (kalkulierten) Gewinn der Bau-firma zusammen. Dem Bauherrn als Besteller und Bezieher der Bauleistung entstehen Kosten. Veräußert der Bauherr seine Immobilie, errechnet er aus seinen Kosten, zuzüg-lich eines Gewinnanteils, den Verkaufspreis dieser Immobilie.

> Preis = Kosten + Gewinn oder
> Preis = Kosten – Verlust

Die DIN 276-1:2006-11 definiert in Abschnitt 2.1 die **Kosten im Bauwesen** als *„Auf-wendungen für Güter, Leistungen, Steuern und Abgaben, die für die Vorbereitung, Pla-nung und Ausführung von Bauprojekten erforderlich sind"*.

Im Sinne der DIN 276 wird immer der Begriff Kosten verwendet, also Kosten als die Aufwendungen, die auf der Bauherrnseite anfallen, um das Bauprojekt zu realisieren. Wenn im Nachfolgenden von Kosten die Rede ist, so wird also immer von der Betrach-tung aus Sicht des Bauherrn ausgegangen.

Zum besseren Verständnis des Begriffs Kostenvorgabe müssen die betriebswirtschaft-lichen Hintergründe und Vorgehensweisen erläutert werden, damit die Kostenplanung in der Bauplanung vollumfänglich praktiziert werden können, wie es auch in der Norm vorgesehen ist (wenn auch in der Normensystematik und -sprache „getarnt").

In der DIN 276-1:2006-11 wurde der folgende neue Abschnitt aufgenommen:

*„2.3
Kostenvorgabe
Festlegung der Kosten als Obergrenze oder als Zielgröße für die Planung"*

Was ist darunter zu verstehen? In Abschnitt 3.2.1 heißt es dazu:

„Ziel der Kostenvorgabe ist es, die Kostensicherheit zu erhöhen, Investitionsrisiken zu vermindern und frühzeitige Alternativüberlegungen in der Planung zu fördern."

Die Kostenvorgabe ist als ein Ziel der Planung vorgegeben. Der Planer muss nun von vornherein beachten, wie teuer das Bauwerk für den Bauherrn werden darf. Eine solche Kostenvorgabe war in der Vergangenheit auch schon üblich. Der Bundesgerichtshof stellte z. B. bereits 1998 fest, dass der Planer die ihm bekannten Kostenvorstellungen des Bauherrn bei der Planung zu berücksichtigen hat, auch wenn im Planungsvertrag keine Kostengarantie oder Kostenobergrenze vereinbart wurde. Insofern schreibt die

Neuausgabe der DIN 276 nur einen Umstand fest, der bereits in der Praxis Anwendung findet bzw. finden sollte.

Bevor die Diskussion zum Normenkonzept der Kostenvorgabe vertieft wird, soll

- in groben Zügen die betriebswirtschaftliche Entwicklung (Prinzip des Target Costing der Betriebswirtschaftslehre und die Normenregelung), auf die sich das Konzept stützt, nachgezeichnet werden, um eine Verständnisgrundlage für die Kostenvorgabe zu schaffen (Kapitel 2.1),
- das Kostenvorgabeprinzip in der DIN 276 erläutert werden (Kapitel 2.2),
- die Kostenvorgabe als Kostenobergrenze oder als Zielgröße in ihrer jeweiligen Bedeutung beschrieben werden (Kapitel 2.3),
- die Budget- bzw. die Kostenermittlung als Grundlage der Kostenvorgabe beschrieben werden (Kapitel 2.4),
- die Festlegung der Kostenvorgabe zwischen Bauherr und Planer erläutert sowie auf den Umgang mit der Kostenvorgabe bei planerischen Änderungen eingegangen werden (Kapitel 2.5),
- die Überprüfung und Festlegung der Kostenvorgabe betrachtet werden (Kapitel 2.6).

2.1   Prinzip des Target Costing der Betriebswirtschaftslehre und die Normenregelung

Target Costing (übersetzt: Zielkostenermittlung, Zielkostenrechnung) war zunächst ein betriebswirtschaftliches Instrument, das in den 70er-Jahren in der Fertigungsindustrie in Japan entwickelt wurde (vgl. Horváth, 1993; Reichmann, 2001).

Das Zielkostenkonzept stellt zunächst die Frage: „Wie teuer darf das Produkt sein, damit es am Markt wettbewerbsfähig ist?"

Mithilfe von Marktbeobachtungen und Wettbewerbsuntersuchungen wird zunächst der erzielbare Preis (Zielpreis bzw. Target Price) bestimmt. Von diesem Preis wird der Target Profit (Zielgewinn), den der Hersteller erzielen möchte, abgezogen. Als Ergebnis dieser Betrachtung ergeben sich die Allowable Costs (zulässige Kosten), also die Geldmenge, die insgesamt für den Herstellungsprozess des Produktes bereitgestellt wird.

Auf das Bauwesen übertragen lassen sich marktgerechte Gebäudepreise (Target Price) z.B. auf folgende Weise ableiten:

- bei Einfamilienhäusern und Reihenhäusern aus dem Nachfragepotenzial und Vergleichsgebäuden,
- bei Bürogebäuden aus der erzielbaren Nettomiete multipliziert mit dem aktuellen Vervielfältiger,
- bei Industriegebäuden aus dem Sollkostenanteil des Bauwerks am Produkt.

Zur Ermittlung der Allowable Costs (zulässige Kosten) wird der Target Profit (Zielgewinn) vom Target Price (Zielpreis) abgezogen. Der Zielgewinn ist z.B. der Gewinn eines beteiligten Projektentwicklers (in diesem Fall spricht man auch vom Trading Profit).

Alternativ gibt der Bauherr, z.B. ein Einfamilienhaus-Bauherr, einen festen Finanzrahmen vor, der eingehalten werden muss. Da in diesem Fall kein Projektentwickler beteiligt ist, entspricht diese Kostenvorgabe den Allowable Costs.

Den Allowable Costs werden die aus dem Produktkonzept und den eigenen Fertigungskosten resultierenden kalkulierten Plankosten gegenübergestellt. Diese Plankosten werden als Drifting Costs (prognostizierte Kosten) bezeichnet.

Anschließend werden die Allowable Costs den Drifting Costs gegenübergestellt. Dabei sind die Allowable Costs in der Regel höher als die Drifting Costs. Die Differenz zwischen beiden wird als Kostenlücke (Target Cost Gap) bezeichnet. Diese Kostenlücke gilt es durch entsprechende Maßnahmen zu schließen. Dies ist eine Managementaufgabe, weshalb man in diesem Zusammenhang auch von den Managed Costs (analog zum Begriff des Kostenmanagements) spricht.

Die folgende Abbildung stellt die genannten Zusammenhänge in einer Übersicht dar.

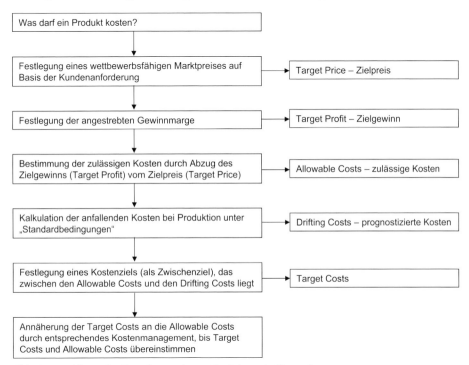

Abb. A 2.1: Allgemeine Vorgehensweise zur Ermittlung der Target Costs

Mit welchen Methoden das entsprechende Kostenmanagement – angewandt auf Bauaufgaben – erfolgen soll, wird in der DIN 276 nicht vorgegeben.

Die Betriebswirtschaft bietet dazu aber ergänzende Methoden an, wie z. B. die Wertanalyse oder die Methode des Simultaneous Engineering.

Die Grundgedanken des Target Costing sind in der neuen DIN 276 sinngemäß auf die Baukostenplanung übertragen worden, wie kurz dargestellt werden soll.

In DIN 267-1:2006-11 wird formuliert:

„3.2.2 Festlegung der Kostenvorgabe
(…) Vor der Festlegung einer Kostenvorgabe ist ihre Realisierbarkeit im Hinblick auf die
weiteren Planungsziele zu überprüfen. (…)“

Die Kostenvorgabe des Bauherrn muss zunächst daraufhin analysiert werden, ob es sich um einen Target Price oder um Allowable Costs handelt. Nach entsprechender Festlegung der Allowable Costs können diese mit den kalkulierten Planungskosten (Drifting Costs) verglichen werden.

Liegen die Drifting Costs höher als die Zielkosten, so bildet die Differenz die Managed Costs ab, also die Kosten, die durch gezielte Einflussnahme (Kostenmanagement) vermieden werden müssen.

In der Regel werden diese Kostenreduktionen durch Veränderungen der Qualitäten, der Quantitäten sowie der Planungs- und Bauzeit erreicht. In diesem Sinne findet also eine Überprüfung der Kostenvorgabe gemäß DIN 276 im Hinblick auf die weiteren Planungsziele statt. Das Ergebnis dieser Überprüfung ist mit dem Bauherrn abzustimmen. Anschließend kann die Kostenvorgabe entsprechend den Vorgaben der DIN 276 festgelegt werden. Aus diesen Überlegungen heraus wird deutlich, dass Kostenvorgaben immer im Zusammenhang mit Qualitäten, Quantitäten und Terminen zu sehen sind. Es ist die Aufgabe des Planers, dem Bauherrn diese Zusammenhänge bewusst zu machen.

Im Übrigen sind in der Baukostenplanung spezielle Kostenmanagementmethoden bekannt, wie z. B. flächenoptimiertes Bauen, ablaufoptimiertes Bauen, vermietungs- und nutzergerechtes Bauen.

Die DIN 276-1:2006-11 setzt, so soll abschließend festgehalten werden, vollumfänglich das Prinzip des Target Costing – die Kostenvorgabe – um. Dabei berücksichtigt sie ergänzend, dass die Zielkostenplanung in der Regel nicht in einem Unternehmen erfolgt, sondern zwischen 2 Unternehmen, nämlich dem freiberuflichen Planer und dem Bauherrn. Daraus resultiert die differenzierte Zielvorgabe, das Bauprojekt wirtschaftlich sowie kostensicher – also durch Soll-Ist-Vergleiche an der Kostenvorgabe – umzusetzen. Gleichzeitig hat die Dokumentation der Kostenveränderungen transparent und prozesshaft von der Planung bis zur Realisierung zu erfolgen.

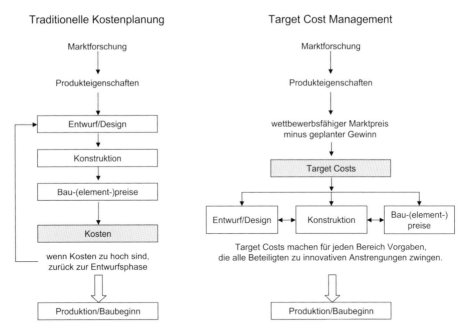

Abb. A 2.2: Traditionelle Kostenplanung im Vergleich zum Target Cost Management

2.2 Kostenvorgabeprinzip in der DIN 276

Die Kostenvorgabe für Bauobjekte wurde in Form einer Definition sowie mit entsprechenden Grundsätzen zur Anwendung neu in der DIN 276-1:2006-11 eingeführt.

Was ist nun neben dem betriebswirtschaftlichen Konzept des Target Costing bei der Kostenvorgabe in der Kostenplanung zu beachten?

Im Normentext heißt es dazu:

„3.2.1 Ziel und Zweck
Ziel der Kostenvorgabe ist es, die Kostensicherheit zu erhöhen, Investitionsrisiken zu ver-
mindern und frühzeitige Alternativüberlegungen in der Planung zu fördern."

Diese Formulierung der DIN 276 ist eine eher allgemeine Ziel-/Zweckbeschreibung, welche die Bedeutung der Kostenvorgabe einschließlich der daraus resultierenden Konsequenzen nicht wiedergibt.

Die **Kostenvorgabe** in der DIN 276-1:2006-11 stellt das **zentrale Planungsziel** dar. Damit verbunden ist die Aufgabe des Bauherrn, eine solche Kostenvorgabe zu formulieren. Der Planer wiederum kann diese Kostenvorgabe vom Bauherrn einfordern und wird seine Planung aus Kostensicht daran ausrichten müssen. Es kommt nicht mehr nur – wie in der alten DIN 276 (Ausgabe 1993) beschrieben – auf die richtige und vollständige Kostenermittlung und die Hinweispflicht auf etwaige Kostenüberschreitungen an. Vielmehr muss die Kostenvorgabe nun aktiv im Planungsprozess beachtet werden.

Die **Kostenvorgabe** ist so mit der Neuauflage der DIN 276 als **zentrales Element der Kostenplanung, Kostenkontrolle und Kostensteuerung** im Bauplanungsprozess verankert.

2.3   Die Kostenvorgabe als Kostenobergrenze oder als Zielgröße

In der DIN 276-1:2006-11 wird der Begriff der Kostenvorgabe folgendermaßen definiert:

„2.3
Kostenvorgabe
Festlegung der Kosten als Obergrenze oder als Zielgröße für die Planung"

Kostenplanung ist nur möglich, wenn ein Kostenziel definiert wird, auf das die Kostenplanung ausgerichtet ist. Dieses Kostenziel (Kostenvorgabe) steht immer in engem Zusammenhang mit den auf das Bauprojekt bezogenen **Qualitäten, Quantitäten und Terminen.** Im Zusammenspiel wie auch einzeln bilden diese die Planungsvorgaben.

Die Qualitäten definieren dabei den angestrebten Standard, die Quantitäten die angestrebte Fläche und die Termine die Planungs- und Bauzeit. Diese Handlungsfelder repräsentieren die Leistung.

Der **Leistung** stehen die **Kosten** gegenüber. Betriebswirtschaftliches Handeln zielt auf effizientes und sparsames Handeln, wie es mit dem Effizienzprinzip ausgedrückt wird. Das Effizienz- oder Wirtschaftlichkeitsprinzip verfolgt das Ziel, die günstigste Relation zwischen Leistung und Kosten zu erreichen.

$$\text{Effizienz} = \frac{\text{Leistung}}{\text{Kosten}}$$

Dabei können 2 alternative Vorgehensweisen genutzt werden, die beide auf eine größtmögliche Effizienz/Wirtschaftlichkeit abzielen, sich in ihrer Ausprägung jedoch deutlich unterscheiden:

1. Es soll eine bestimmte (feste) Leistung mit minimalen Kosten erreicht werden. Dieses Vorgehen wird auch **Minimal- oder Sparsamkeitsprinzip** genannt. Die DIN 276-1:2006-11 formuliert in Abschnitt 3.1 dazu:

    „Die Kosten sind bei definierten Qualitäten und Quantitäten zu minimieren."

    In diesem Fall bedeutet Kostenvorgabe die Vorgabe der **Kostenobergrenze.** Der Bauherr erwartet also nicht nur das Einhalten, sondern auch das Unterschreiten der Kostenvorgabe bei der Realisierung des Bauvorhabens.

2. Es soll mit einer festen Kostensumme eine maximale Leistung erreicht werden. Dieses Vorgehen wird auch **Maximalprinzip bzw. Wirksamkeitsprinzip** genannt. Die DIN 276-1:2006-11 formuliert in Abschnitt 3.1 dazu:

    „Die Kosten sind durch Anpassung von Qualitäten und Quantitäten einzuhalten; (…)."

    In diesem Fall bedeutet Kostenvorgabe die Vorgabe der **Zielkosten.** Der Bauherr erwartet also bei völliger Ausschöpfung des Budgets ein maximales Ergebnis bezogen auf Qualität und/oder Quantität des Bauvorhabens.

Die folgende Abbildung verdeutlicht beide Prinzipien:

Minimalprinzip (Sparsamkeitsprinzip)

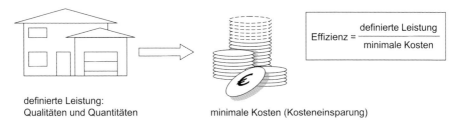

Maximalprinzip (Wirksamkeitsprinzip)

Abb. A 2.3: Wirtschaftlichkeitsprinzipien

Der Bauherr muss sich also im Klaren darüber sein, ob er eine Kostenobergrenze oder eine Zielgröße vorgibt, da er mit dieser Vorgabe das Vorgehen des Planers festlegt. Ganz abgesehen davon aber sollte der Planer die Entscheidung des Bauherrn erfragen, um im Interesse des Bauherrn handeln zu können.

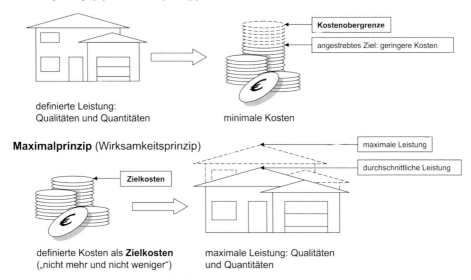

Abb. A 2.4: Kostenobergrenze und Zielkosten

2.4   Budget- oder Kostenermittlungen als Grundlage der Kostenvorgabe

Gemäß DIN 276-1:2006-11, Abschnitt 3.2.2 (Festlegung der Kostenvorgabe), kann die Kostenvorgabe auf der Grundlage eines Budgets oder der Kostenermittlung festgelegt werden.

Beim Target Costing (Zielkostenmethode) besteht der zentrale Schritt darin, aus der Wettbewerbs- und Marktbeobachtung heraus den Zielpreis abzuleiten und – reduziert um den Zielgewinn – die Allowable Costs (zulässige Kosten) als Kostenvorgabe daraus zu entwickeln. Dazu sind Beispiele aufgeführt worden, die zeigen, dass diese Methode auch in der Bauwirtschaft üblich und praktikabel ist (vgl. Kapitel 2.1). Erst in zweiter Linie werden die eigenen Fertigungskosten auf der Grundlage des Produktkonzeptes ermittelt.

Die Differenz zwischen Allowable Costs und Drifting Costs (prognostizierte Kosten) zeigt die Kostenabweichungen auf, die durch das Kostenmanagement ganz oder zum Teil auf die zulässigen Kosten zurückzuführen sind.

Wenn man so will, kann man die Budgetermittlung als die Allowable Costs – also die Zielkosten als Kostenvorgabe – verstehen, die sich aus dem Marktumfeld ergeben.

Dieses Vorgehen wird bei der Automobilindustrie und bei anderen Unternehmen im Gewerbebau praktiziert. Im Produkt (z. B. Auto, Kettensäge, Einspritzanlage) sind Zielkosten aus der Markt- und Konkurrenzsituation im Sinne der zulässigen Kosten (Allowable Costs) vorgegeben, die auf die Produktteile bzw. auf das Fertigungsgebäude heruntergebrochen werden. Die Leiter der Bauabteilungen der Industriebetriebe sprechen dann von ihrem **Budget.** Ein Budget stellt somit eine Kostenvorgabe dar, die sich an den verfügbaren Mitteln orientiert. Reichen die verfügbaren Mittel nicht aus, um die gewünschte Qualität und Quantität zu erzielen, sind entweder die Qualitätsstandards zu senken oder Einschnitte bei der Quantität (Größe) vorzunehmen.

Hingegen ist die **Kostenermittlung** als Grundlage der Kostenvorgabe eine Kostenermittlung im klassischen Sinne: Hierbei werden die Kosten in der Regel additiv zusammengestellt, d. h., man ermittelt Mengen und multipliziert diese mit Kostenkennwerten. Sind die Kosten zu hoch, sind entweder die Mengen (Quantitäten) oder die Kostenkennwerte (Qualitäten) zu reduzieren.

Kosten infolge möglicher Risiken müssen in beiden Fällen Bestandteil der Kostenvorgabe sein.

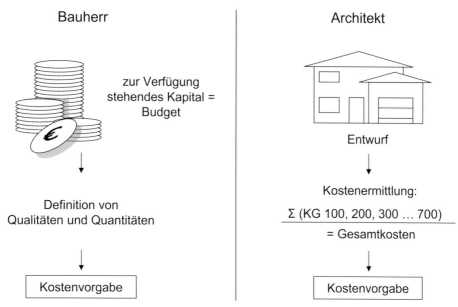

Abb. A 2.5: Budget- oder Kostenermittllung als Kostenvorgabe

2.5   Festlegung der Kostenvorgabe

In der DIN 276-1:2006-11, Abschnitt 3.2.2, ist folgende Regel notiert:

„Eine Kostenvorgabe kann auf der Grundlage von Budget- oder Kostenermittlungen fest-gelegt werden."

Besonderes Augenmerk ist hier auf das Wort *„kann"* zu legen, das die Kostenvorgabe generell zu einer Kann-Vorschrift macht.

Diese Kann-Vorschrift ist ein Kompromiss der Normenausschussteilnehmer. Liest man diesen Satz nicht im Kontext der Norm, so ist die Kostenvorgabe abhängig vom Willen der Handelnden – dem Planer auf der einen Seite und dem Bauherrn auf der anderen Seite.

Um diese Formulierung ist aus unterschiedlichen Interessensgesichtspunkten gerungen worden, wie aus einem Vorentwurfstext hervorgeht:

„Der Bauherr gibt die Kosten vor, der Planer überprüft die Kostenvorgabe auf ihre Machbarkeit.
Die zwischen Auftraggeber und Auftragnehmer festgelegte Kostenvorgabe ist für den Pla-ner verbindlich."

Diese Formulierung wurde später im Gelbdruck in seinen Anforderungen weiter gesenkt und lautete nur noch:

„3.2.2 Festlegung der Kostenvorgabe
Der Auftraggeber benennt zum frühestmöglichen Zeitpunkt – Kostenermittlung I – die Kostenvorgabe. Der Auftragnehmer überprüft die Machbarkeit. Danach wird die einzu-haltende Kostenvorgabe einvernehmlich festgelegt."

Die Kostenvorgabe ist somit also keine zwingende Vorschrift. Allerdings lässt sich im Normenkontext die Kostenplanung, Kostensteuerung und Kostenkontrolle ohne Kostenvorgaben nicht sinnvoll durchführen. Die Ziele der Kostenvorgabe (vgl. Kapitel 2.2) entsprechen denen der Kostenplanung (wirtschaftliche und kostentransparente sowie kostensichere Realisierung des Bauprojektes auf der Grundlage von Planungsvorgaben) und dem Zweck der Kostenkontrolle bzw. der Kostensteuerung (Überwachung der Kostenentwicklung und Einhaltung der Kostenvorgabe). Sie sind miteinander fachlich eng verwoben.

Solange eine Kostenvorgabe nicht explizit festgelegt ist, muss im Soll-Ist-Vergleich der Kostenkontrolle und Kostensteuerung von der niedrigsten Summe aus den vorlaufenden Kostenermittlungsstufen ausgegangen werden.

Die Kostenvorgabe ist durch die Zielkostenplanung und Kostenermittlung realisierbar. Gleichzeitig ist die Kostenvorgabe in der Kostenkontrolle zu dokumentieren. Eine Fortschreibung der Kostenvorgabe, besonders aufgrund von Planungsänderungen, ist nur in Absprache mit dem Bauherrn möglich. Hier hat der Planer eine besondere Sorgfaltspflicht gegenüber dem Bauherrn.

Spätestens aber mit dem Vergabebeginn liegt eine Kostenvorgabe in Form des mit dem Bauherrn abgestimmten Kostenanschlages vor.

Darüber hinaus hat der Planer nach gültiger Rechtsprechung die ihm bekannten Kostenvorstellungen des Bauherrn bei der Planung zu berücksichtigen (BGH, Urteil vom 22.1.1998 – VII[259/96]), auch wenn im Planungsvertrag keine Zielkosten oder Kostenobergrenze vereinbart wurde. Somit ist auch ohne verbindliche Regelung eine Kostenvorgabe implizit vorgegeben, die der Planer im Bauherrngespräch erfragen bzw. klären muss. Dementsprechend muss nach den Regeln der Norm gehandelt werden.

2.6   Überprüfung und Festlegung der Kostenvorgabe

Zur Überprüfung der Kostenvorgabe wird diese mit den kalkulierten Kosten verglichen. In der Regel werden Abweichungen durch Veränderung der Qualität, der Quantität sowie der Planung und Bauzeit ausgeglichen. Es findet also eine Überprüfung der Kostenvorgabe gemäß DIN 276 im Hinblick auf die weiteren Planungsziele statt.

Die Festlegung der Kostenvorgabe wird im Regelfall erst nach einer entsprechenden Überprüfung erfolgen.

Alternativ können ausgehend von der Kostenvorgabe Qualitäten und Quantitäten definiert werden. Diese sind dann ebenfalls vor Festlegung der Kostenvorgabe mit dem Bauherrn abzustimmen.

Das gilt auch explizit für Planungsänderungen, d.h., die Veränderungen sind zu dokumentieren und die Kostenvorgabe ist zu überprüfen.

In DIN 276-1:2006-11 ist im Abschnitt 3.2.2 „Festlegung der Kostenvorgabe" formuliert:

„(…) Vor Festlegung der Kostenvorgabe ist ihre Realisierbarkeit im Hinblick auf die weiteren Planungsziele zu überprüfen. (…) Diese Vorgehensweise ist auch für eine Fortschreibung der Kostenvorgabe – insbesondere aufgrund von Planungsänderungen – anzuwenden."

Üblicherweise wird der Bauherr seine Kostenvorstellungen formulieren, die der Planer dann mit den anderen Zielen (Qualitäten, Quantitäten und Termine) auf die Realisierbarkeit hin überprüfen muss, bevor die Kostenvorgabe (gemeinsam) z.B. im Vertrag oder anderen Dokumenten festgelegt wird. Die Kostenvorgabe sollte normalerweise in der Grundlagenermittlungsphase erfolgen. Bei komplexen Bauvorhaben oder unklaren Bauherrnvorstellungen ist möglicherweise ein Vorentwurf erforderlich, um die Kostenvorgabe festlegen zu können. Letztlich schreibt die Norm aber nicht genau vor, wann die Festlegung erfolgen soll. In Abschnitt 3.4.1 der DIN 276-1:2006-11 findet sich aber folgender Hinweis:

„Der Kostenrahmen dient (…) zur Festlegung der Kostenvorgabe.“

Intention des Normenausschusses war es, Bauherrn und Planer die Handlungsfreiheit zu geben, den Zeitpunkt der Kostenvorgabe nach Art des Bauwerks zu entscheiden (beim Zweckbau etwa schon früh, bei Museumsbauten beispielsweise nach Klärung der ästhetischen Zusammenhänge). Spätestens innerhalb der Kostenermittlungsstufe „Kostenrahmen" sollte entsprechend der Norm die Kostenvorgabe festgelegt werden.

Bei Bundesbauten wird z. B. auf Basis der Bedarfsermittlung sowie der Variantenuntersuchung zur Bedarfsdeckung ein grobes Entwurfskonzept erstellt. Dieses wird von Kostenexperten untersucht, um es mit den vorhandenen Mitteln (Budgets) abzustimmen, bevor man in der ES-Bau (Entscheidungsunterlage Bau) die Kosten als Kostenobergrenze festschreibt.

Bei Planern im Industriebau werden bei Regelgebäuden anhand von erprobten Baubeschreibungen in Abstimmung mit den Zielvorgaben des Bauherrn die Budgets festgelegt.

Ähnlich gehen auch sachkundige Bauherren im Mehrfamilienhausbau, im Büro- und Gewerbebau vor. Üblicherweise wird ein Kostenrahmen, verbunden mit einer bekannten, ggf. angepassten Baubeschreibung, als Kostenvorgabe zugrunde gelegt.

Treten im Planungsprozess Änderungen auf, so ist die Kostenvorgabe entsprechend in gleicher Art zwischen Bauherr und Planer zu prüfen und festzulegen.

Diese Methode entspricht der schon heute üblichen Vorgehensweise der Projektsteuerer. Kostenänderungen aufgrund von Planungsänderungen werden kalkuliert und dem Bauherrn zur Genehmigung vorgelegt.

Im dynamischen Planungsprozess sind kostenrelevante Eingriffe durch die Informationspflichten des Planers und die Mitwirkungspflichten des Bauherrn zu formalisieren.

3   Kostenermittlung

Die Kostenermittlungen als Kern der DIN 276 waren schon in der Ausgabe von 1954 vorhanden. Kostenermittlungen sind bei jedem Bauprojekt durchzuführen. Die praktische Arbeit mit der Kostenermittlung und die Notwendigkeit, die Kosten kontinuierlich zu verfolgen, haben jedoch Unklarheiten bei der Anwendung der DIN 276 (Ausgabe 1993) aufgedeckt, die in der neuen DIN 276-1:2006-11 zu entsprechenden Änderungen und Anpassungen geführt haben.

Abb. A 3.1: Kostenplanungsstufen

Auf die Änderungen und Anpassungen in der Neuausgabe der Norm soll im Folgenden näher eingegangen werden, speziell auf Veränderungen bei den

- Kostenermittlungsstufen und den
- Vergabeeinheiten.

Des Weiteren wird auf die Teile B und C des vorliegenden Buches verwiesen, in denen die Vorgehensweisen bei den Kostenermittlungen im Detail dargelegt werden.

3.1   Veränderungen bei den Kostenermittlungsstufen

Die Kostenermittlungsstufen der DIN 276-1:2006-11 (in der alten Norm „Kostenermittlungs*arten*“) sind um den **Kostenrahmen** erweitert worden. Gleichzeitig wurden die Angaben zu Durchführung und Zeitpunkt des Kostenanschlages präzisiert.

Zum Kostenrahmen heißt es in der Norm:

„3.4.1 Kostenrahmen
Der Kostenrahmen dient als eine Grundlage für die Entscheidung über die Bedarfspla-
nung sowie für grundsätzliche Wirtschaftlichkeits- und Finanzierungsüberlegungen und
zur Festlegung der Kostenvorgabe.“

Diese Erweiterung der Norm trägt der inzwischen üblichen Praxis Rechnung, bereits
im Zuge der Bedarfsermittlung einen Kostenrahmen zu formulieren. Bisher wurde der
Kostenrahmen üblicherweise vom Bauherrn auf der Grundlage überschlägiger Kennwerte ermittelt, wie z. B. Kosten je Wohnung, Kosten je Kinositzplatz, Kosten je Kranken-
hausbett, Kosten je Hotelzimmer usw. Planerische Unterlagen, wie etwa ein Vorentwurf
oder Entwurf liegen dem Kostenrahmen in der Regel nicht zugrunde. Die Neuregelung
der DIN 276-1:2006-11 definiert nunmehr den Gegenstand, den Inhalt und die Infor-
mationsgrundlagen eines Kostenrahmens. So sind dem Kostenrahmen qualitative und
quantitative Bedarfsangaben zugrunde zu legen, ggf. auch Angaben zum Standort.
Innerhalb der Gesamtkosten des Kostenrahmens sind die Bauwerkskosten (Kostengruppen 300 und 400) gesondert auszuweisen.

Der Kostenrahmen dient als Grundlage für grundsätzliche Wirtschaftlichkeits- und
Finanzierungsüberlegungen sowie für die Überprüfung und Festlegung der Kostenvorgabe. Diese Aufgaben kann und muss der Planer immer gemeinsam mit dem Bauherrn
wahrnehmen. Hier besteht nicht nur eine Informations-, sondern auch eine Abstim-
mungspflicht seitens des Planers.

Der Kostenanschlag wurde in der neuen Norm wie folgt geändert bzw. präziser beschrieben:

„3.4.4 Kostenanschlag
Der Kostenanschlag dient als eine Grundlage für die Entscheidung über die Ausfüh-
rungsplanung und die Vorbereitung der Vergabe.“

Der Kostenanschlag soll nunmehr auf Basis der Werkplanung/Ausführungsplanung
mithilfe von Kostenkennwerten des Planers ermittelt werden. Damit ist der Kostenanschlag 100%ige Planerleistung, die Erstellung des Kostenanschlages auf Basis der Ver-
gabeergebnisse und des Preisspiegels ist nicht mehr zulässig.

In den Ausführungshinweisen in Abschnitt 3.4.4 der Norm wird ausgeführt, dass dem
Kostenanschlag die Ausschreibungsunterlagen, bewertet mit den eigenen Kosten (des
Kostenplaners), bisher vergebene Aufträge, bereits entstandene Kosten für das Grundstück und die Baunebenkosten zugrunde zu legen sind. Es handelt sich also **nicht** um
die Vertrags- und Submissionspreise, wie möglicherweise aus der alten Norm herausge-
lesen werden konnte.

Bereits in der alten DIN 276 (Ausgabe 1993) diente der Kostenanschlag als Grundlage
für die Entscheidung über die Ausführungsplanung und die Vorbereitung der Vergabe.
Dennoch wurden in der Praxis Angebote, Aufträge und entstandene Kosten der Kostengruppen 300 und 400 mit in den Kostenanschlag einbezogen.

Das soll nach der neuen Norm nicht mehr geschehen. Für den dynamischen Prozess
der Vergabe, Abrechnung und Nachträge wurde der Abschnitt 3.5 „Kostenkontrolle und
Kostensteuerung“ in der neuen Norm eingeführt.

Neu ist in der DIN 276-1:2006-11, Abschnitt 3.4.4, die Vorgabe, die Kosten im Kostenanschlag nach Vergabeeinheiten zu ordnen:

„Im Kostenanschlag müssen die Gesamtkosten nach Kostengruppen mindestens bis zur 3. Ebene der Kostengliederung ermittelt und nach den vorgesehenen Vergabeeinheiten geordnet werden."

Auf das Thema Vergabeeinheiten wird im folgenden Kapitel 3.2 näher eingegangen.

Abschließend muss zum Kostenanschlag noch festgestellt werden, dass die in der HOAI vorgenommene Zuordnung des Kostenanschlages zur Leistungsphase 7 – Mitwirkung bei der Vergabe – nicht mehr korrekt ist. Dazu ist anzumerken, dass die HOAI nach allgemein üblicher Auffassung nur ein Preisrecht darstellt und nicht die Leistungspflichten des Planers beschreibt (vgl. auch Teil E des vorliegenden Buches).

3.2   Vergabeeinheiten

Die Kostenberechnung baut seit der DIN 276 (Ausgabe 1981) auf der Ermittlung mit Kostenelementen auf, eine ausführungsorientierte Gliederung der Kosten ist alternativ möglich.

In der DIN 276-1:2006-11 ist in Abschnitt 4.2 ebenfalls die ausführungsorientierte Gliederung der Kosten nach Leistungsbereichen und Teilleistungen aufgenommen. Die Norm legt jedoch zusätzlich fest, dass innerhalb der ausführungsorientierten Gliederung die Kosten nach Vergabeeinheiten geordnet werden sollen. Es können z.B. die Leistungsbereiche Erdarbeiten, Maurerarbeiten und Stahlbetonarbeiten zu einer Vergabeeinheit „Rohbau" zusammengefasst werden, ebenso kann z.B. das Verblendmauerwerk der Maurerarbeiten als eine eigene Vergabeeinheit aus dem Leistungsbereich (dem Gewerk Maurerarbeiten) herausgelöst werden.

Diese Gliederung der Kosten nach Vergabeeinheiten hat für den bauleitenden Architekten den Vorteil, dass er, mit einem Vergabebudget beginnend, die Submission, die Vergabe, die Abrechnung und die Nachträge im System des Leistungsverzeichnisses durchgängig bearbeiten kann.

In den Kostenelementen sind in der Regel mehrere Leistungsbereiche vorhanden.

Man kann es auch so formulieren: Zwischen der Kostenermittlung mit Kostenelementen, also vom Kostenrahmen bis zum Kostenanschlag einerseits und von der Ausschreibung, Vergabe und Abrechnung andererseits, bestand bisher ein Systembruch.

Die DIN 276-1:2006-11 legt fest, dass die im Kostenanschlag ermittelten Kosten der einzelnen Kostengruppen (Bauelementemethode) nach den dafür vorgesehenen Vergabeeinheiten zu ordnen sind. Damit werden die Voraussetzungen für eine durchgängige Kostenermittlung geschaffen.

Die Gliederung der Kosten nach Vergabeeinheiten kann z.B. auf die Art erfolgen, dass den einzelnen Kostengruppen verschiedene Teilleistungen zugeordnet werden. Dafür kann entweder die Struktur der Leistungsbereiche des Standardleistungsbuches für das Bauwesen (STLB-Bau) oder die Struktur der Vergabe- und Vertragsordnung für Bauleistungen (VOB Teil C) verwendet werden. Nachdem alle entsprechenden Kostenelemente in dieser Form aufgeschlüsselt worden sind, lassen sich die Summen für die einzelnen Teilleistungen bilden. Diese können dann wiederum zu Vergabeeinheiten zusammengefasst werden. Das Beispiel in Teil C des vorliegenden Buches wurde auf diese Art bearbeitet. Die auf der beiliegenden CD befindlichen Vorlagetabellen zur Kostenermittlung basieren ebenfalls auf diesem System.

Alternativ dazu lassen sich aus den Kostenelementen des Kostenanschlags mit geringem Aufwand nach Vergabeeinheiten und Vergabebudgets gegliederte Leistungsverzeichnisse erzeugen, sodass beide Systemteile (Kostenelemente und Vergabeeinheiten) optimal genutzt werden können.

Stellten diese Verfahren vor Jahren noch eine echte Herausforderung dar, so sind sie heute mit moderner IT-Technik (AVA-Programme [AVA = **A**usschreibung, **V**ergabe und **A**brechnung]) relativ leicht zu bewältigen.

In diesen neuen technischen Lösungen liegt auch ein Grund, warum trotz Kritik an den Kostenelementen die Kostengliederung der DIN 276-1:2006-11 neben den notwendigsten technisch bedingten Anpassungen und sinnvollen Veränderungen nur minimal gegenüber der bis dahin gültigen Kostengliederung der DIN 276 (Ausgabe 1993) geändert wurde.

4   Kostenkontrolle und Kostensteuerung

Wie bereits beschrieben ist die DIN 276-1:2006-11 zu einem klassischen Kostenplanungs- und Steuerungsinstrument erweitert worden, wie es in der allgemeinen Betriebswirtschaft schon ca. 20 Jahre verwendet wird.

Neben der Kostenvorgabe und den Kostenermittlungen zählen zu diesem Instrumentarium auch die Kostenkontrolle und die Kostensteuerung. Im Anschluss soll auf die folgenden Punkte näher eingegangen werden:

● Prinzipien der Kostenkontrolle,
● Kostenkontrolle in der Vergabe und Ausführung,
● Kostensteuerung,
● Dokumentation der Ergebnisse der Kostenkontrolle,
● Kostenstand und Kostenprognose.

4.1   Prinzipien der Kostenkontrolle

Nachfolgend ist der Normentext der DIN 276-1:2006-11 zur Kostenkontrolle wiedergegeben:

„3.5.1 Zweck
Kostenkontrolle und Kostensteuerung dienen der Überwachung der Kostenentwicklung und der Einhaltung der Kostenvorgabe.“

In der Erläuterung dazu heißt es weiter:

„3.5.2 Grundsatz
Bei der Kostenkontrolle und Kostensteuerung sind die Planungs- und Ausführungsmaßnahmen eines Bauprojekts hinsichtlich ihrer resultierenden Kosten kontinuierlich zu bewerten. Wenn bei der Kostenkontrolle Abweichungen festgestellt werden, insbesondere beim Eintreten von Kostenrisiken, sind diese zu benennen. Es ist dann zu entscheiden, ob die Planung unverändert fortgesetzt wird oder ob zielgerichtete Maßnahmen der Kostensteuerung ergriffen werden.“

Kostenkontrolle und Kostensteuerung sind in der DIN 276 (Ausgabe 1993) nur hinsichtlich ihrer Begrifflichkeiten beschrieben. Die neue DIN 276-1:2006-11 widmet dieser Thematik ein eigenes Kapitel. Diese Einführung in die neue DIN 276 verfolgt den Zweck, die Kostenentwicklung zu überwachen, um die Kosteneinhaltung durchzusetzen.

Alle Planungs- und Ausführungsmaßnahmen sind regelmäßig hinsichtlich der aus ihnen resultierenden Kosten (prognostizierte Kosten zum Fertigstellungszeitpunkt – Kostenprognose) zu bewerten. Wenn Abweichungen von der Kostenvorgabe festgestellt werden, sind

● die Abweichungen zu benennen,
● Maßnahmen zur Kostensteuerung vorzuschlagen (dem Bauherrn),
● Maßnahmen zur Kostensteuerung durchzuführen (nach Abstimmung mit dem Bauherrn),
● die Abweichungen (einschließlich der getroffenen Maßnahmen) zu dokumentieren.

Der hiermit angesprochene Soll-Ist-Vergleich – so ist es auch in der Betriebswirtschaft üblich – stellt die Kostenabweichung von der Kostenvorgabe bzw. von der veränderten (und vom Bauherrn genehmigten) Kostenvorgabe fest.

Im Normentext wird der Zweck der Kostenkontrolle als

• Überwachung der Kostenentwicklung und
• Überwachung der Einhaltung der Kostenvorgabe

definiert. Die Abweichungen können also mit 2 Vergleichen festgestellt werden:

a) Ergebnis der aktuellen Kostenermittlung $-$ Ergebnis einer vorhergehenden Kostenermittlung $=$ Kostenabweichung

b) in der Kostenvorgabe festgelegter Betrag $-$ Ergebnis der aktuellen Kostenermittlung $=$ Kostenabweichung

Die Kostenermittlung ist nach Planungs- und Ausführungsstand entweder der Kostenrahmen, die Kostenschätzung, die Kostenberechnung oder der Kostenanschlag. Ebenso gehören aber auch Kostenermittlungen während der Ausführungsphase dazu, also Kostenhochrechnungen auf Basis der Angebote, Aufträge, Nachträge, Abrechnungen sowie die Kostenfeststellung.

Die grafische Darstellung in Abb. A 4.1 macht deutlich, dass der Soll-Ist-Vergleich auf Basis der Kostenvorgabe als Sollgröße sowohl in der Zahlendarstellung als auch in der grafischen Präsentation eindeutige Vergleichsaussagen liefert, da die Abweichungen immer nur an der Vorgabe gemessen werden.

Kostenkontrolle: Soll-Ist-Vergleich der Kosten

Kosten

DIN 276-1:2006-11
Abschnitt 3.5

Abweichungen a:

$\Delta_1 = -a_1$

$\Delta_2 = +a_2$

$\Delta_3 = -a_3$

$\Delta_4 = +a_4$

Kostenvorgabe (Zielkosten)

Δ_1 Δ_2 Δ_3 Δ_4

Zeit

| Kosten-rahmen | Kosten-schätzung | Kosten-berechnung | Kosten-anschlag | Kosten-feststellung |

Abb. A 4.1: Kostenkontrolle als Prozess der Kostenentwicklung, orientiert an der Kostenvorgabe

Darüber hinaus sollte der Soll-Ist-Vergleich der Kostenkontrolle immer auch den Bezug zur vorhergehenden Kostenermittlung einschließen, um Ursachen von Kostenabweichungen ermitteln zu können.

Da die Kostenvorgabe des Bauherrn jedoch die zentrale Vergleichsgröße und somit die Grundlage für den weiteren Planungs- und Entscheidungsprozess darstellt, reicht also der Soll-Ist-Vergleich auf Basis der Kostenvorgabe im Prinzip aus. Dabei nehmen die Vergabe und die Ausführung eine Sonderstellung ein, wie nachfolgend erklärt werden soll.

4.2   Kostenkontrolle in der Vergabe und Ausführung

Die Kostenkontrolle ist gemäß DIN 276-1:2006-11, Abschnitt 3.5.2 „Grundsatz", auch bei Ausführungsmaßnahmen durchzuführen. Darauf wird in der Norm in Abschnitt 3.5.4 „Kostenkontrolle bei der Vergabe und Ausführung" speziell hingewiesen.

In die Ausführungsphase fällt eine Vielzahl von kostenrelevanten Ereignissen, sodass keine Kostenermittlungsstufe mehr definiert werden kann. Die üblichen kostenrelevanten Ereignisse sind:

- Angebote und Aufträge der erforderlichen Gewerke,
- Abschlags- und Schlussrechnung dieser Gewerke und ggf. Nachträge,
- Mengenänderungen,
- Terminänderungen.

Diese Ereignisse müssen kontinuierlich in den Soll-Ist-Vergleich der Kosten einfließen, der wiederum sowohl auf der Basis der Kostenvorgabe als auch der Kostenentwicklung (vorherige Kostenermittlungen) durchzuführen ist.

Weil die daraus resultierenden Abweichungen kurzfristig festgestellt werden sollen, ist dieser Kontrollprozess als eigenständiger, kontinuierlicher Prozess ausformuliert worden.

In diesem Prozess müssen alle kostenrelevanten Ereignisse erfasst werden und aktuell dem Bauherrn in ihren Auswirkungen aufgezeigt werden können, sodass der Planer in Abstimmung mit dem Bauherrn kontinuierlich Entscheidungen im Vergabe- und Abwicklungsprozess treffen kann.

In Abschnitt 3.5.4 der Norm wird auf die für das Bauprojekt festgelegten Strukturen als Vergleichsbasis für die Kostenkontrolle hingewiesen. Diese festgelegten Strukturen sind in der Regel die im Rahmen des Kostenanschlages definierten Vergabeeinheiten.

4.3   Kostensteuerung

Die Kostensteuerung muss im Planungs- und Bauprozess kontinuierlich und im Zusammenhang mit kostenrelevanten Entscheidungen oder als Ergebnis der Kostenkontrolle durchgeführt werden. Sind zu hohe Kosten zu erwarten oder sind in der Kostenkontrolle zu hohe Istkosten festgestellt worden, muss mit zielgerichteten Optimierungsmaßnahmen eingegriffen werden.

Grundsätzlich gilt aber auch, dass die Kostensteuerung der Kostenvorgabe nachgeordnet ist. Der Bauherr kann generell die Kostenvorgabe ändern (anheben oder reduzieren).

Wenn also eine negative Kostenabweichung im Soll-Ist-Vergleich auftritt, also die Istkosten größer sind als die Kostenvorgabe, kann der Bauherr die Kostenvorgabe durch Willensbekundung (Zustimmung) anheben. Alternativ kann er die Quantitäten oder Qualitäten ändern oder Vergabegewinne mit Vergabeverlusten verrechnen. Da der Planer die Kostenkontrolle erarbeitet und die Abweichungen feststellt, muss auch er dem Bauherrn Vorschläge für zielgerichtete Maßnahmen der Kostensteuerung unterbreiten.

Der Bauherr muss dann entscheiden, wie weiter verfahren werden soll, dies ist seine originäre Bauherrnaufgabe: Entweder wird trotz negativer Abweichungen die Planung unverändert fortgesetzt – dann wird die Kostenvorgabe auf Anweisung des Bauherrn angepasst – oder es wird alternativ in die Bauqualität und/oder das Bauvolumen (Quantitäten) eingegriffen bzw. es werden Optimierungsverfahren angewendet, um die Kostenvorgabe einzuhalten.

Dieses Vorgehen umschreibt der Begriff **Kostensteuerung:** Während die Kontrolle nur Tatbestände feststellt, beschreibt die Kostensteuerung den **Anpassungsprozess.** Mit welchen Methoden der Anpassungsprozess durchgeführt werden kann, wurde schon schlagwortartig beschrieben und ist nicht Gegenstand der Norm.

4.4   Dokumentation der Ergebnisse der Kostenkontrolle

Die Daten der Kostenkontrolle zeichnen die Vergleichsergebnisse der Kostenvorgabe mit den Kostenermittlungsstufen bzw. den Vergabe- und Ausführungsergebnissen auf. Sie sollen systematisch und für jeden nachvollziehbar aufgezeichnet werden. Gleiches gilt auch für die vom Planer vorgeschlagenen und durchgeführten Steuerungsmaßnahmen.

Kennzeichen einer transparenten und nachvollziehbaren Dokumentation – auch die der Kostenkontrolle und Kostensteuerung – ist die lückenlose Aufzeichnung aller relevanten Zahlenströme und die Verhinderung nachträglicher Manipulationen, z. B. durch Überschreiben von Daten und Fakten. Alle kostenrelevanten Änderungen sind so zu dokumentieren, dass diese jederzeit nachvollziehbar (revisionssicher) sind.

Diese den Planungsprozess begleitende Dokumentation gehört zu den Pflichten des Planers.

4.5   Kostenstand und Kostenprognose

Im Text der DIN 276-1:2006-11 heißt es:

„3.3.10 Kostenstand und Kostenprognose
Bei Kostenermittlungen ist vom Kostenstand zum Zeitpunkt der Ermittlung auszugehen;
dieser Kostenstand ist durch die Angabe des Zeitpunktes zu dokumentieren.
Sofern Kosten auf den Zeitpunkt der Fertigstellung prognostiziert werden, sind sie geson-
dert auszuweisen.“

Die Kostenprognose geht im Verständnis der Betriebswirtschaft über das Ergebnis der Kostenermittlung, welche die gegenwärtig bekannten Gesamtkosten untersucht, hinaus.

Die Kostenprognose befasst sich mit der Beurteilung zukünftiger Unternehmens-, Umwelt- und Projektzustände (vgl. Horváth, 1993, S. 421; Reichmann, 2001, S. 124). Das heißt, der Planer hat sich mit zukünftigen Entwicklungen und deren Auswirkungen auf die Projektkosten zu befassen. Vereinfacht kann man kosten- und projektbezogen die zukünftigen Entwicklungen auch als Risiken verstehen, auf die im folgenden Kapitel 5 näher eingegangen wird.

In der allgemeinen Betriebswirtschaft wird ebenfalls neben dem Kostenstand eine Kostenprognose gefordert; in diese werden die bis zur Fertigstellung zu erwartenden Kostensteigerungen und die wahrscheinlich eintretenden Risiken aufgenommen.

Der Kostenplaner hat also in seiner Kostenprognose die wesentlichen Projektrisiken und ihre möglichen Kostenauswirkungen zu berücksichtigen.

Wenn Kostenrisiken zu erkennen sind, so sind diese zu benennen. Dieser Grundsatz wird in der DIN 276-1:2006-11, Abschnitt 3.5.2 „Grundsatz" (der Kostenkontrolle und Kostensteuerung), gesondert hervorgehoben:

„Wenn bei der Kostenkontrolle Abweichungen festgestellt werden, insbesondere beim Eintreten von Kostenrisiken, sind diese zu benennen."

Das bedeutet, dass Kostenrisiken gesondert in den Soll-Ist-Vergleich der Kostenkontrolle aufzunehmen sind und ebenfalls bei der Kostenprognose berücksichtigt werden müssen.

Kostenvorgabe – (Istkosten + erwartetes Risiko) = Kostenabweichung

Da das Kostenrisiko nicht nur für die Kostenkontrolle und Kostensteuerung gilt, sondern auch für die Kostenvorgabe und die Kostenermittlung, ist für diesen Bereich in der Norm ein eigener Abschnitt aufgenommen worden, der im folgenden Kapitel besprochen wird.

Ausgangssituation für die Berücksichtigung der Kostenrisiken ist der Kostenstand. In ihm sind alle verfügbaren Kosteninformationen für den Zeitpunkt der Ermittlung zusammenzutragen. Darüber hinaus kann, bezogen auf den Fertigstellungszeitpunkt, eine Prognose der endgültigen Kostensituation vorgenommen werden. In diese Kostenprognose sind dementsprechend auch die Kostenrisiken, sofern erkennbar, aufzunehmen.

Mit der Kostenprognose wird vom bauleitenden Architekten/Projektsteuerer zusätzlich verlangt, eine sachlich begründete Gesamtkostenerwartung zu formulieren, also auch die Summe der Kostenrisiken aufzuzeigen und zu erläutern.

Diese methodische Ergänzung stellt sicher, dass bei der Kostenkontrolle und Kostensteuerung alle Kosteneinflüsse berücksichtigt werden.

5   Kostenrisiken

In der Kostenplanung sind gemäß der neuen DIN 276-1:2006-11 Kostenrisiken zu berücksichtigen.

In der Norm werden Kostenrisiken wie folgt definiert:

„2.13
Kostenrisiko
Unwägbarkeiten und Unsicherheiten bei Kostenermittlungen und Kostenprognosen"

Unwägbare Kostenrisiken sind die Risiken, deren Eintrittswahrscheinlichkeit nicht sicher ist. Es handelt sich hierbei um Risiken wie z. B. Hochwasser, Sturm etc., die als Elementarschäden bezeichnet werden und durch Versicherungen abgedeckt werden können. Dazu zählen auch Sonderrisiken der Gründung, der Baugenehmigung etc., wie Extremgrundwasserstände, Bodenkontamination oder Störzonen in den Gründungs-flächen, gegen die man sich ggf. schützen kann oder gegen die man sich durch genaue-res Planen und Erkunden absichern kann. Man charakterisiert die Unwägbarkeiten im Bauwesen auch als **unvorhersehbare Kosten** beim Planen und Bauen.

Unsicherheiten kommen hingegen regelmäßig vor. Sie ergeben sich, weil Tatbestände eintreten, die aus der Planung, dem Bauprozess und der Technologie resultieren und im Regelfall zu Mehrkosten führen. Die Liste der potenziellen Unsicherheiten ist sehr lang. Die Höhe der sich aus den Unsicherheiten ergebenden möglichen Mehrkosten wird als Kostenrisiko bezeichnet. In vielen Fällen ist es schwierig, die genaue Höhe der Mehrkosten zu beziffern. Die Abschätzung der Eintrittswahrscheinlichkeit von Kosten-risiken gestaltet sich ebenfalls meist schwierig. In Kapitel 5.2 wird auf diese Thematik näher eingegangen.

Die DIN 276-1:2006-11 gibt folgende Handlungsrichtlinien vor:

„3.3.9 Kostenrisiken
In Kostenermittlungen sollten vorhersehbare Kostenrisiken nach ihrer Art, ihrem Umfang und ihrer Eintrittswahrscheinlichkeit benannt werden. Es sollten geeignete Maßnahmen zur Reduzierung, Vermeidung, Überwälzung und Steuerung von Kostenrisiken aufge-zeigt werden."

Bei den Kostenermittlungen und der Kostenkontrolle sollten also Kostenrisiken nach ihrer Art festgestellt und nach Umfang und Eintrittswahrscheinlichkeit bewertet wer-den, wie es im Risikomanagement üblich ist. Der Planer hat geeignete Maßnahmen zur Reduzierung, Vermeidung, Überwälzung und Steuerung von Kostenrisiken aufzuzei-gen.

Im modernen Controlling ist die Risikoplanung und -steuerung in Form eines Risiko-managements integrierter Bestandteil des wirtschaftlichen Handelns. Auch in der Bau-planung muss eine seriöse Kostenermittlung, Kostenkontrolle und Kostensteuerung auf die im Bauprozess vorhersehbaren Kostenrisiken eingehen. Nur so gelingt es, Risiken zu vermeiden, zu vermindern oder zu versichern. Nach den einschlägigen Urteilen des Bundesgerichtshofes ist der Planer schon heute verpflichtet, den Auftraggeber über etwaige Kostenmehrungen zu informieren (BGH, Urteil vom 23.1.1997 – VII ZR 171/95). Es ist also auch aufgrund der Rechtsprechung eine durchdachte Risikoplanung zu betreiben.

Die Betriebswirtschaft hat ein entsprechendes Risikomanagement dazu vorgeschlagen.

5.1   Risikomanagement

Formal besteht der Risikomanagementprozess aus den Bereichen:

- Risikoidentifikation,
- Risikoanalyse,
- Risikobewertung,
- Risikogestaltung mit den Bausteinen:
  - Risikovermeidung,
  - Risikobegrenzung,
  - Risikoverminderung,
  - Risikoüberwälzung,
  - Risiko selbst tragen,
- Risikoüberwachung und
- Risikosteuerung.

Diese Systematik wird in der folgenden Abbildung dargestellt.

Abb. A 5.1: Risikomanagementprozess

Überträgt man diese Schritte auf die Bauplanung, so sollte wie im Folgenden beschrieben vorgegangen werden:

Risikoanalyse

Aufgabe der Risikoanalyse ist zunächst, alle möglichen Risiken zu erfassen (Risikoidentifikation). Dazu sollte eine Tabelle mit allen möglichen Risiken (Risk Map) erstellt werden. Diese Tabelle kann sich zunächst wieder an der Kostengliederung der DIN 276 orientieren. Auf diese Art und Weise werden alle Risiken erfasst, die in Zusammenhang mit den Kostenermittlungen des Planers stehen. Darüber hinaus ist die DIN 18205: 1996-04 „Bedarfsplanung im Bauwesen" mit ihren Prüflisten geeignet, die Grundlagenrisiken systematisch zu erfassen.

Zu den Grundlagenrisiken zählen auch fehlende Unterlagen und Vorgaben des Bauherrn, eine fehlende oder unvollständige Fachplanerbeauftragung, Genehmigungsrisiken etc.

Tabelle A 5.1: Risikocheckliste (vgl. Holthaus, 2007)

Genehmigungsrisiko	
Risiko der Genehmigungsfähigkeit	Änderungen des Planungsrechtes
	Nutzungsänderungen
	Existenz und Abschätzbarkeit der Veränderungssperre nach § 14 Abs. 1 BauGB
	Anträge der Gemeinde zur Zurückstellung von Baugesuchen nach § 15 Abs. 1 Satz 1 BauGB
	Notwendigkeit Teilungsgenehmigung nach § 19 Abs. 1 Satz 1 BauGB
	örtliche Auslegung bebaute Ortsteile nach § 34 BauGB
	Einschränkungen infolge Beeinträchtigungsverbot nach § 34 Abs. 1 Satz 2 BauGB
	Einschränkungen infolge Rücksichtsnahmegebot nach § 15 Abs. 2 BauNVO
	Zulässigkeit im Außenbereich nach § 35 BauGB (Sicherung der Erschließung)
	Notwendigkeit Ausnahmen und Befreiungen von den Festsetzungen nach § 31 BauGB
	Notwendigkeit Genehmigung Baulast oder Grunddienstbarkeit nach § 83 LBO NW (Hinterlieger- bzw. Hinterlandgrundstück)
	Notwendigkeit Genehmigung Baulast oder Grunddienstbarkeit nach § 5 Abs. 4 i.V.m. Abs. 2 LBO (Hammergrundstücke)
	Notwendigkeit Sondergenehmigungen/vorübergehende Anmietung städtischer Flächen (Baulückenerschließung nach § 34 BauGB)
	genehmigungsrechtliche Auflagen
	gemeindliches Einvernehmen nach § 36 Abs. 1 Satz 1 BauGB
	bestandsfähiger Bauvorbescheid
	öffentliche Bauprojektakzeptanz
	Nachbareinsprüche

Fortsetzung Tabelle A 5.1:   Risikocheckliste (vgl. Holthaus, 2007)

Genehmigungsrisiko	
planungsrechtliches Risiko	Art und Maß baulicher Nutzung nach §§ 30 bis 31 BauGB
	Zuverlässigkeit technische Versorgungs- und Entsorgungsanlagen
	Erschließungszustand/Anschlusskennwerte
	Abwasserberechnung
	Genehmigung Entwässerung
	öffentliche Lasten (z. B. Erschließungsbeiträge)
	sonstige öffentliche Abgaben (Straßenbeiträge, Anliegergebühren)
	öffentlich-rechtliche Beschränkungen (z. B. Erschließungs- und Sanierungsgebiet)
	Grad der Nahversorgungseinrichtungen
	Erfordernis notwendiger Stellplätze/Ermessungsspielraum
	Einhaltung der Abstandsflächen/Anwendbarkeit Ausnahmen nach § 6 SächsBO
	Zugänglichkeit Grundstück (Begeh- und Befahrbarkeit)
	lokale/spezifische Forderungen an die Bauausführung
	Grundstücksabtretungen für Straßenland und Gemeinbedarfsflächen
	Notwendigkeit ökologischer Maßnahmen, Ausgleichsmaßnahmen

Risikobewertung

Nach der Risikoidentifikation müssen die Einzelrisiken bewertet werden. Die Bewertung erfolgt hinsichtlich der Höhe und der Eintrittswahrscheinlichkeit und bildet die Grundlage für die Risikogestaltung.

Risikogestaltung

Innerhalb der Risikogestaltung ist über den Umgang mit den das Bauprojekt und die Zielkosten gefährdenden Risiken zu entscheiden. Es müssen gegenüber dem Bauherrn Empfehlungen gegeben werden, wie weiter mit den jeweiligen Risiken zu verfahren ist.

Risiken vermeiden

Risiken lassen sich in den meisten Fällen nur vermeiden, wenn auch die Aktivitäten, die ein Risiko einschließen, vermieden werden. Bezogen auf Bauprojekte werden deshalb bereits in der ersten Phase der Projektentwicklung, der Projektinitiierung, Maßnahmen getroffen, um das generelle Risiko des Bauprojekts abschätzen zu können. Dazu gehören die Markt- und Standortanalyse sowie im Besonderen die SWOT-Analyse (SWOT = **S**trengths, **W**eaknesses, **O**pportunities, **T**hreats), in der Chancen und Risiken eines Projekts gegenübergestellt werden; sie bildet so eine Entscheidungsgrundlage dafür, ob das Projekt realisiert werden soll.

Risiken begrenzen

Viele Risiken lassen sich durch Planung vermeiden oder zumindest verringern. Dabei sind zum Teil Abwägungen von erforderlichem vorgezogenem oder zusätzlichem Planungsaufwand im Vergleich zu den Risikokosten durchzuführen. Auf jeden Fall kann der Bauherr mit fachkundigen Planern viele Risiken vermeiden oder die Risiken erheblich eingrenzen. Die Risikoanalyse ist aus dieser Sicht für den Planer eine zusätzliche Hilfe, um den Bauherrn in wesentliche Probleme des Bauvorhabens einzubinden.

Risiken vermindern

Als Risikoverminderung werden die Vorkehrungen bezeichnet, die getroffen werden, um die Auswirkungen eines Risikos bei Eintritt des Schadensfalls abzumildern. Dafür müssen bereits vor dem Eintritt des Risikos Handlungsalternativen aufgestellt werden für den Fall, dass das Risiko wirklich eintritt. Dazu gehört auch die Rückstellung von Kapital, das dann bei Risikoeintritt zur Verfügung steht.

Maßnahmen zur Risikobegrenzung und Risikoverminderung sind immer mit einem finanziellen Aufwand verbunden. Zum Risikomanagement gehört hier auch immer der Kosten-Nutzen-Vergleich für alle infrage kommenden Maßnahmen. Wird der finanzielle Aufwand gegenüber dem erreichbaren Nutzen (Risikobegrenzung und -verminderung) als zu hoch eingeschätzt, verbleiben noch 2 weitere Möglichkeiten des Umgangs mit Risiken.

Risiken überwälzen

Eine Methode, Risiken zu überwälzen, besteht in der Versicherung von Risiken. Gerade Elementarschäden lassen sich durch einen Versicherungsvertrag absichern. Bei großen und sehr seltenen Risiken ist eine Versicherung zweckmäßig, da die Versicherungssumme durch das große Kollektiv der Versicherten preiswert ist. Bei Schadenseintritt ohne Versicherung würde dem Bauherrn hingegen durch hohe Kosten ein erheblicher wirtschaftlicher Schaden entstehen, in Extremfällen könnte das Bauprojekt sogar scheitern.

Aus der Sicht der Bauherren lassen sich Risiken auch auf die Unternehmen über- bzw. abwälzen, z. B. durch entsprechende Ausschreibungen und Vertragsformen. Bei schlechter Marktlage wird von den Unternehmen das übernommene Risiko vielfach unterschätzt und im Angebot nicht berücksichtigt, bei guter Marktlage hingegen führen die Risiken in der Regel zu höheren Preisen.

Bauausführende Firmen können viele Risiken durch eine Vielzahl ähnlicher Aufträge besser beherrschen und versichern (im Sinne einer Risikoverteilung) als der Bauherr. Es muss also abgewogen werden, ob man die Risiken überwälzen kann und soll.

Risiko selbst tragen

Die verbleibenden Risiken müssen vom Bauherrn selbst getragen werden. Das bedeutet in diesem Zusammenhang die Annahme bzw. Hoffnung des Bauherrn, dass das Risiko bzw. der damit verbundene Schaden und somit der finanzielle Mehraufwand nicht eintreten.

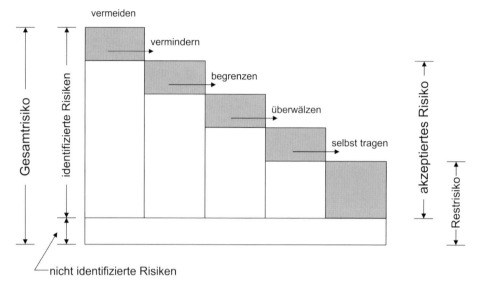

Abb. A 5.2: Handlungsalternativen der Risikogestaltung

Risikoüberwachung

Risikomanagement ist ein **permanenter dynamischer Prozess.** Im Laufe des Projekt-fortschritts verändern sich die Risiken: Einzelne Risiken können entfallen, neue, bisher noch nicht identifizierte Risiken können auftreten. Ebenso kann es Veränderungen im Hinblick auf die Eintrittswahrscheinlichkeit und die mögliche Schadenshöhe geben. Dementsprechend sind alle identifizierbaren Risiken ständig zu überwachen, zu bewer-ten und zu gestalten. Dies kann z. B. durch die Fortschreibung der Risikoliste erfolgen.

Risikosteuerung

Das steuernde Eingreifen ist die notwendige Konsequenz aus der Risikoüberwachung und beinhaltet alle Maßnahmen.

5.2   Exkurs zur ökonomischen Bewertung von Risiken

5.2.1   Einleitung

Mit der ökonomischen Bewertung von Risiken betritt die DIN 276-1:2006-11 Neuland. Mögliche Risiken beim Planen und Bauen wurden im Rahmen von Kostenermittlungen auch schon in der Vergangenheit berücksichtigt.

Dies erfolgte z. B. bei der Betrachtung der Gesamt- oder Herstellungskosten und der Aufnahme einer zusätzlichen, nicht in der DIN 276 enthaltenen sog. Kostenposition „Unvorhergesehenes" in die Kostenermittlungen. Innerhalb dieser Kostenposition wurde ein prozentualer Zuschlag auf alle ermittelten Kosten der Gesamt- oder Herstel-lungskosten vorgenommen. Der so ermittelte Wert entsprach dann dem Risikobudget. Eine andere Methode sah vor, diesen Unsicherheitszuschlag jeweils in den Hauptkos-tengruppen vorzunehmen. Dafür wurde in den „90er-Kostengruppen", also z. B. die Kostengruppen 390 oder 490, ein prozentualer Wert von der jeweiligen Summe der Hauptkostengruppe als „Unvorhergesehenes" ausgewiesen.

Es handelt sich also in beiden Fällen um das gleiche Verfahren, mit dem Unterschied, dass nach der zweiten Methode mehrere Risikobudgets mit einer entsprechenden Differenzierung und Zuweisung festgelegt wurden.

Entsprechend der DIN 276-1:2006-11 sollen zukünftig vorhersehbare Kostenrisiken in ihrem Umfang (Höhe) und ihrer Eintrittswahrscheinlichkeit genau benannt werden. Es reicht also zukünftig nicht mehr aus, Risikobeträge unter der Rubrik „Unvorhersehbares" oder „Reserve" prozentual unter Bezugnahme auf eine oder mehrere Hauptkostengruppen zu beziffern. Hierzu sei noch angemerkt, dass in der Norm von **vorhersehbaren** Kostenrisiken die Rede ist, also von Risiken, die durch ein entsprechendes Risikomanagement frühzeitig oder im Laufe des Planungs- und Bauprozesses identifiziert werden können.

Risikobetrachtungen und -berechnungen sind in anderen Feldern betriebswirtschaftlichen Handelns seit längerer Zeit üblich. Aus dem Verständnis heraus, dass Unwägbarkeiten und Unsicherheiten zu Mehrkosten führen können, sollen diese durch möglichst genaue Kalkulation und Berücksichtigung minimiert werden. So wird bei der Kalkulation von Angebotspreisen durch Baufirmen z. B. immer ein Zuschlag für das Wagnis vorgenommen. Dieser Begriff **Wagnis** beschreibt nichts anderes als **die möglichen Kostenrisiken** der Baufirma. Der für das Wagnis kalkulierte Betrag wird bei Eintritt des Risikos ganz oder teilweise aufgezehrt. Bleibt das Risiko aus, steht das finanziell bewertete Wagnis der Baufirma als Gewinn/Deckungsbeitrag zur Verfügung.

Aus der Betrachtungsweise des Planers stellt sich dieses Verfahren ähnlich dar. Finanziell bewertete und in Kostenermittlungen berücksichtigte Risikokosten werden bei Eintritt des Risikos aufgezehrt. Bei Ausbleiben des Risikos steht der entsprechende Betrag dem Bauherrn zur Verfügung und kann z. B. für eine höhere Ausbauqualität verwendet werden.

Für die normgerechte Anwendung der Kostenplanung mit einer entsprechenden Bewertung von Kostenrisiken, wie sie in der DIN 276-1:2006-11 nunmehr gefordert wird, ist es hilfreich, sich zur ökonomischen Bewertung von Risiken an praktikablen Verfahren anderer wissenschaftlicher Bereiche zu orientieren. So gibt es z. B. in der mathematischen Statistik Methoden, die für die Bewertung von Risiken herangezogen werden können. Speziell die Stochastik als Lehre der Häufigkeit und Wahrscheinlichkeit ist dafür geeignet, entsprechende Untersuchungen vorzunehmen.

Im Nachfolgenden wird beschrieben, wie die methodischen Vorgehensweisen der mathematischen Statistik praktikabel auf die Risikobewertung im Rahmen der Kostenermittlungen angewandt werden können.

5.2.2   Unwägbarkeiten und Unsicherheiten

Wie schon ausgeführt wurde, unterscheidet die DIN 276 Unwägbarkeiten und Unsicherheiten. Es handelt sich dabei um 2 methodisch unterschiedliche Betrachtungsweisen, die anschließend erklärt werden sollen.

Unwägbarkeiten

Wenn unwägbare Risiken im Managementprozess hohe bis sehr hohe Kosten verursachen können, müssen – unabhängig von der Eintrittswahrscheinlichkeit der Risiken – Maßnahmen zur Risikogestaltung geprüft werden. Diese Maßnahmen müssen dem Bauherrn dargelegt und einer Entscheidungsfindung zugeführt werden.

Beispiel

Tabelle A 5.2: Unwägbare Risiken

unwägbare Risiken	Eintrittswahr-scheinlichkeit	Schaden	mögliche Maßnahmen	Entscheidung
Hochwasser	0,001 %	unbekannt	Versicherung, Kosten: 0,01 % der Bausumme	ja
Sturm	0,020 %	unbekannt	Versicherung, Kosten: 0,01 % der Bausumme	ja
Grundwasser	0,030 %	10 % der Bausumme	Baugrubenumschließung, Kosten: 6 % der Bausumme	Gutachten

Eine finanzielle Berücksichtigung möglicher Risikokosten im Risikobudget muss immer dann erfolgen, wenn Maßnahmen zur Risikoverminderung getroffen werden sollen. Für den Fall, dass der Bauherr Risiken selbst übernehmen will, empfiehlt es sich ebenfalls, hierfür Rückstellungen im Rahmen des Risikobudgets vorzunehmen.

Die Berechnung des Risikobudgets nach der Formel

Risikobudget = Schadenshöhe · Eintrittswahrscheinlichkeit

ist jedoch problematisch: Wenn die Schadenshöhe bei Eintritt des Risikos z. B. 20 % der Bausumme oder mehr beträgt, die Eintrittswahrscheinlichkeit jedoch unter 1 % liegt, würde ein nach oben genannter Formel berechnetes Risikobudget nicht ausreichen, um die Kosten des eingetretenen Risikos aufzufangen. Die Wirtschaftlichkeit des Bauprojekts wäre im Schadensfall somit gefährdet bzw. nicht mehr gegeben. Als Konsequenz daraus könnte das Bauvorhaben nicht mehr weitergeführt werden.

Vielen Risiken, gerade die mit geringer Eintrittswahrscheinlichkeit und begrenzter Risikohöhe, wird man nicht in ein Risikobudget aufnehmen, sondern im Sinne der Risikoüberwachung nur beobachten. Sofern möglich sollte versucht werden, diese Risiken zu überwälzen, z. B. mit einer entsprechenden Versicherung.

Unsicherheiten

Risiken, die daraus entstehen, dass Maßnahmen durchgeführt werden, deren Kosten nicht exakt bekannt sind, werden als Unsicherheiten bezeichnet.

Dabei kann man unterscheiden zwischen Risiken in Form von Kostenabweichungen und Risiken in Form von nur unter bestimmten Voraussetzungen auftretenden Kosten. Diese Risiken sind entsprechend der DIN 276-1:2006-11 zu bewerten und in den Kostenermittlungen sowie bei Vergleichen zwischen Kostenermittlungen und Kostenvorgabe zu berücksichtigen. Das heißt konkret, dass für die ermittelten und bewerteten Risiken Rückstellungen im Budget gemacht werden müssen (dieses Vorgehen entspricht der Risikominderung). Als Konsequenz daraus kann nicht das gesamte durch die Kostenvorgabe festgelegte Budget bei der Festlegung von Qualitäten und Quantitäten des Bauprojekts verbraucht werden.

5.2.3   Anwendung statistischer Methoden auf die Risikobewertung im Rahmen der Kostenermittlung

Im Folgenden soll eine Möglichkeit zur Festlegung des Risikobudgets erläutert werden, die sich dabei eines Verfahrens der Statistik bedient.

Bezogen auf einzelne Bauelemente oder Gewerke spricht man von Einzelrisiken.

Diese Einzelrisiken können zunächst in ihrer zu erwartenden Schadenshöhe geschätzt werden. Diese Schätzung ist aber mit Unsicherheiten (Abweichungen vom Schätzwert) behaftet, welche sich in der Statistik mit einer Verteilung beschreiben lassen. Man bedient sich hier der Normalverteilung, da davon ausgegangen werden kann, dass viele voneinander unabhängige Einzelfaktoren auf das Schätzergebnis einwirken. Der Wert des geschätzten Risikos wird als Mittelwert (μ) bezeichnet, die in dieser Schätzung liegende Unsicherheit wird durch die Streuung der Verteilung beschrieben. Beide Werte, Mittelwert und Streuung, müssen im Rahmen der Risikobewertung ermittelt, dokumentiert und in das Risikobudget aufgenommen werden.

Ausgehend davon, dass sich die Abweichungen vom geschätzten Risiko wie in einer Normalverteilungskurve um den Mittelwert herum verteilen, wird die Streuung durch die Standardabweichung (σ) beschrieben. Dieser Zusammenhang ist in Abb. A 5.3 dargestellt.

Die Normalverteilung ist ein Verteilungsmodell für sog. kontinuierliche Zufallsvariablen. Sie unterstellt eine symmetrische Verteilungsfunktion in Form einer Glocke, bei der sich die Werte der Zufallsvariablen (mögliche Risikokosten) in der Mitte der Verteilung konzentrieren und mit größerem Abstand zur Mitte immer seltener auftreten. Die Normalverteilung ist das wichtigste Verteilungsmodell der Statistik und wird für unterschiedlichste Zwecke verwendet, u.a. als deskriptives Modell zur Beschreibung empirischer Variablen, als Stichprobenverteilung des arithmetischen Mittels oder als Näherungslösung für viele andere Verteilungsmodelle.

Die Normalverteilung kann daher auch für die Risikobetrachtung bei der Kostenplanung als Modell angenommen werden.

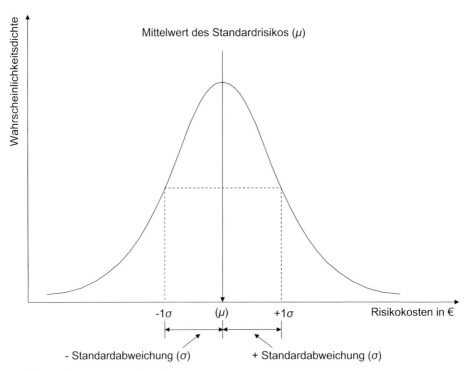

Abb. A 5.3: Standardnormalverteilung

Die relative Häufigkeit der realen Risikokosten zueinander kann durch den Begriff der Wahrscheinlichkeitsdichte beschrieben werden. Dieser Wert ist auf der y-Achse dargestellt.

In der Praxis der Risikobewertung ist es üblich, den „Worst Case" – den schlimmsten anzunehmenden Fall – zu betrachten. Es muss also untersucht werden, inwieweit sich die Einzel-Risikokosten über den geschätzten Mittelwert erhöhen können.

Dazu bedient man sich in der Statistik der sog. kumulativen Verteilungsfunktion.

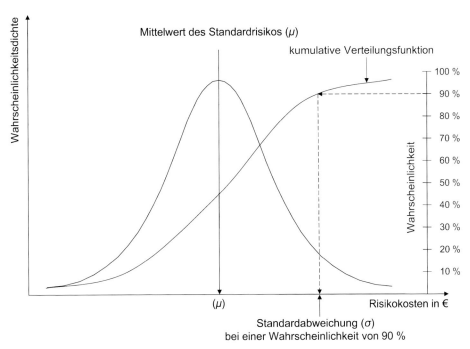

Abb. A 5.4: Kumulative Verteilungsfunktion

Die kumulative Verteilungsfunktion stellt das mathematische Integral der Normalverteilung dar.

Anhand der Abb. A 5.4 wird im Folgenden erklärt, wie das eigentliche Risikobudget ermittelt wird.

Es wird zunächst wieder ein Einzelrisiko betrachtet.

Ausgehend von der Wahrscheinlichkeit (rechte Achse) wird waagerecht der entsprechende Punkt der Verteilungsfunktion gesucht und anschließend senkrecht nach unten auf der Achse der Risikokosten der entsprechende Wert abgelesen. Dieser Wert wird auch „Value at Risk" (VaR) genannt und stellt den Wert der angepassten Risikoschätzung dar. Er gibt an, dass in x % aller Fälle die Risikokosten unter dem errechneten Betrag bleiben werden. Da im grafischen Beispiel (gestrichelte Linie) der Wert für x gleich 90 % ist, bedeutet dies, dass in 90 % aller Fälle die Risikokosten unter dem errechneten VaR bleiben werden. Dieser errechnete Wert ist der $VaR_{(90)}$-Wert.

Der VaR ist ein statistisches Bewertungskonzept des Risikomanagements, wie es z.B. in der Finanzwirtschaft bereits seit Längerem angewandt wird, um den Schadensbetrag potenzieller Risiken zu ermitteln. Üblicherweise rechnet man dabei mit einer 90%igen Risikoabsicherung ($VaR_{(90)}$) gegenüber dem statistischen Mittelwert des Risikos. Ebenso ist aber auch ein $VaR_{(95)}$ möglich (95%ige Risikoabsicherung). Der so ermittelte Wert für das Risikobudget liegt dann deutlich höher als bei einem $VaR_{(90)}$-Wert. Die Abb. A 5.5 verdeutlicht diesen Zusammenhang.

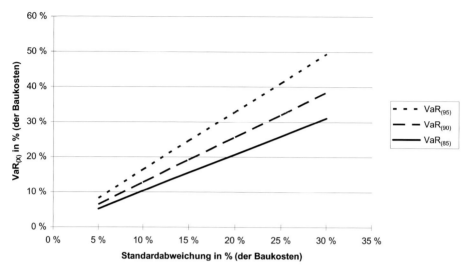

Abb. A 5.5: Zusammenhänge zwischen der Standardabweichung und dem VaR$_{(x)}$-Wert in Abhängigkeit von verschiedenen Risikoabsicherungen

Der VaR$_{(x)}$-Wert lässt sich in der Praxis am einfachsten mithilfe des Programms Microsoft® Excel berechnen. Dazu bedient man sich der Formel „NORMINV". Die entsprechende Schreibweise für diese Formel innerhalb einer Excelzelle lautet:

= NORMINV (Wahrscheinlichkeit; Mittelwert; Standardabweichung)

Erläuterung der Excel-Formel:

Die Wahrscheinlichkeit x ist der Wert zur Berücksichtigung aller Ereignisse, die zu einer Abweichung vom Mittelwert des Standard-Einzelrisikos führen. In der Praxis werden hier, wie schon beschrieben, Werte von 90 % oder 95 % verwendet. Je höher dieser gewählte Wert ist, desto mehr Abweichungen werden berücksichtigt und umso höher wird der VaR$_{(x)}$-Wert. Umgekehrt gilt das Gleiche. Das x im Begriff VaR$_{(x)}$-Wert entspricht genau diesem Wert. (Anmerkung: Wird für x ein kleinerer Wert als 84,14 % angegeben, so wird das Ergebnis für den VaR$_{(x)}$-Wert kleiner als der ursprüngliche Schätzwert für das Einzelrisiko ausfallen.)

Der Mittelwert wird in der Excelformel mit einer Null (als Zahl) angegeben.

Für den Wert der Standardabweichung wird der geschätzte Mittelwert des Risikos eingesetzt.

Zur Veranschaulichung dieser Thematik wird diese Formel im Folgenden an einem Beispiel angewendet. Das verwendete Beispiel dient ausschließlich der Verdeutlichung der mathematischen Hintergründe.

Beispiel

- ermittelte Kosten für das Gewerk Putzarbeiten = 10.000,00 €,
  geschätztes Risiko = 10 %,
- ermittelte Kosten für das Gewerk Fliesenarbeiten = 20.000,00 €,
  geschätztes Risiko = 15 %,
- ermittelte Kosten für das Gewerk Malerarbeiten = 8.000,00 €,
  geschätztes Risiko = 20 %.

Tabelle A 5.3: Ermittlung der einzelnen $VaR_{(90)}$-Werte

Gewerke	Kosten [€]	geschätztes Risiko [%]	geschätztes Risiko [€]	$VaR_{(90)}$ [€]
Putzarbeiten	10.000,00	10	1.000,00	1.282,00
Fliesenarbeiten	20.000,00	15	3.000,00	3.845,00
Malerarbeiten	8.000,00	20	1.600,00	2.050,00
Gesamtkosten	**38.000,00**			

Der ermittelte $VaR_{(90)}$-Wert als Risikobetrag für die einzelnen Gewerke liegt also deutlich über dem Wert des geschätzten Risikos, da 90 % der möglichen statistischen Abweichungen berücksichtigt werden. Das heißt, in 90 % aller Fälle wird der benötigte Risikobetrag kleiner sein, als der in den Risikokosten $VaR_{(90)}$ berücksichtigte Betrag. Angewandt auf die Begriffe der Risikogestaltung bedeutet das eine 90%ige Berücksichtigung des Risikos (vgl. auch den Begriff „Risikoverminderung" in Kapitel 5.1), während 10 % des Risikos vom Bauherrn selbst zu tragen sind.

Bezogen auf die Putzarbeiten in Tabelle A 5.3 bedeutet dies, dass der Risikobetrag von 1.282,00 € in 90 % aller Fälle ausreichend sein wird. In 10 % der möglichen Fälle ist der im Risikofall benötigte Betrag höher als errechnet. Der Differenzbetrag zu 1.282,00 € ist dann vom Bauherrn zusätzlich zu den kalkulierten Kosten zu tragen.

Bezogen auf die im Punkt „Unsicherheiten" (vgl. Kapitel 5.2.2) beschriebenen 2 verschiedenen Arten von Risiken werden mit der oben vorgestellten Art der Risikoberechnung jene Risikokosten ermittelt, die nur unter bestimmten Voraussetzungen auftreten – also Kosten, die in der Kostenermittlung noch nicht erfasst sind, da von ihrem grundsätzlichen Auftreten nicht ausgegangen werden kann. Die größte Herausforderung bei diesem Verfahren besteht dabei in einer möglichst genauen Bestimmung des geschätzten mittleren Risikos.

Risiken, die aus allgemeinen Kostenabweichungen resultieren, können jedoch mit der gleichen Methode ermittelt werden. Dabei wird man die in der Kostenermittlung berechneten Kosten, für die allgemeine Kostenabweichungen als Risiko identifiziert wurden, in die oben beschriebene Excel-Formel als „Standardabweichung" eintragen. Als Ergebnis erhält man dann einen Betrag, der eine allgemeine Streuung der Kosten berücksichtigt.

Die Unsicherheiten durch Kostenabweichungen sind schon lange ein Thema publizierter Datensammlungen, wie z. B. in den Büchern des Baukosteninformationszentrums

Stuttgart (BKI). Bei solchen Datensammlungen wird in der Regel neben einem mittleren Kostenkennwert auch der Schwankungsbereich als „Von-bis-Wert" angegeben. Sofern keine eigenen Erfahrungen vorliegen, kann auf solche Sammlungen zurückgegriffen werden.

Sind alle Einzelrisiken auf diese Art betrachtet und bewertet worden, muss anschließend das gesamte Risikobudget ermittelt werden.

Die Einzelrisikofaktoren können als unabhängig voneinander wirkende Faktoren aufgefasst werden (nicht korrelierende Risiken). Die Addition der Risiken ergibt wieder eine Normalverteilung, die durch Mittelwert und Standardabweichung beschrieben werden kann. Will man das Gesamtrisikobudget als Summe berechnen, so wird die Summe der einzelnen $VaR_{(x)}$-Werte durch die quadratische Summe dieser Werte ersetzt.

$$VaR_{(x)}gesamt = \sqrt{VaR_{(x)1}^2 + VaR_{(x)2}^2 + \ldots + VaR_{(x)n}^2}$$

Das Ergebnis dieser Berechnung ist dann kleiner als die Summe der Einzelrisiken, da bei voneinander unabhängigen Risiken davon ausgegangen werden kann, dass nie alle Risiken zusammen eintreten.

Zur Veranschaulichung der Thematik wird dieser Rechenschritt im Folgenden wieder an dem bereits angeführten Beispiel verdeutlicht.

Beispiel (Fortsetzung)

Tabelle A 5.4:   Ermittlung des Gesamtrisikobudgets

Gewerke	Kosten [€]	geschätztes Risiko [%]	geschätztes Risiko [€]	VaR$_{(90)}$ [€]
Putzarbeiten	10.000,00	10	1.000,00	1.282,00
Fliesenarbeiten	20.000,00	15	3.000,00	3.845,00
Malerarbeiten	8.000,00	20	1.600,00	2.050,00
Gesamtkosten	**38.000,00**		**Gesamtrisikobudget**	**4.542,00**

Das mithilfe der Quadratsummen ermittelte Risikobudget beträgt im Beispiel 4.542,00 €. Bei einer einfachen Addition der $VaR_{(90)}$-Werte ergibt sich als Risikobudget ein Betrag von 7.177,00 €, also ein wesentlich höherer Betrag. Dieser Betrag impliziert dabei das Eintreten aller identifizierten Risiken. Davon kann bei einer realistischen Risikobewertung jedoch nicht ausgegangen werden.

Neben den 38.000,00 € als kostenplanerische Bausumme sind also zusätzlich 4.541,82 € (exakter Wert) als Risikobudget zu berücksichtigen. Die Summe aus beidem – 42.541,82 € – ist also der Betrag, der mit der Kostenvorgabe des Bauherrn verglichen werden muss und diese nicht überschreiten darf.

Will man aus dem Gesamtrisikobudget wiederum das Risikobudget für die Einzelleistung ermitteln, kann dies über eine einfache Prozentrechnung erfolgen.

Beispiel (Fortsetzung)

Tabelle A 5.5: Rückrechnung des Risikobudgets für die einzelnen Gewerke, ausgehend vom Gesamtrisikobudget

Gewerke	Kosten [€]	geschätztes Risiko [%]	VaR$_{(90)}$ [€]	Risikobudget [€]
Putzarbeiten	10.000,00	10	1.282,00	811,00
Fliesenarbeiten	20.000,00	15	3.845,00	2.433,00
Malerarbeiten	8.000,00	20	2.050,00	1.297,00
Gesamtkosten	**38.000,00**	**Gesamtrisikobudget**	**4.542,00**	

(Die im verteilten Risikobudget vorhandene Differenz von 1,00 € ist der Rundung des exakten Wertes geschuldet.)

Diese Vorgehensweise wird auch im Beispielprojekt (Teil C) und in den Formulartabellen auf der beiliegenden CD angewendet.

5.2.4   Bewertung der Risikoeintrittswahrscheinlichkeit

Wie bereits erwähnt formuliert die DIN 276-1:2006-11 zu den Kostenrisiken, dass für diese auch ihre Eintrittswahrscheinlichkeit benannt werden sollte:

„3.3.9 Kostenrisiken
In Kostenermittlungen sollten vorhersehbare Kostenrisiken nach ihrer Art, ihrem Umfang und ihrer Eintrittswahrscheinlichkeit benannt werden. (…)“

Bei der Ermittlung des Gesamtrisikobudgets wurde mit der Verwendung der Summenquadrate bereits berücksichtigt, dass nicht alle Risiken eintreffen werden. Unabhängig davon sollte jedoch für alle ermittelten Kostenrisiken eine Eintrittswahrscheinlichkeit genannt werden. Da sich aber Risiken dadurch auszeichnen, dass ihre Eintrittswahrscheinlichkeit nicht genau bestimmbar ist, können hier nur auf den Erfahrungen des Planers beruhende Schätzwerte angegeben werden. Das Ziel einer solchen Bewertung ist immer, den Bauherrn über die Problematik der Kostenrisiken zu informieren und aufzuklären. Nur so lassen sich Streitigkeiten zwischen Planer und Bauherrn bezüglich der Kostenaussagen des Planers vermeiden. Denn so gut das Risikomanagement auch angewendet werden kann: Risiken bleiben Risiken.

6   Schlussbemerkung

Die DIN 276-1:2006-11 beinhaltet Neuerungen, die auf die geänderten Anforderungen des Planungs- und Bauprozesses reagieren. Sie stellt damit ein effizientes Werkzeug der Kostenplanung dar. Insbesondere die Aufnahme der Kostenvorgabe und des Risikomanagements schafft 2 hervorragende Instrumente, um – bei fachgerechter Anwendung – Bauvorhaben kostensicher umzusetzen. Dadurch kann das in der Vergangenheit verloren gegangene Vertrauen zwischen Bauherrn und Planer bezüglich der Kosten von Bauprojekten wiederhergestellt werden.

Literaturverzeichnis Teil A

Holthaus, U.: Ökonomisches Modell mit Risikobetrachtung für die Projektentwicklung. Eine Problemanalyse mit Lösungsansätzen. Dissertation Universität Dortmund, 2007

Horváth, P. (Hrsg.): Target Costing. Marktorientierte Zielkosten in der deutschen Praxis. Stuttgart: Schäffer-Poeschel Verlag, 1993

Horváth, P.: Controlling. 2. Aufl. München: Vahlen Verlag, 1986

Meinen, H.: Quantitatives Risikomanagement im Bauunternehmen. Düsseldorf: VDI Verlag, 2005

Pfarr, K.: Grundlagen der Bauwirtschaft. Essen: Deutscher Consulting Verlag, 1984

Reichmann, Th.: Controlling mit Kennzahlen und Managementberichten. Grundlagen einer systemgestützten Controlling-Konzeption. 6. Aufl. München: Vahlen Verlag, 2001

Rosenkranz, F.; Missler-Behr, M.: Unternehmensrisiken erkennen und managen. Einführung in die quantitative Planung. Berlin/Heidelberg/New York: Springer Verlag, 2005

Taylor, J. R.: Fehleranalyse. Eine Einführung in die Untersuchung von Unsicherheiten in physikalischen Messungen. Weinheim: Wiley-VCH, 1988

Teil B: Grundlagen der Kostenplanung

Autor: Dr.-Ing. Architekt Bert Bielefeld

1   Regelwerke zur Kostenplanung

1.1   Begriffe der DIN 276

Im nachfolgenden Teil B des vorliegenden Buches werden die Grundlagen der Kostenplanung erläutert. Aufbauend auf den Grundlagen und Hintergründen der Novellierung
der DIN 276 in Teil A wird eine auf der DIN 276-1:2006-11 „Kosten im Bauwesen –
Teil 1: Hochbau" aufbauende Methodik der Kostenplanung erläutert. Da die DIN 276-1:
2006-11 bereits in Teil A beschrieben worden ist, werden an dieser Stelle als Einstieg in
die Kostenthematik lediglich einige Begriffe nach DIN 276 definiert (Tabelle B 1.1), die
im Nachfolgenden benutzt werden sollen.

Tabelle B 1.1: Kostenbegriffe der DIN 276-1:2006-11

Kosten im Bauwesen	Aufwendungen für Güter, Leistungen, Steuern und Abgaben, die für die Vorbereitung, Planung und Ausführung von Bauprojekten erforderlich sind
Gesamtkosten	Kosten aller Kostengruppen
Bauwerkskosten	Kosten der Kostengruppen 300 und 400
Kostenvorgabe	obere Grenze der Kosten für die Planung bzw. die Zielgröße für die Planung (vgl. Teil A)
Kostenermittlung	Vorausberechnung der entstehenden Kosten oder Feststellung der tatsächlichen Kosten eines Bauprojektes
Kostenermittlungsstufe	Man unterscheidet 5 Kostenermittlungsstufen: • **Kostenrahmen,** • **Kostenschätzung,** • **Kostenberechnung,** • **Kostenanschlag,** • **Kostenfeststellung.**
Kostenstand	Zeitpunkt der Erstellung einer Kostenermittlung
Kostenkontrolle	Vergleich der aktuellen Kostenermittlungsstufe mit früheren Kostenermittlungen bzw. mit der Kostenvorgabe
Kostensteuerung	aktives Eingreifen in den Planungsprozess zur Einhaltung von Kostenvorgaben
Kostenplanung	Gesamtheit aller Maßnahmen in den Bereichen Kostenermittlung, Kostensteuerung und Kostenkontrolle
Kostenprognose	Ermittlung der Kosten auf den Zeitpunkt der Fertigstellung
Kostenrisiko	Unwägbarkeiten und Unsicherheiten von Kostenermittlungen oder -prognosen (vgl. Teil A)
Kostenkennwert	Geldsumme pro Bezugseinheit
Kostengliederung	Darstellung der Kosten (vgl. Kapitel 2.1)
Kostengruppe	Zusammenfassung von Einzelkosten

1.2   DIN 277 – Grundflächen und Rauminhalte

Die DIN 277 (Ausgabe 2005) „Grundflächen und Rauminhalte von Bauwerken im Hochbau" besteht aus folgenden Teilen:

- „Teil 1: Begriffe, Ermittlungsgrundlagen" – Februar 2005,
- „Teil 2: Gliederung der Netto-Grundfläche (Nutzflächen, Technische Funktions-flächen und Verkehrsflächen)" – Februar 2005,
- „Teil 3: Mengen und Bezugseinheiten" – April 2005.

Die DIN 277:2005 definiert Flächenbegriffe (vgl. Abb. B 1.1) und Volumenbegriffe. Die Brutto-Grundfläche (BGF) wird gebildet aus der Konstruktions-Grundfläche (KGF) und der Netto-Grundfläche (NGF), die sich wiederum in Nutzfläche (NF), Technische Funktionsfläche (TF) und Verkehrsfläche (VF) aufteilt. Im Gegensatz zu der alten DIN 277:1987-06 unterteilt die derzeit gültige DIN 277:2005 die Nutzfläche nicht mehr in Haupt- und Nebennutzfläche.

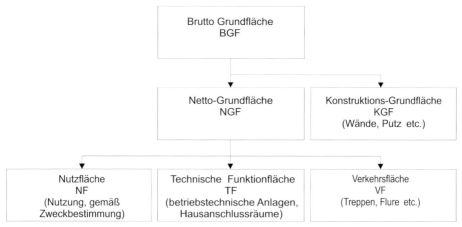

Abb. B 1.1: Flächenbegriffe der DIN 277:2005

Bei den Volumendefinitionen teilt sich der Brutto-Rauminhalt (BRI) in Netto-Raum-inhalt (NRI) und Konstruktions-Rauminhalt (KRI). Die Norm gibt vor, wie die jeweili-gen Flächen und Volumina zu berechnen sind.

Die DIN 277:2005 wurde speziell mit der Maßgabe aufgestellt, Flächen und Rauminhal-te nach einheitlichen Messvorschriften und damit nach Bezugskriterien ermitteln zu können. Insofern ist die DIN 277:2005 für die Kostenplanung wichtig, da sich viele Kostenkennwerte mit ihren Bezugsflächen direkt auf die Grundlagen der DIN 277:2005 beziehen. Die DIN 277 definiert Flächenarten, wie sie besonders für die Kostenermitt-lungen **Kostenschätzung** und **Kostenberechnung** und hierin speziell für die Kosten-gruppen 300 und 400 benötigt werden.

In Teil 3 der DIN 277 werden für alle Kostengruppen der DIN 276-1:2006-11 Mengen-einheiten, -bezeichnungen und die Grundlagen zur Mengenermittlung festgelegt. Die normengerechte Anwendung der Berechnungsregeln ist die Voraussetzung für eine rich-tige Kostenermittlung. Grundsätzlich müssen die Berechnungsgrundlagen ausdrück-lich benannt sein, da neben der DIN 277 noch andere Flächenberechnungsregeln wie z. B. zur Ermittlung der Bauelemente-Mengen in der Kostenberechnung existieren.

Für die Kostenschätzung werden in der überwiegenden Zahl aller praktischen Fälle nur die Brutto-Grundflächen (BGF) und ggf. der Brutto-Rauminhalt (BRI) nach DIN 277: 2005 herangezogen. Alle anderen in der DIN 277:2005 beschriebenen Flächenarten sind für die Kostenermittlungen in der Praxis nur eingeschränkt relevant. Sie werden aber dazu verwendet, um beispielsweise die Flächenwirtschaftlichkeit des Bauobjektes zu analysieren, indem Verhältniswerte aus Gegenüberstellungen von Flächenarten ermittelt werden (vgl. hierzu auch Teil D, Kapitel 1), wie z. B. das Verhältnis der Nutzfläche (NF) zur Brutto-Grundfläche (BGF) oder das Verhältnis des Brutto-Rauminhaltes (BRI) zur Nutzfläche (NF), auch bekannt als der sog. Raumflächenfaktor (RFF).

Welche Flächenverhältnisse zur Beurteilung der Flächenwirtschaftlichkeit und somit zur Überprüfung der Wirtschaftlichkeit eines Entwurfes zweckmäßig sind, wird in der DIN 277 jedoch nicht ausgeführt. Daneben werden bestimmte Flächenarten der DIN 277 auch zur Mietertragsberechnung herangezogen und zwar immer dann, wenn keine anderen Mietflächenberechnungsvorschriften bestehen wie z. B. die Verordnung zur Berechnung der Wohnfläche.

1.3 Wohnraumförderungsgesetz und Verordnungen

Das Wohnraumförderungsgesetz (WoFG), welches das II. Wohnungsbaugesetz ersetzt hat, fördert nun vornehmlich Wohnungen im Bestand, z. B. durch steuerliche Vergünstigungen. Fällt ein Wohngebäude unter das WoFG, muss die Wohnflächenverordnung (WoFlV) angewendet werden (vorher II. Berechnungsverordnung [BV]), um auf dieser Grundlage die Wohnfläche und damit die maßgebliche Mietfläche zu ermitteln. Die WoFlV definiert damit, welche Flächen zu einer Wohnfläche gehören und wie diese zu ermitteln sind. Sie gilt daher verbindlich nur für preisgebundene Wohnungen gemäß WoFG (sozialer Wohnungsbau und öffentlich geförderte Wohnungen). Auch im frei finanzierten Wohnungsbau verweist der Gesetzgeber auf die neue WoFlV 2004. Für alte Mietverträge und für frei finanzierte Wohnungen ist die II. BV aber weiterhin gültig, eine klare Rechtsprechung gibt es noch nicht.

Die WoFlV regelt die Ermittlung der zur Wohnfläche gehörenden Grundflächen einer Wohnung und definiert diejenigen Räume einer Wohnung, die mit ihrer Grundfläche anzurechnen bzw. nicht anzurechnen sind. Auch die Betriebskosten werden in einer ergänzenden Verordnung zum WoFG definiert – in der Betriebskostenverordnung (BetrKV).

1.4 DIN 18960 „Nutzungskosten im Hochbau"

Die DIN 18960:1999-08 „Nutzungskosten im Hochbau"[1], definiert analog zur bisherigen DIN 276:1993-06 **4 Kostenermittlungsstufen:**

- Nutzungskostenschätzung (bis zur ersten Ebene als Entscheidungsgrundlage zur Finanzierung),
- Nutzungskostenberechnung (bis zur zweiten Ebene zur Konkretisierung der Entwurfsplanung),
- Nutzungskostenanschlag (bis zur dritten Ebene zur Bereitstellung der finanziellen Mittel),
- Nutzungskostenfeststellung (bis zur dritten Ebene nach der ersten Abrechnungsperiode).

---

1 Die DIN 18960 wird derzeit überarbeitet.

Damit wird auch in der DIN 18960 die Entwicklung eingeleitet, die Nutzungskosten in Abhängigkeit vom Planungsergebnis schon in der Planung zu ermitteln und damit transparent zu machen. Die Planung und Erfassung der Nutzungskosten soll bereits in der Planungsphase als Entscheidungsgrundlage dienen. Der Auftraggeber hat so die Möglichkeit, einmalige Investitionskosten vor dem Hintergrund der Nutzungskosten zu entscheiden. Der derzeit in der Überarbeitung befindliche Entwurf der DIN 18960 sieht vor, die Kostenermittlungsstufen der DIN 18960 parallel zu den Kostenermittlungen der DIN 276-1:2006-11 aufzustellen. Die Nutzungskostenfeststellung wird allerdings erst nach Ablauf einer Abrechnungsperiode durchgeführt, da vorher keine verlässlichen Zahlen vorliegen können.

1.5   Baunutzungsverordnung

Die Baunutzungsverordnung (BauNVO) legt fest, wann und wie Grundstücke baulich genutzt werden können. Dazu werden die Arten der baulichen Nutzung (vgl. Tabelle B 1.2) definiert und das Maß der baulichen Nutzung sowie die Bauweise festgelegt.

Tabelle B 1.2: Baufläche – Baugebiete nach BauNVO

Bauflächen	Baugebiete	Beispiele für Bebauungen
Wohnbauflächen (W)	Kleinsiedlungsgebiete (WS)	Wohnbauten mit Nutzgärten
	reine Wohngebiete (WR)	mit kleinen Ausnahmen nur Wohnbauten zugelassen
	allgemeine Wohngebiete (WA)	Wohngebiete mit kleinerem Gewerbe
	besondere Wohngebiete (WB)	
gemischte Bauflächen (M)	Dorfgebiete (MD)	land- und forstwirtschaftliche Betriebe
	Mischgebiete (MI)	Durchmischung von Wohn- und Gewerbebauten
	Kerngebiete (MK)	Innenstädte mit Handels-, Verwaltungs- und Kulturbau
gewerbliche Bauflächen (G)	Gewerbegebiete (GE)	Gewerbebetriebe aller Art, Verwaltungsbauten
	Industriegebiete (GI)	in anderen Gebieten nicht zulässige Gewerbebetriebe
Sonderbauflächen (S)	Sondergebiete (SO)	Erholungsgebiete, Hochschulen, Einkaufszentren

In § 17 BauNVO sind für den Normalfall Obergrenzen für die bauliche Nutzung von Grundstücken vorgesehen. Diese basieren auf den Bezugsgrößen:

● Grundflächenzahl (GRZ): Verhältnis der anrechenbaren Grundfläche des Gebäudes zur Grundstücksfläche,
● Geschossflächenzahl (GFZ): Verhältnis der anrechenbaren Geschossfläche zur Grundstücksfläche,
● Baumassenzahl (BMZ): Verhältnis der Baumasse (Volumen) zur Grundstücksfläche (vgl. hierzu auch Teil D, Kapitel 1).

1.6   Richtlinie zur Berechnung der Mietfläche für gewerblichen Raum (MF-G)

Bei Handels- und Büroimmobilien wird die Mietfläche zunehmend nach der „Richtlinie zur Berechnung der Mietfläche für gewerblichen Raum" (MF-G) der Gesellschaft für Immobilienwirtschaftliche Forschung e. V. (gif) ermittelt. Diese Regelungen werden inzwischen vielfach als Vertragsgrundlage in Gewerbe- und Büromietverträge, aber auch in die Verkaufsofferten der Projektentwickler aufgenommen.

Die Richtlinie MF-G definiert die Mietfläche von gewerblich vermieteten oder genutzten Gebäuden. Sie stimmt mit den Begriffen sowie ihren Wesenszügen mit der DIN 277:2005 überein. Außerdem formuliert sie ein Regelwerk, das die Mietfläche als eine Größe auffasst, die direkt aus den Objekteigenschaften abzuleiten ist und damit nicht mehr regionalen Gepflogenheiten oder der Gebäudetypologie unterworfen ist und keine Schwankungsbreite bei ein und demselben Objekt mehr kennt (vgl. MF-G, 2004, S. 4).

Ein einziges Regelwerk formuliert nun, was bei Büro-, Gastronomie- und Einzelhandelsflächen, aber auch in Industriebauwerken, Gewerbehallen, Freizeit- und Sportkomplexen als Mietfläche ausgewiesen wird. Die neue Richtlinie MF-G stellt mit der Zusammenführung der beiden Vorgängerrichtlinien für Büro- (MF-B) und Handelsraum (MF-H) eine wesentliche Verbesserung dar (vgl. Holthaus, 2007).

Die Flächenarten der gif-Richtlinie gliedern die Brutto-Grundfläche nach DIN 277: 2005 in

- MF-0 (keine Mitfläche) und
- MF-G (Mietfläche nach gif).

Zu der MF-0 (= keine Mietfläche) gehören die Technischen Funktionsflächen (TF), die Verkehrsflächen (VF) – sofern es sich um überwiegend der Flucht und Rettung dienende Wege, Treppen und Rampen handelt – sowie die Konstruktions-Grundflächen (KGF). Die Mietfläche MF-G ist bis auf Fahrzeugabstellflächen (Stellplätze) identisch mit der Nutzfläche nach DIN 277:2005 (vgl. MF-G, 2004, S. 9; DIN 277-2:2005-02, Tabelle 1, Nr. 7, S. 4 und Tabelle 2, Nr. 7.4, S. 6).

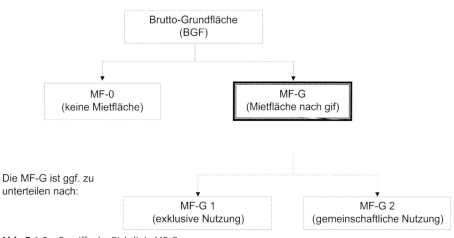

Abb. B 1.2: Begriffe der Richtlinie MF-G

Es gibt keine gesetzlich verbindliche Definition der Mietfläche für gewerblich genutzte Objekte. So sind Angaben in Marktreports, die als Basis „die vom Mieter genutzte Fläche" oder allgemein „Mietfläche" nutzen, nur bedingt vergleichbar, da diese Flächen BGF-, NF- oder auch MF-G-Flächen sein können (vgl. Holthaus, 2007, S. 266). Obwohl die Professionalisierung der Immobilienbranche in den letzen 15 Jahren deutlich zugenommen hat, liegen zu den Büromärkten stark voneinander abweichende Daten und ungenaue Informationen hinsichtlich der flächenbezogenen und ertragsorientierten Größen vor.

Die Gründe für den Umstand, dass auf den Immobilienmärkten unterschiedliche Flächenwerte existieren, sind in den auftretenden Schwierigkeiten bei den Teilraumabgrenzungen, der Flächendefinition, der Flächenqualität und der Fortschreibung der Daten zu suchen. Ziel dieser Regelungen ist es, einheitliche Definitionen zur Ermittlung von Mietflächen zur Verfügung zu stellen sowie die Entwicklung eines methodischen Mechanismus zur Fortschreibung bzw. Weiterentwicklung der Daten und eine Datentransparenz zu erreichen (vgl. Holthaus, 2007, S. 288 f.).

2   Kostendarstellung

Die Gesamtkosten eines Bauwerks müssen in systematischer Form dargestellt werden.
Die DIN 276-1:2006-11 unterscheidet dabei 2 grundsätzlich verschiedene Herangehens-
weisen:

- die Darstellung nach Kostengliederung mit Kostengruppen (vgl. Kapitel 2.1),
- die Darstellung nach Vergabeeinheiten (vgl. Kapitel 2.2).

2.1   Kostengliederung mit Kostengruppen

Die Gesamtkosten sind zumindest in den ersten Stufen der Kostenermittlung nach der
Kostengliederung gemäß DIN 276-1:2006-11 aufzubauen. Die Kostengliederung besteht
aus Kostengruppen, in denen zusammengehörige Einzelkosten zusammengefasst werden. Die Kostengliederung nach DIN 276-1:2006-11 schlüsselt sich in 3 hierarchische
Ebenen auf. Die erste Ebene wird in 7 Kostengruppen unterteilt.

Tabelle B 2.1: Kostengliederung bis zur zweiten Stufe nach DIN 276

100 Grundstück	110 Grundstückswert
	120 Grundstücksnebenkosten
	130 Freimachen
200 Herrichten und Erschließen	210 Herrichten
	220 Öffentliche Erschließung
	230 Nichtöffentliche Erschließung
	240 Ausgleichsabgaben
	250 Übergangsmaßnahmen
300 Bauwerk – Baukonstruktionen	310 Baugrube
	320 Gründung
	330 Außenwände
	340 Innenwände
	350 Decken
	360 Dächer
	370 Baukonstruktive Einbauten
	390 Sonstige Maßnahmen für Baukonstruktionen
400 Bauwerk – technische Anlagen	410 Abwasser-, Wasser-, Gasanlagen
	420 Wärmeversorgungsanlagen
	430 Lufttechnische Anlagen
	440 Starkstromanlagen
	450 Fernmelde- und informationstechnische Anlagen
	460 Förderanlagen

Fortsetzung Tabelle B 2.1: Kostengliederung bis zur zweiten Stufe nach DIN 276

	470 Nutzungsspezifische Anlagen
	480 Gebäudeautomation
	490 Sonstige Maßnahmen für technische Anlagen
500 Außenanlagen	510 Geländeflächen
	520 Befestigte Flächen
	530 Baukonstruktionen in Außenanlagen
	540 Technische Anlagen in Außenanlagen
	550 Einbauten in Außenanlagen
	560 Wasserflächen
	570 Pflanz- und Saatflächen
	590 Sonstige Außenanlagen
600 Ausstattung und Kunstwerke	610 Ausstattung
	620 Kunstwerke
700 Baunebenkosten	710 Bauherrenaufgaben
	720 Vorbereitung der Objektplanung
	730 Architekten- und Ingenieurleistungen
	740 Gutachten und Beratung
	750 Künstlerische Leistungen
	760 Finanzierungskosten
	770 Allgemeine Baunebenkosten
	790 Sonstige Baunebenkosten

Die Kostengliederung der zweiten und dritten Ebene der Kostengruppen 300 und 400 „Kosten des Bauwerkes" wird auch als sog. Bauelementegliederung bezeichnet.

In der Unterscheidung der zweiten und dritten Ebene werden die Kostengruppen der zweiten Ebene als sog. „Grobelemente" und die der dritten Ebene als sog. „Bauelemente" bezeichnet. Diese Bezeichnungen werden in der Praxis und der einschlägigen Literatur allerdings nicht einheitlich verwendet. So werden die Elemente der dritten Ebene auch z.B. als Feinelemente, Unterelemente oder Mikroelemente bezeichnet. Die DIN 276-1:2006-11 trifft hierzu keine Festlegungen. Die 3 Ebenen der Kostengliederung werden durch eine dreistellige Zahl gekennzeichnet (vgl. Abb. B 2.1).

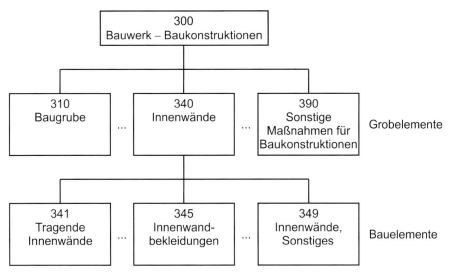

Abb. B 2.1: Ebenen der Kostengliederung nach DIN 276-1:2006-11

Die Grobelemente der zweiten Ebene repräsentieren Bauteile des Bauwerks wie Außenwände, Decken und Dach, die in der dritten Ebene in ihre Bestandteile aufgeteilt werden (z. B. 341 Tragende Innenwände, 342 Nichttragende Innenwände, 345 Innenwandbekleidungen). Für die Grob- und Bauelemente lassen sich die Bauteilmengen leicht ermitteln. Sowohl für die Grob- wie auch für die Bauelemente liegen in Kostendatensammlungen Kostenkennwerte vor, die nach folgender Gleichung multipliziert werden:

Menge je Bauteil · Kostenkennwert je Bezugseinheit = Elementkosten

Die **Kostengliederungstiefe** wird als Mindeststandard für die **Kostenermittlungsstufen** vorgegeben:

- Kostenrahmen: Gesamtkosten (Kostengruppen 100 bis 700) und Bauwerkskosten (Kostengruppen 300 und 400),
- Kostenschätzung: Gliederung der Kosten mindestens bis zur ersten Ebene,
- Kostenberechnung: Gliederung mindestens bis zur zweiten Ebene,
- Kostenanschlag: Gliederung mindestens bis zur dritten Ebene, parallel dazu Aufstellung nach Vergabeeinheiten,
- Kostenfeststellung: Gliederung mindestens bis zur dritten Ebene.

2.2   Kosten nach Vergabeeinheiten

Ab dem Kostenanschlag sollen die Kosten nicht nur nach Kostengliederung der DIN 276 geordnet, sondern entsprechend der projektspezifischen Vergabestruktur aufgeschlüsselt werden, damit Angebote und Abrechnungen vor dem Hintergrund der Kostenermittlung geprüft werden können (vgl. Teil A).

Die DIN 276 in der Fassung 2006 fordert die Darstellung der Kosten nach Vergabeeinheiten. Man kann fragen, warum grundsätzlich gerade die Vergabeeinheit in der DIN 276 eingeführt wurde, denn parallel könnten die Leistungsbereiche der VOB Teil C bzw. die detaillierte Gliederung in Leistungsbereiche der Standardleistungsbücher Bau aufgenommen werden. Die Vergabeeinheit stellt das an ein ausführendes Unternehmen vergebene Bauvolumen dar und ist Gegenstand des Bauvertrages. Diese Kategorisierung hat gegenüber VOB Teil C und dem Standardleistungsbuch Bau den Vorzug, dass man mit ihr deren Leistungsbereiche

- entweder zusammenfassen kann, beispielsweise die Erd-, Entwässerungskanal-, Maurer-, Beton- und Stahlbetonarbeiten zu Rohbauarbeiten,
- oder zerlegen kann, z. B. in Maurer- und Vorklinkerarbeiten,
- oder so belassen kann, wie z. B. bei Zimmerer- und Holzbauarbeiten.

In der Regel wird man sich an eine der bestehenden Einteilungen wie die der VOB Teil C anlehnen, solange die späteren Vergabeeinheiten noch nicht bekannt sind. Sollen Leistungen dann im Paket vergeben werden, sind die betroffenen Einheiten lediglich zu addieren. Schwieriger wird es, wenn eine gewählte Einheit an mehrere Baufirmen vergeben wird. Dies kann technologische oder zeitliche Hintergründe haben, als Beispiel seien hier die Metallbauarbeiten (Metallfenster, Dachkonstruktion, Treppengeländer etc.) genannt. Daher ist es wichtig, frühzeitig die projektspezifischen Vergabeeinheiten zu benennen, um die Kostengliederung entsprechend umstellen zu können.

Auch für die Kostenkontrolle und -steuerung ab der Vergabe und während der gesamten Bauausführung ist die Einführung von Vergabeeinheiten eine wichtige Voraussetzung.

Ein Problem bei der Umschreibung von bauelementeorientierten Kostengliederungen in eine vergabeorientierte Sicht stellt teilweise die Zuordnung dar. So muss ein Kostenelement einwandfrei einer Kostengruppe sowie einer Vergabeeinheit zugeordnet werden können, um ein einfaches Umschalten der Sichtweise zu ermöglichen. Aus diesem Grund muss ggf. eine weitere Unterebene unterhalb der dritten Ebene der Kostengliederung eingefügt werden.

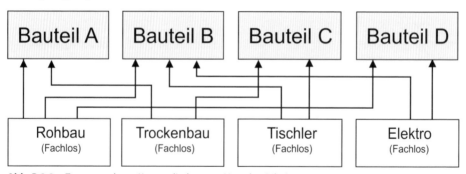

Abb. B 2.2: Zusammenhang Kostengliederung – Vergabeeinheit

Besteht beispielsweise ein durch einen Kostenkennwert bepreister Deckenbelag in Kostengruppe 352 aus einem schwimmenden Estrich und einem Betonwerkstein, so müssen bei einer Vergabeorientierung diese beiden Elemente preislich getrennt voneinander verschiedenen Vergabeeinheiten zugeordnet werden. Für diesen Teilbereich setzt sich die Kostengruppe 352 dann aus 2 verschiedenen Leistungen zusammen: Betonwerksteinarbeiten und Estricharbeiten. Sollen diese verschiedenen Leistungen in der Ausführungsphase durch 2 verschiedene Baufirmen erbracht werden, so sind diese beiden Leistungen auch verschiedenen Vergabeeinheiten zuzuordnen (vgl. hierzu auch Teil C). Daher ist es ratsam, in der Kostenermittlung möglichst früh in der Detailtiefe der dritten Ebene zusätzlich mit Unterebenen zu arbeiten, um ohne Systembruch zwischen den Kostenergebnissen der Elementorientierung und der Vergabeorientierung wechseln zu können. Solche Unterebenen zu den Bauelementen werden in der Literatur auch als Ausführungsklassen und Ausführungsarten bezeichnet (z. B. BKI Baukosten, Teil 2, Statistische Gebäudekennwerte).

2.3 Besonderheiten der Kostendarstellung

Die DIN 276-1:2006-11 fordert für einige Bedingungen gesonderte Kostenaufstellungen. So werden die Kosten bei Umbauten ebenfalls nach einer Kostengliederung aufgestellt, jedoch zusätzlich in die Bereiche Abbruch, Instandsetzung und Neubau unterteilt, um die Kosteneinflüsse besser verstehen und steuern zu können. Auch wenn vorhandene Bauteile und Baustoffe wiederverwendet werden, ist dies gesondert in den betroffenen Kostengruppen auszuweisen.

Übernimmt der Bauherr Eigenleistungen, so sind diese entsprechend auszuweisen. Unabhängig von den durch die Eigenleistung verringerten Kosten sind dabei die Kosten anzusetzen, die auch für entsprechende Bauunternehmerleistungen aufzubringen wären.

Besteht ein Bauprojekt aus mehreren Abschnitten (z. B. funktional, zeitlich, räumlich oder wirtschaftlich), sind für jeden Abschnitt getrennte Kostenermittlungen zu erstellen. Dies hilft dem Bauherrn, die Zuweisung von Finanzmitteln zeitlich zu planen. Eine nach überlappenden Kriterien gewünschte Kostengliederung (räumliche Gliederung, Eigentumsgliederung, Nutzungsgliederung) ist allerdings vertraglich abzusprechen.

Sofern Kosten durch außergewöhnliche Bedingungen des Standortes (z. B. Gelände, Baugrund, Umgebung), durch besondere Umstände des Bauprojekts oder durch Forderungen außerhalb der Zweckbestimmung des Bauwerks verursacht werden, sind diese Kosten bei den betreffenden Kostengruppen gesondert auszuweisen.

In der DIN 276-1:2006-11 ist nicht festgelegt, ob die Baukosten mit oder ohne Umsatzsteuer dargestellt werden sollen. Dies ergibt sich in der Regel aus dem steuerlichen bzw. betriebswirtschaftlichen Hintergrund des Auftraggebers. In jedem Fall ist jedoch klar auszuweisen, ob die Umsatzsteuer in den angegebenen Kosten enthalten ist. Damit ergeben sich für den Bauherrn und Planer verschiedene Optionen:

- Alle Angaben der Kostenermittlungen sind Bruttowerte, also inkl. der gesetzlichen Umsatzsteuer. Diese Variante dürfte als Standard bei den Kostenermittlungen anzusehen sein. Zu beachten ist, dass die Kostendarstellungen der bauausführenden Firmen im Regelfall auf der Netto-Basis erfolgen.
- Alle Angaben der Kostenermittlungen sind Nettowerte, also ohne die gesetzliche Umsatzsteuer. Diese Variante kommt immer dann zur Anwendung, wenn der Bauherr/ Auftraggeber umsatzsteuerabzugsberechtigt ist, wie z. B. ein Bauträger oder ein Industrieunternehmen.
- In den Kostenermittlungen werden Brutto- und Nettowerte verwendet. Diese Variante dürfte eher selten anzutreffen sein, wie z. B. in den Fällen, in denen ein Auftraggeber oder Auftragnehmer nicht dem deutschen Steuerrecht unterliegt (z. B. ein amerikanischer Architekt, der in Deutschland ein Gebäude plant).

2.4   Kostenbeeinflussende Faktoren

Unabhängig von der Art der Kostendarstellung werden Baukosten durch viele Parameter beeinflusst (vgl. Abb. B 2.3). Vorhandene Kennwerte sollten immer vor dem Hintergrund dieser Einflussfaktoren bewertet und angepasst werden, um eine möglichst passgenaue Kostenaussage tätigen zu können. Die Einflussfaktoren sollen im Folgenden einzeln erläutert werden.

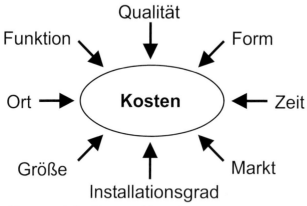

Abb. B 2.3: Einflussfaktoren auf die Baukosten

Eine entscheidende Einflussgröße auf die Kosten ist die Größe des Projekts, da die Baukosten nicht linear mit der Größenentwicklung eines Projekts steigen. So sind bestimmte Bauteile unabhängig von der Größe des Objektes zu sehen bzw. diese vergrößern sich (z. B. bei technischen Anlagen wie Heizung oder Lüftung) zumeist nicht linear, sondern in Ausbaustufen entsprechend dimensionierter Anlagen. Daher können Kosten eines Gebäudes anderer Größe nicht über Flächenfaktoren hochgerechnet werden.

Dies gilt ebenfalls für das Verhältnis der Kostengruppe 300 zu der Kostengruppe 400. Ein hoch technisiertes Gebäude wie ein Universitätsklinikum oder ein Laborgebäude beansprucht deutlich mehr Technikkosten als Kosten für baukonstruktive Elemente. Im Gegensatz hierzu sind beispielsweise einfache Lagerhallen stark durch die Kostengruppe 300 geprägt.

Entsprechend ist also die Funktion entscheidend für das Verhältnis der Kostengruppen zueinander. Hierbei können Kosten auch durch effiziente Grundrissgestaltung und Minimierung von nicht erforderlichen Flächen oder Verkehrsflächen eingespart werden. Jeder Architekt sollte sich daher intensiv mit den Kosten der Kostengruppe 400 beschäftigen, um entsprechende Einflüsse auf die Gesamtkosten berücksichtigen zu können und somit eine möglicherweise festgelegte Kostenobergrenze einhalten zu können.

Die Kubatur bzw. Form eines Gebäudes kann ebenfalls eine große Rolle für die Höhe der Bauwerkskosten spielen. Je freier und damit weniger standardisiert die Kubatur des Gebäudes ist, umso aufwendiger ist auch die Herstellung, da oft Sonderlösungen und Einzelanfertigungen notwendig werden. Dies trifft auch auf individuelle Lösungen im Detail zu, wenn beispielsweise Fassadenprofile projektbezogen nach Detailplanung des Architekten hergestellt werden.

In diesem Zusammenhang sollte auch die Bedeutung der Geschosshöhe erwähnt werden. Hohe Räume und daraus resultierend entsprechende Geschosshöhen vergrößern die Kubatur und führen in der Folge zu höheren Bauwerkskosten. Sind diese Geschosshöhen aus gestalterischen oder repräsentativen Gründen notwendig (z. B. das Foyer eines Hotels oder Verwaltungsgebäudes), sollte versucht werden, zumindest in den oberen Geschossen einen Ausgleich durch Reduzierung der Geschosshöhe auf das geforderte gesetzliche Mindestmaß herzustellen.

Auch der Zeitfaktor hat Einfluss auf die Kosten. Enge Terminpläne mit notwendigen Beschleunigungen, funktionsbedingte Einschränkungen der Arbeitszeiten (z. B. Umbau im laufenden Betrieb) sowie Bauzeitverzögerungen oder Stillstandzeiten führen zu einem Anstieg der Baukosten. Gegebenenfalls ergeben sich auch gesetzliche Änderungen (Anfang 2007 stieg z. B. die Mehrwertsteuer deutlich an). Sind gerade bei zeitlich engen Bauprojekten auch die Planungsleistungen nicht ausreichend koordiniert, führen eventuelle Schnittstellenprobleme (nicht berücksichtigte Durchbrüche, zu späte Planungsergebnisse im Baufortschritt etc.) zu Kostensteigerungen.

Wenn der Bauplatz besondere Maßnahmen bedingt oder die örtlichen Verhältnisse zur Durchführung der Baumaßnahme beengt bzw. durch Störungen beeinflusst sind, sollten diese Einflüsse in die Kostenermittlung einfließen. Beispielsweise können schwierige Baugrund- und Gründungsverhältnisse (z. B. Abstützung von Nachbarbebauung oder zu schützende Medienleitungen) oder nicht ausreichende Baustelleneinrichtungsfläche Erschwernisse darstellen.

Sind hohe Qualitäten der Bauteile und teure Materialien gefordert, so sind diese bei der Kostenermittlung zu berücksichtigen. Ein Bodenbelag aus Naturstein ist um ein Vielfaches teurer als beispielsweise Laminat oder Linoleum. Auch Begrifflichkeiten wie „mittlere Qualität" oder „gehobener Standard" können zu Beginn eines Projektes im Detail zu unterschiedlichen Interpretationen durch den Architekten einerseits und den Bauherrn andererseits führen. Daher ist es ratsam, derartige Festlegungen des Ausbauniveaus sofort mit beispielhaften Oberflächenqualitäten zu hinterlegen, um spätere Kostenrisiken und Missverständnisse zu verringern.

Nicht zuletzt ist der Markt ein entscheidender Kostenfaktor. Auch wenn Kostenermittlungen nach besten Grundlagen erstellt wurden, ist die Preisabfrage am Markt nur bedingt vorhersehbar. Dies liegt z. B. an schwankenden Konjunkturlagen, die auch örtlich oder gewerkespezifisch verschieden sein können. Bei hohen Auslastungen in einem örtlichen Markt und damit vollen Auftragsbüchern können gegenüber stark in Konkurrenz stehenden Unternehmen durchaus Preisschwankungen von 20 % auftreten.

3   Methodik der Kostenplanung

Wie schon in Teil A beschrieben worden ist, etabliert die neue DIN 276-1:2006-11 – abweichend von den bisherigen Versionen – ein Controllingelement in der Kostenplanung. Die Kostenplanung bezeichnet daher die Gesamtheit aller Maßnahmen in den Bereichen Kostenermittlung, Kostensteuerung und Kostenkontrolle.

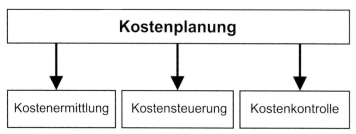

Abb. B 3.1: Definition der Kostenplanung

Es sind also nicht nur isolierte Kostenermittlungsstufen in einzelnen Leistungsphasen notwendig, um Entscheidungsgrundlagen und Zwischenergebnisse zu erreichen. Vielmehr sollen die Kosten im Sinne der Kostenkontrolle entsprechend der vom Bauherrn definierten Kostenvorgaben kontrolliert und zum Zweck der Kosteneinhaltung während der gesamten Planungs- und Bauphase gesteuert werden. Diese Vorgaben erfordern ein Umdenken in der Praxis der Kostenplanung, da die bisherigen, meist isoliert voneinander durchgeführten Methoden der Kostenermittlung die Anforderungen der DIN 276-1:2006-11 nicht erfüllen. Notwendig wird ein Instrument, welches im Planungsprozess ab der Entwurfsgrundlage konsequent fortgeschrieben wird, damit jederzeit aktuelle Daten zur Verfügung stehen. Diese Kostenplanungsmethode muss direkt in den Planungs- und Bauprozess integrierbar sowie effektiv nutzbar sein, um die geforderten Kostenplanungskompetenzen auch in der Praxis umsetzen zu können.

Nur aktuelle Daten ermöglichen eine unmittelbare Information, wenn Kosten sich verändern und z. B. eine Obergrenze überschritten wird. So können Kostenverschiebungen durch rechtzeitigen Eingriff in den Planungsprozess im Sinne der Kostensteuerung aufgefangen werden.

Im Folgenden wird eine **Kostenplanungsstruktur** entlang des Planungs- und Bauprozesses vorgestellt, die die Anforderungen der DIN 276-1:2006-11 erfüllt und praxisgerecht mit geringem Aufwand durchgeführt werden kann. Vertieft wird diese Struktur in Teil C des vorliegenden Buches anhand von Beispielen und Detailinformationen.

3.1   Entscheidungsebene Projektdurchführung

In der Regel begegnet der Bauherr dem Architekten mit einer klaren Vorstellung von der zu planenden Bauaufgabe. Dabei sind Kosten- und Terminvorgaben aufgrund der individuellen Investitionsbedingungen die Regel, ebenso hat der Bauherr meist eine klare funktionale Anforderung im Sinne eines Nutzungsziels (wie z. B. eine Bürofläche für 200 Mitarbeiter). Aufgabe des Architekten ist es nun, diese Vorgaben auf ihre Machbarkeit zu prüfen. Dies erfolgt mithilfe des Kostenrahmens nach DIN 276-1:2006-11.

Ziel ist es, grundsätzliche Entscheidungen über die Bedarfsplanung und Wirtschaftlichkeits- bzw. Finanzierungsüberlegungen zu tätigen und diese auf Umsetzbarkeit zu prüfen.

Auf der Grundlage des Kostenrahmens kann nach DIN 276-1:2006-11 durch den Bauherrn die Kostenvorgabe festgelegt werden, an der sich die spätere Planung orientieren muss (vgl. Teil A). Der Planer sollte die Kostenvorgabe des Bauherrn auf Machbarkeit überprüfen, bevor die Kostenvorgabe einvernehmlich festgelegt wird.

Der Planer prognostiziert die Gesamtkosten des Bauwerks, wobei er hierbei bereits externe Informationen wie z. B. Grundstückskosten durch den Bauherrn erhalten muss. In den Gesamtkosten müssen mindestens die Bauwerkskosten (vgl. Kapitel 1.1) separat ausgewiesen werden. So kann frühzeitig erkannt werden, wenn das Projekt unter den gegebenen Rahmenbedingungen nicht im Kostenrahmen durchgeführt werden kann. Dies reduziert Investitionsrisiken des Bauherrn und bedingt frühzeitige Alternativüberlegungen in der Planung. Daher ist eine frühzeitige Festlegung der Investitionssumme durch den Bauherrn sinnvoll.

Die Kostenermittlungsart sollte in dieser Leistungsphase den Vorgaben des Bauherrn angepasst werden. Sind funktionale Vorgaben vorhanden, bieten sich nutzungsbezogene Kostenermittlungsarten (z. B. Nutzfläche mal Kennwert) an, die in Teil C beschrieben werden. Detaillierte Kostenermittlungsverfahren sind zu diesem Zeitpunkt in der Regel nicht möglich, da in diesem Stadium weder ein Vorentwurf oder Entwurf noch spezifische Aussagen über Qualitäten vorhanden sind. Die qualitativen Bedarfsangaben beinhalten lediglich Anforderungen wie z. B. bautechnische Anforderungen, Funktionsanforderungen oder Ausstattungsstandards.

Falls es möglich ist, sollten kostenbestimmende Parameter bereits mit dem Bauherrn festgelegt werden, um Kennwerte und Vergleichsobjekte bewerten zu können. Dies sind zunächst grobe Parameter wie allgemeine Ausbauqualitäten oder Vorgaben zur Projektidee, zum Anspruch an das Gebäude, die Funktion und die Größe. Es ist generell sinnvoll, frühzeitig im Projekt die gewünschten Standards und Ausbauschnittstellen (z. B. Mieter-/Nutzerausbau) dem Auftraggeber zur Entscheidung vorzulegen und zu dokumentieren. Auf dieser Kostenplanungsgrundlage baut die spätere Kostenplanung über Bauelemente auf, sodass Änderungen, Detaillierungen und Entscheidungen auch im Nachhinein nachzuvollziehen sind.

3.2   Entscheidungsebene Vorentwurfskonzept

Ist im Vorentwurf eine erste Entwurfsidee vorhanden, so werden mit dem Vorentwurf weitere Parameter bestimmbar, welche die Kostenermittlung präzisieren können. Dies sind vor allem Angaben geometrischer Art (Brutto-Geschossfläche, Volumen etc.), die aber nicht nur durch Quantitäten, sondern auch durch ihre Formenart eine Aussage über die Höhe der Kosten geben können. Handelt es sich um einfache geometrische Körper, sind die Kosten in der Regel deutlich niedriger als bei komplexen und freien Formen.

Die DIN 276 fordert in dieser Planungsstufe (Leistungsphase 2 gemäß § 15 Abs. 2 HOAI) eine Kostenschätzung. Die Kostenschätzung wird als Entscheidungsgrundlage des Bauherrn für die Weiterführung des Planungskonzepts der Vorplanung (Leistungsphase 2 gemäß § 15 Abs. 2 HOAI) erstellt. Als Grundlage dienen dazu:

- Ergebnisse der Vorplanung, vor allem die Planungsunterlagen und zeichnerische Darstellungen,
- Mengenberechnungen von Bezugseinheiten der Kostengruppen bzw. der DIN 277,
- Erläuterungen zu den planerischen Bedingungen, Zusammenhängen bzw. Vorgängen,
- Angaben zum Baugrundstück und zur Erschließung.

Die Kostenschätzung soll mindestens bis zur ersten Ebene der Kostengliederung nach DIN 276 geführt werden. Dies entspricht der Detailtiefe der Festlegungen, die in der Regel bis zu diesem Zeitpunkt getätigt werden. So bietet sich die Kostenermittlung in dieser Stufe über Flächen und Rauminhalte an (vgl. die detaillierte Beschreibung der Verfahren über Flächen oder Rauminhalte in Teil C), insbesondere

- die Berechnung über den Brutto-Rauminhalt und
- die Berechnung über die Brutto-Geschossfläche.

Die Berechnung der Kosten über die Nutzfläche durch Ableitung von den Nutzeinheiten wird in der Regel in Leistungsphase 1 durchgeführt, sie kann aber auch hier noch sinnvoll sein, zumal dadurch eine Kontrolle der beiden benannten Verfahren erfolgt.

Beispiel

Es soll ein Bürogebäude für 500 Arbeitsplätze geplant und errichtet werden. Anhand einschlägiger Erfahrungswerte kann aus dieser Angabe die Brutto-Grundfläche (BGF) ermittelt werden.

Ein Problem der benannten Methoden ist die Tatsache, dass die Kostenkennwerte keine direkten Kostenverursacher sind; so differenziert beispielsweise ein Kostenkennwert nach Nutzfläche nicht in die Höhenstaffelung oder den Nutzflächenanteil des Gebäudes. Es empfiehlt sich daher, mehrere Methoden gegenüberzustellen, um die Bandbreite möglicher Kostenschwankungen besser einschätzen zu können.

3.3   Entscheidungsebene Bauantrag

Ist der Vorentwurf bis zu einem genehmigungsfähigen Entwurf weiterentwickelt worden, so sind bereits grobe trag- und baukonstruktive Zusammenhänge bekannt, die in die Kostenermittlung einfließen müssen. Da auf Grundlage der durch den Bauherrn freigegebenen Entwurfsplanung (Leistungsphase 3 gemäß 15 Abs. 2 HOAI) die Genehmigungsplanung erfolgt, in der die Baugenehmigung eingeholt wird, und danach Änderungen am Bauentwurf nur bedingt möglich sind, ist die Kostenermittlung in der Leistungsphase 3 eine wichtige Entscheidungsgrundlage des Bauherrn für die Umsetzung des Entwurfes in ein reales Gebäude.

Die DIN 276-1:2006-11 fordert zu diesem Zeitpunkt die Durchführung einer **Kostenberechnung.** Die Kostenberechnung dient somit für den Bauherrn als *„eine Grundlage für die Entscheidung über die Entwurfsplanung"* (Abschnitt 3.4.3) und damit auch über die Genehmigungsplanung bzw. den Bauantrag sowie in der Regel auch über die Beschaffung von Finanzierungsmitteln, deren Bedingungen auf dieser Grundlage festgesetzt werden können.

Zur Aufstellung der Kostenberechnung dienen als Grundlage:

- Planungsunterlagen wie die Entwurfszeichnungen, ggf. auch Detailpläne mehrfach wiederkehrender Raumgruppen,
- Mengenberechnungen von Bezugseinheiten der Kostengruppen,

- Erläuterungen z. B. zu Gegebenheiten in der Kostengliederung, die in den Plänen und Berechnungsunterlagen nicht zu erkennen, für die Berechnung und Beurteilung der Kosten aber relevant sind.

Die Gesamtkosten müssen in der Kostenberechnung mindestens bis zur zweiten Ebene der Kostengliederung aufgeschlüsselt werden. Dies impliziert die Nutzung der Grobelementemethode (vgl. zum Begriff des Grobelements Teil C). Die Schwierigkeit besteht allerdings in der Verallgemeinerung der Grobelemente. So ist z. B. bei dem Grobelement Decke zunächst nicht klar, ob in einem vorliegenden Kostenkennwert eine Stahlbeton- oder Holzbalkendecke bzw. ein Linoleum- oder Granitfußboden enthalten ist. Man muss die zur Verfügung stehenden Kennwerte sehr genau inhaltlich prüfen und vergleichen, da sie ebenfalls noch keine direkten Kostenverursacher sind.

Da die Kostenermittlungstiefe bis zur zweiten Ebene der Kostengliederung nach DIN 276 nur in Leistungsphase 3 (gemäß § 15 Abs. 2 HOAI) gefordert wird und sich aus Kostenkennwerten der Grobelemente in der Regel nur überschlägige Kostenkennwerte entwickeln lassen, ist es erforderlich, die Grobelementemethode in der Leistungsphase 5 (Ausführungsplanung) weiter zu detaillieren, um hieraus eine genauere Kostenermittlung zu erhalten. Dies erfolgt mithilfe der Bauelemente (dritte Ebene der Kostengliederung). Will man auch diese Detaillierungsstufe weiter kostenmäßig differenzieren, kann dies mithilfe sog. Ausführungsklassen und Ausführungsarten geschehen. Nach dieser Systematik sind auch die Datensammlungen des Baukosteninformationszentrums Deutscher Architektenkammern (BKI GmbH) aufgebaut. Ansonsten endet das Prinzip der bauelementeorientierten Kostenermittlung in der dritten Gliederungsebene. Dies bedeutet allerdings nicht, dass die Kosten der Grobelemente (zweite Ebene) auf die Bauelemente der dritten Ebene aufzuteilen sind. Jede Kostenermittlungsstufe ist mit ihren Ergebnissen als eine eigenständige Einheit zu sehen. Die Ergebnisse werden im Rahmen der Kostenkontrolle verglichen und etwaige Abweichungen sind zu hinterfragen. In Abb. B 3.2 werden die „Reichweiten" der bauelementeorientierten Kostenermittlungsverfahren dargestellt.

Methode	Leistungsphasen								
	1	2	3	4	5	6	7	8	9
BRI	✓	✓	✗	✗	✗	✗	✗	✗	✗
BGF/NF	✓	✓	✗	✗	✗	✗	✗	✗	✗
Grobelemente	✗	✓	✓	✗	✗	✗	✗	✗	✗
Bauelemente	✗	✗	✓	✓	✓	✓	✓	✓	✓
✓ = geeignet; ✗ = nicht geeignet									

Abb. B 3.2: Reichweiten der einzelnen Kostenermittlungsverfahren (vgl. Bielefeld/Feuerabend, 2006)

Da die DIN 276-1:2006-11 wie bereits erwähnt Erläuterungen zu kostenrelevanten Gegebenheiten in der Kostengliederung zusätzlich zu Plänen und Berechnungsunterlagen fordert, ist es in der Regel bereits in der Leistungsphase 3 sinnvoll, die Bauelementemethode mithilfe einer Baubeschreibung anzuwenden. Durch die Beschreibung der Bauelemente mithilfe einer Baubeschreibung (vgl. hierzu auch Teil C) lassen sich aufgrund klar definierter Qualitäten viel präzisere monetäre Entscheidungsgrundlagen erreichen. Außerdem kann (wie in den folgenden Kapiteln erläutert) bereits ab der Entwurfsplanung durchgehend mit einer Methode gearbeitet werden, sodass die direkte Weiternutzung des Datenmaterials den ggf. leicht erhöhten Aufwand in der Entwurfsplanung rechtfertigt.

3.4   Entscheidungsebene Bauvergabe

Nach Erteilung der Baugenehmigung wird die Bauausführung vorbereitet. Dies geschieht mithilfe der Ausführungsplanung (Leistungsphase 5 gemäß § 15 Abs. 2 HOAI) und der Ausschreibungen (Leistungsphase 6 gemäß § 15 Abs. 2 HOAI). Ist ein Bauvertrag erst einmal geschlossen, definiert er über das Bausoll ein Auftragsvolumen, das nur noch bedingt mittels der Kostensteuerung beeinflusst werden kann (z.B. bei Aufmaß und Nachtragsangeboten). Vor Vergabe der Bauleistungen muss folglich der Bauherr eine Entscheidungsgrundlage erhalten, welche die Fortschreibung der Kosten bis hin zu Budgetzuteilungen der einzelnen Vergabeeinheiten darstellt. So kann er prüfen, inwieweit einzelne, sukzessiv aufeinanderfolgende Vergaben im Bauprozess den Kostenvorgaben entsprechen.

In der DIN 276-1:2006-11 wird ein großes methodisches Problem der Zuordnung zu den Leistungsphasen der HOAI behoben. In den Fassungen der DIN 276 bis 1993 war der Kostenanschlag als nachfolgende Kostenermittlungsstufe zur Kostenberechnung erst in der Leistungsphase 7 (gemäß § 15 Abs. 2 HOAI) vorgesehen. Da die letzten Vergaben in der Regel kurz vor Baufertigstellung durchgeführt werden und damit zwischen Entwurfsplanung und Fertigstellung wesentlicher Bauteile keine Kostenermittlungsstufe zur Kostenkontrolle mehr vorhanden war, fand definitorisch nach DIN 276 keine Kostenermittlung während der gesamten Bauphase statt. Dieses Problem löst die DIN 276-1:2006-11, indem sie den Kostenanschlag in die Leistungsphasen 5 und 6 vorverlegt. Dies bedeutet jedoch, dass der **Kostenanschlag nicht mehr auf Angeboten des Marktes basiert,** sondern sich aus der bauteilbezogenen Kostenermittlung der vorigen Leistungsphasen entwickelt. Er schafft nunmehr **die Grundlage zur Bewertung von Angeboten** der bauausführenden Firmen.

Als Grundlage des Kostenanschlags dienen:

- Planungsunterlagen wie die endgültigen Ausführungs-, Detail- und Konstruktionszeichnungen der beteiligten Planer,
- Berechnungen wie z.B. die Statik (Standsicherheitsnachweise), der Wärmeschutznachweis und die Unterlagen der technischen Anlagen,
- Mengenberechnungen von Bezugseinheiten der Kostengruppen,
- Leistungsbeschreibungen oder anderweitige Erläuterungen zur Bauausführung,
- Zusammenstellungen von bereits entstandenen Kosten (z.B. Grundstückskosten), erteilten Aufträgen (z.B. Planerhonorare der bisherigen Leistungsphasen) sowie von bereits vorliegenden Angeboten.

Der Kostenanschlag beinhaltet entgegen der bisherigen Fassung der DIN 276 (Ausgabe 1993) nun eine Kostenzusammenstellung nach Kostengliederung der DIN 276-1:2006-11 bis zur dritten Ebene **und** gleichzeitig eine Zusammenstellung nach Vergabeeinheiten (vgl. auch Kapitel 2.2). Dies stellt den Übergang von Planung und Ausführung dar, indem aus den bisherigen bauteilbezogenen Kostenermittlungen nun Budgets für die einzelnen Vergabeeinheiten herausgezogen werden können. Wie schon im vorangehenden Kapitel beschrieben, kann eine fortgeführte Baubeschreibung mit Bauelementen und hinterlegten Kostenkennwerten direkt genutzt werden, um sowohl die bauteilbezogene Sichtweise der Kostengliederung wie auch die ausführungsorientierte Sichtweise der Vergabeeinheiten zu erhalten.

Allerdings gibt es an dieser Stelle in der DIN 276-1:2006-11 ein methodisches Problem, da sich bestimmte Kostengruppen der dritten Ebene nicht einwandfrei nur einer Vergabeeinheit zuordnen lassen (vgl. auch Beispiel in Teil C). Eine einfache Umstellung kann jedoch erreicht werden, indem die betroffene Kostengruppe in weitere Bauelemente aufgeschlüsselt wird, die sowohl einer Kostengruppe der dritten Ebene wie auch einem Leistungsbereich zuzuordnen sind. So können die Bauelemente je nach Bedarf bauteilorientiert oder vergabeorientiert sortiert und dargestellt werden. Die vergabeorientierte Sicht kann nach der Gewerkegliederung der VOB Teil C, nach Leistungsbereichen der Standardleistungsbücher (STLB-Bau) oder nach eigenen, der Vergabe entsprechenden Einheiten erfolgen (vgl. hierzu Kapitel 2.2).

3.5   Kostenplanung während der Bauausführung

Aufgrund der Dauer und der in der Regel komplexen Abläufe der Bauausführung entstehen vielfältige Risiken hinsichtlich der Einhaltung der Kostenbudgets der Vergabeeinheiten gemäß Kostenanschlag. Um im Bauprozess rechtzeitig reagieren und Kostenveränderungen ggf. auffangen zu können, ist die kontinuierliche Fortschreibung der Kosten unabdingbar.

Die DIN 276-1:2006-11 sieht aus methodischen Gründen zwischen Vergabe und Baufertigstellung keine eigene Kostenermittlungsstufe vor, stattdessen sollen die Kosten während der Bauausführung kontinuierlich verfolgt und kontrolliert werden. So wird in Abschnitt 3.5.4 der DIN 276-1:2006-11 gefordert, dass im Zuge der Vergabe und Bauausführung die Angebote, die Aufträge und die jeweiligen Abrechnungen inkl. aller Nachträge in einer festgelegten Struktur aufgenommen und kontrolliert werden. Dies dient dazu, eventuelle Kostenabweichungen im Bauprozess aufzudecken und ggf. die Gesamtkosten mithilfe einer Kostensteuerung wieder den Zielkosten annähern zu können. Durch den zeitlichen Abstand von gewerkeweisen Ausschreibungen entsteht im Bauprozess die Situation, dass einige Gewerke noch nicht vergeben sind, wobei andere zur gleichen Zeit bereits schlussgerechnet sein können. Methodisch ist daher auf Grundlage der Vergabebudgets aus dem Kostenanschlag jede Vergabeeinheit für sich zu betrachten; trotzdem sind alle Kosten auf ihrem aktuellen Kostenstand gemeinsam zu erfassen. Nutzt man die Gliederung des Kostenanschlags, können die Kosten auf Grundlage der vergabeorientierten Sichtweise über den gesamten Bauverlauf fortgeschrieben und gesteuert werden.

Solange keine Vergabe erfolgt ist, wird für jede Vergabeeinheit das errechnete Budget in die Gesamtsumme eingerechnet. Nach erfolgter Vergabe werden entsprechend die Auftragssummen aufgenommen, die Budgets dienen ab diesem Zeitpunkt nur noch der Kostenkontrolle. Im laufenden Bauprozess werden alle Nachträge und Mengenveränderungen eingepflegt und eine Abrechnungssumme wird prognostiziert (vgl. ein ausführliches Beispiel für diese Abläufe: Bielefeld/Feuerabend, 2006). Nach Abrechnung erfolgt die Aufnahme der schlussgerechneten Kosten. So reduziert sich das Kostenschwankungsrisiko der zunächst über Budgets ermittelten Kosten im Laufe des Bauprozesses immer weiter, bis nach Fertigstellung die tatsächlichen Kosten feststehen.

3.6   Dokumentation und Kostenfeststellung

Nach Fertigstellung des Gebäudes muss zu Dokumentationszwecken eine Zusammenfassung der tatsächlich entstandenen Kosten erfolgen. Dies dient u.a. zum Nachweis der entstandenen Kosten für den Bauherrn und dessen Finanzierungsträger, ggf. als Grundlage für die Dokumentation und Vergleichsrechnungen und nicht zuletzt als Kostenermittlungsgrundlage für zukünftige Projekte des Architekten.

Die nach DIN 276-1:2006-11 geforderte Kostenfeststellung wird demnach nach Fertigstellung des Bauwerks als Abschluss der Bauleitung (Leistungsphase 8 gemäß § 15 Abs. 2 HOAI) erstellt. Als Grundlage der Kostenfeststellung werden genutzt:

- Schlussrechnungen oder andere geprüfte Abrechnungsbelege,
- ggf. Nachweise der Eigenleistungen,
- Planungsunterlagen wie Abrechnungszeichnungen,
- ergänzende Erläuterungen, soweit erforderlich.

Die Gesamtkosten in der Kostenfeststellung müssen bis zur dritten Ebene der Kostengliederung nach DIN 276-1:2006-11 aufgeschlüsselt werden. In der Fassung der DIN 276 von 1993 reichte eine Ermittlung bis in die zweite Gliederungsebene aus, sollten die Ergebnisse nicht zur Kennwertbildung für zukünftige Bauvorhaben verwendet werden. In der DIN 276-1:2006-11 ist eine durchgehende Kostenkontrolle auf Basis der Bauelemente sinnvoll, um diese im Anschluss an die Baumaßnahme aus der Vergabesicht wieder bauteilorientiert in der dritten Ebene darstellen zu können. So entsteht die Kostenfeststellung automatisch mit der letzten Schlussrechnung, sofern die Kosten wie im vorangehenden Kapitel dargestellt über den Bauprozess fortgeschrieben werden.

Literaturverzeichnis Teil B

Baukosteninformationszentrum Deutscher Architektenkammern (BKI) (Hrsg.): BKI-Baukosten 2006. Statistische Kostenkennwerte für Gebäude und Bauelemente. Köln: Verlagsgesellschaft Rudolf Müller, 2006

Bielefeld, B.; Feuerabend, T.: Zum Thema: Baukosten und Termine. Grundlagen, Methoden, Durchführung. Basel: Birkhäuser Verlag, 2006

Gesellschaft für Immobilienwirtschaftliche Forschung e. V. (gif) (Hrsg.): Richtlinie zur Berechnung der Mietfläche für gewerblichen Raum (MF-G). Fassung November 2004

Holthaus, U.: Ökonomisches Modell mit Risikobetrachtung für die Projektentwicklung. Eine Problemanalyse mit Lösungsansätzen. Dissertation Universität Dortmund, 2007

Teil C: Praxis der Kostenplanung

Autoren: Dr.-Ing. Thomas Feuerabend, Prof. Dipl.-Ing. Andreas Krebs

1   Vorstellung Beispielprojekt

In Teil C des vorliegenden Buches soll die Vorgehensweise der Kostenplanung metho-disch an einem durchgehenden Beispiel dargestellt werden. Dabei beziehen sich Bei-spiel und Methoden im Wesentlichen auf Neubaumaßnahmen. Bei dem Beispielprojekt handelt es sich um den Neubau des Erich-Brost-Instituts in Dortmund, der im Folgen-den vorgestellt wird.

1.1   Beschreibung

Abb. C 1.1: Ansicht Süd mit Haupteingang

Auf Anregung des Institutes für Journalistik wurde das Erich-Brost-Institut 1991 als Fördereinrichtung von dem Herausgeber und Verleger der Westdeutschen Allgemeinen Zeitung, Erich Brost[1], in Form einer gemeinnützigen GmbH aus dessen Privatvermö-gen gegründet.

Das Erich-Brost-Institut hat seinen Sitz in Dortmund und ist eine Kooperationseinrich-tung des Institutes für Journalistik der Universität Dortmund. Das Erich-Brost-Haus ist nach dem Stifter der Fördereinrichtung benannt.

---

1   Erich Brost (1903 bis 1995) war zunächst politischer Redakteur in Danzig und außerdem aktiver Sozial-demokrat. Brosts Arbeitsplatz wurde während der NS-Zeit zu einem Zentrum des sozialdemokratischen Exils und des Widerstands gegen die NSDAP. Brost flüchtete zunächst nach Schweden und Finnland, dann nach London, wo er Mitarbeiter der BBC wurde. Er kehrte nach dem Krieg als einer der Ersten nach Deutschland zurück und gründete 1947 die unabhängige „Westdeutsche Allgemeine Zeitung", für die er bis kurz vor seinem Tod aktiv blieb. 1991 stiftete er einen Teil seines Vermögens für den Aufbau des „Erich-Brost-Instituts für Journalismus in Europa", das sich der Förderung des journalistischen Nachwuchses widmet. Erich Brost gilt als ein journalistisches Vorbild für Generationen von Journalis-ten.

Nach dem Vorentwurf des Berliner Architekten Harald Meissner wurde die weiter gehende Planung einschließlich aller Fachplanungen von der Assmann Beraten + Planen
GmbH als Generalplaner übernommen. Die ar.te.plan GmbH als Tochtergesellschaft
der Assmann Beraten + Planen GmbH führte die Objektplanung (Architektur) durch.

Abb. C 1.2: Ansicht Ost mit Innenhof

Das Erich-Brost-Haus ist Sitz des ersten Wissenschaftszentrums für internationalen
Journalismus in Deutschland. Im Gebäude befindet sich neben dem gemeinnützigen
Institut auch der Lehrstuhl für internationalen Journalismus der Universität Dortmund
sowie ein im Aufbau befindliches Centre for Advanced Study für Fragen des internationalen Journalismus.

Zielsetzung ist es, Netzwerke europäischer Einrichtungen für die Journalistenausbil-
dung zu entwickeln, den Austausch von Studierenden und Dozenten zu fördern, neue
Lehr- und Lernformen zu entwickeln und die Forschung im Bereich des europäischen
Journalismus zu fördern.

Unterstützt wird der Aufbau europaweiter Netzwerke zur Journalistenausbildung, For-
schungsprojekte und Weiterbildungsaktivitäten einschließlich redaktioneller Praktika
in führenden europäischen Medien. Das Wissenschaftszentrum wirkt als Kommunika-
tionszentrum für den internationalen journalistischen Fachaustausch.

1.2   Lage

Das Land NRW hat im März 2001 mit Zustimmung der Universität Dortmund dem Erich-Brost-Institut für Journalismus in Europa ein Grundstück in der Größe von rund 2.300 m² in Erbpacht übereignet. Dieses befindet sich in unmittelbarer Nachbarschaft zur Universität Dortmund. Die Nutzer können daher von den übrigen Einrichtungen der Universität wie beispielsweise der Universitätsbibliothek profitieren.

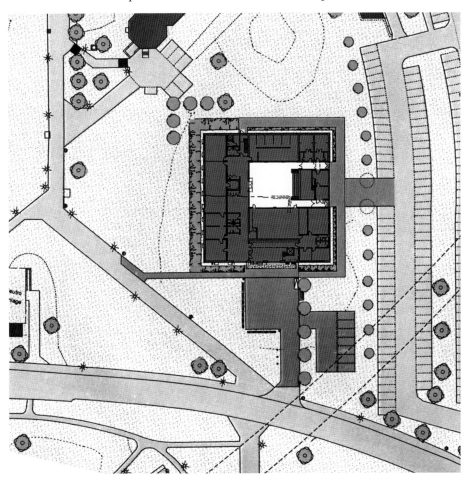

Abb. C 1.3: Lageplan

1.3   Architektur

Abb. C 1.4: Ansichten

Die zentrale Gestaltungsidee des Gebäudes orientiert sich an den Erfordernissen multinationaler Arbeitsgruppen in den Sozial- und Kommunikationswissenschaften. Das Gebäude besitzt ein hohes Maß an Flexibilität in der Raumnutzung für Einzelforscher und Arbeitsgruppen, die sich auch in der technischen Ausstattung widerspiegeln. Neben den üblichen Arbeitsräumen verfügt das Gebäude über Seminarräume, Konferenzräume sowie eine Bibliothek.

Der Kommunikation kommt eine besondere Bedeutung zu: Das Gebäude hat keine herkömmlichen Büroflure, sondern Kommunikationsflächen, welche die einzelnen Gebäudebereiche miteinander verbinden. Dabei ist das Gebäude um einen zentralen Innenhof herum organisiert.

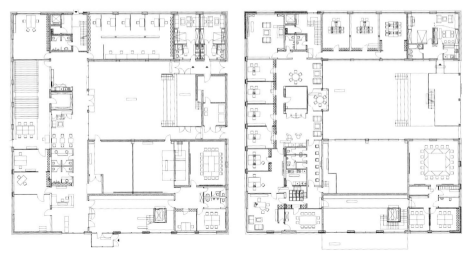

Abb. C 1.5: Grundrisse EG und OG

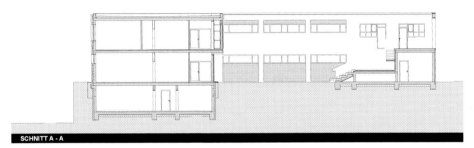

SCHNITT A - A

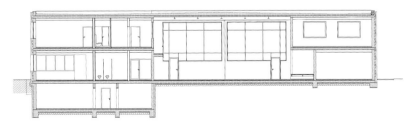

SCHNITT B - B

Abb. C 1.6: Schnitte

1.4   Wesentliche Projektdaten

Auftraggeber:	Erich-Brost-Institut für Journalismus in Europa gGmbH
	Vogelpothsweg 78
	44227 Dortmund
	Herr Univ.-Prof. Dr. Gerd G. Kopper
Nutzer:	Universität Dortmund
Generalplanung:	Assmann Beraten + Planen GmbH
Architektur:	Vorentwurf: Herr Dipl.-Ing. Architekt Harald Meissner
	ab Entwurfsplanung: ar.te.plan GmbH

Objektanschrift:	Otto-Hahn-Straße 2
	44227 Dortmund
Ausführungsart:	Neubau
Projektlaufzeit:	Juni 1999 bis Juli 2002
Planungszeit:	Juni 1999 bis November 2000
Bauzeit:	Juni 2001 bis Juli 2002
Nutzfläche:	1.220 m²
Brutto-Grundfläche:	2.533 m²
Brutto-Rauminhalt:	9.532 m³
Bauwerkskosten:	4,4 Mio. € brutto, gemäß Kostengruppen 300 bis 400
Herstellungskosten:	5,9 Mio. € brutto, gemäß Kostengruppen 200 bis 700

2   Grundlagen

2.1   Qualitäten

2.1.1   Qualitätsfestlegungsstufen im Planungsprozess

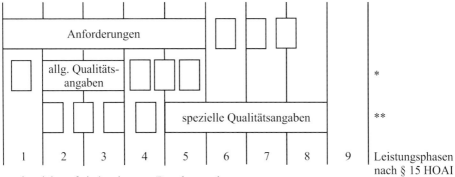

* nicht auf ein bestimmtes Bauelement bezogen
** auf ein bestimmtes Bauelement bezogen

Abb. C 2.1: Zusammenhang zwischen Qualitätsfestlegungsstufen und Planungsprozess

Mit dem Fortschreiten des Planungsprozesses werden auch die Qualitätsangaben immer konkreter. Dabei kann im Wesentlichen zwischen

a) **Anforderungen an Qualitäten,**
b) **allgemeinen Qualitätsangaben** wie „hochwertige Bodenbeläge" und
c) **speziellen Qualitätsangaben** wie „Parkett, Eiche, 23 mm, geölt"
unterschieden werden (vgl. Abb. C 2.1).

a) Anforderungen an Qualitäten

In den frühen Leistungsphasen ergeben sich zunächst Anforderungen an die Qualitäten, die aus der Planung resultieren, beispielsweise an den Schallschutz von Wänden. Diese Anforderungen können sich aus technischen Vorschriften oder auch aus den Wünschen des Bauherrn ergeben, indem er beispielsweise einen höheren Schallschutz fordert als vorgeschrieben.

Auf dieser Basis können dann in den folgenden Leistungsphasen die konkreten Qualitäten festgelegt werden. Als Qualität wird hier die Beschaffenheit von z. B. Oberflächen verstanden.

Abb. C 2.2: Innenbereich des Erich-Brost-Instituts

b) allgemeine Qualitätsangaben

Qualitätsangaben, die sich nicht auf ein konkretes Bauelement[2] beziehen, sondern die einzuplanenden Qualitäten auf gröberer Ebene beschreiben, werden als allgemeine Qualitätsangaben bezeichnet. Beispiele hierfür sind Angaben wie „hochwertige Bodenbeläge" oder „mittlere Qualität".

c) spezielle Qualitätsangaben

Beziehen sich die Qualitätsangaben auf ein konkretes Bauelement, so spricht man von speziellen Qualitätsangaben. Diese Qualitäten ergeben sich im Laufe der Planung aus den Anforderungen, den allgemeinen Qualitätsangaben sowie dem gewünschten Charakter der Ausstattung. In der Regel werden die Qualitäten dem Bauherrn zunächst vom Objektplaner im Rahmen einer Bemusterung vorgestellt und dann vom Bauherrn festgelegt.

Die einzelnen Qualitätsfestlegungsstufen werden im Folgenden im Hinblick auf die Kostenplanung noch näher erörtert.

2.1.2   Allgemeine Qualitätsangaben

Wie in Kapitel 2.1.1 erläutert, werden zu Beginn der Planung vom Bauherrn bereits erste Wünsche hinsichtlich der Qualitäten geäußert. Im Fall des Erich-Brost-Instituts wurde Wert auf eine hochwertige Ausstattung gelegt, die gleichzeitig flexibel sein sollte.

---

2 *„Ein Bauelement ist ein Teil eines Gebäudes, der nach der Untergruppe der dritten Ebene der DIN 276 eindeutig bestimmt ist und eindeutig einem Leistungsbereich zugeordnet werden kann."* (Bielefeld/Feuerabend, 2006, S. 44)

Diese Wünsche des Bauherrn spielen auch im Hinblick auf die Kostenermittlungen insofern eine Rolle, als dass bei der Wahl der Kostenkennwerte (vgl. Kapitel 2.2) der entsprechende Qualitätsstandard berücksichtigt werden muss. Es ist daher ratsam, die Qualitätsstandards für die einzelnen Elemente der Kostenberechnung mit dem Bauherrn abzustimmen und in dieser zu vermerken, da sie Basis der Kostenermittlung sind. Ein ausführliches Beispiel dazu findet sich in den Kapiteln 3 bis 6.

2.1.3 Spezielle Qualitätsangaben

Mit Fortschreiten der Planung werden auch die Qualitäten näher spezifiziert. Sobald deren Festlegung auf der Ebene der Bauelemente erfolgt, spricht man von speziellen Qualitätsangaben. Diese speziellen Qualitätsangaben ergeben sich aus den Anforderungen (z.B. Brandschutz, Schallschutz), den allgemeinen Qualitätsangaben (z.B. hochwertige Ausstattung) sowie dem gewünschten Charakter der Ausgestaltung.

Im Normalfall werden dem Bauherrn entsprechende Vorschläge vonseiten des Objektplaners gemacht. Nach der Festlegung, die meist im Rahmen einer Bemusterung erfolgt, können die entsprechenden Elemente der Kostenermittlung dann ebenfalls entsprechend detailliert werden.

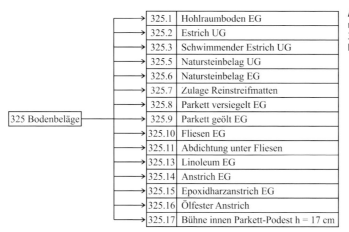

Abb. C 2.3: Aufgliederung der Kostengruppe 325 Bodenbeläge in alle Bauelemente

In diesem Zusammenhang ist es jedoch sinnvoll, stets jeweils ein Element der Kostenermittlung vollständig zu untergliedern. Andernfalls besteht eine Lücke von Elementen, die nicht kostenmäßig erfasst sind. Werden beispielsweise die Bodenbeläge (Kostengruppe 325) weiter untergliedert, so müssen alle beim Bauvorhaben vorkommenden Bodenbelagsarbeiten aufgeführt werden (vgl. Abb. C 2.3); in einer auf einer unvollständigen Aufgliederung aufbauenden Kostenermittlung würden die entsprechend notwendigen Kosten „vergessen".

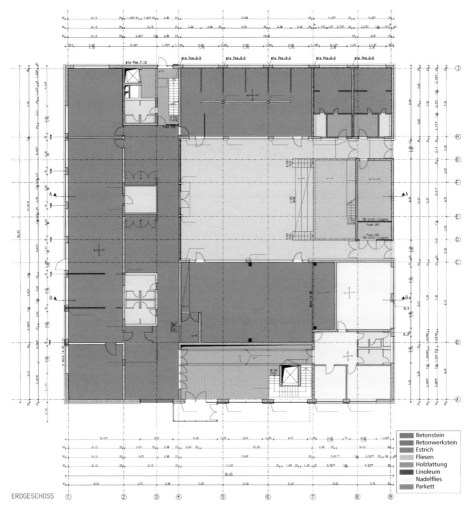

Abb. C 2.4: Grafische Darstellung der verschiedenen Bodenbeläge im Grundriss

Abbildung C 2.4 zeigt am Beispiel des Erich-Brost-Instituts die Visualisierung der verschiedenen Bodenbeläge zur besseren Übersichtlichkeit und zur Vereinfachung von Entscheidungen.

Darüber hinaus ist es generell erforderlich, frühzeitig im Projekt dem Bauherrn die gewünschten Ausbauschnittstellen (Mieter-/Nutzerausbau) zur Entscheidung vorzulegen und die getroffenen Entscheidungen zu dokumentieren. Diese Festlegungen bilden einen wichtigen Bestandteil der Kostenplanung nach der Elementemethode. Über die Elementemethode können Änderungen und Alternativen jederzeit dargestellt und hinsichtlich ihrer Auswirkungen auf Kosten und ggf. auf Termine bewertet werden.

2.2 Bewertungsansätze

2.2.1 Allgemeines

Tabelle C 2.1: Verbreitete Quellen für Kostenkennwerte (vgl. Bielefeld/Feuerabend, 2006, S. 49)

Bezugseinheit	Quelle	Bemerkungen
BRI	BKI, 2006	Neubau, Altbau, Niedrigenergie, Passivhäuser, Freianlagen
BGF, NF	BKI, 2006	Neubau, Altbau, Niedrigenergie, Passivhäuser, Freianlagen
Grobelemente (zweite Ebene der DIN 276)	BKI, 2006 Gerlach/Meisel, 2006	Neubau, Altbau, Niedrigenergie, Passivhäuser, Freianlagen Instandsetzung, Sanierung, Umnutzung, Neubau: Mehrfamilienhäuser
Bauelemente	BKI, 2006 Olesen, 2006 Gerlach/Meisel, 2006	Neubau, Altbau, Niedrigenergie, Passivhäuser, Freianlagen Hochbau: Rohbau, Erdarbeiten, Rohrleitungen, Außenanlagen Instandsetzung, Sanierung, Umnutzung, Neubau: Mehrfamilienhäuser
LV-Positionen	Mittag, 2003 Olesen, 2006 sirAdos, 2006	Rohbau, Ausbau, Haustechnik, Außenanlagen, Tiefbau Hochbau: Rohbau, Erdarbeiten, Rohrleitungen, Außenanlagen

Der Wahl der Bewertungsansätze kommt bei der Kostenermittlung eine große Bedeutung zu, weil bereits kleine Veränderungen eine große Wirkung bei der Multiplikation mit der Menge entfalten können.

Beispiel

Wird bei einer Menge von 400 m² Estrich statt 16,00 €/m² ein Kennwert von 20,00 €/m² angenommen, so ergibt sich eine Differenz von 1.600,00 €. Um beim Kennwert 16,00 €/m² eine solche Differenz über die Menge zu erreichen, müsste diese bereits um 100 m² falsch sein.

An diesem einfachen Beispiel erkennt man, dass es eher sinnvoll erscheint, das Augenmerk auf die Wahl eines zutreffenden Kennwertes zu richten, als die Mengenermittlung bis zur allerletzten Genauigkeit durchzuführen.

Darüber hinaus ist zu prüfen, welche Leistungen in dem Kennwert enthalten sind und welche nicht. Werden beispielsweise abgerechnete Leistungsverzeichnisse als Datenquelle herangezogen, so ist zu klären, welche Nebenleistungen im Kennwert enthalten sind. Bei Estrich in obigem Beispiel sind entsprechende Nebenleistungen z. B. Randstreifen, Herstellen von Aussparungen, Herstellen von Übergängen.

Einen ersten Anhaltspunkt für Quellen von Bewertungsansätzen liefert Tabelle C 2.1.

Auf die Problematik der Mengenermittlungsparameter wird noch im Kapitel 2.3 eingegangen.

2.2.2   Baupreisindizes

Tabelle C 2.2: Baupreisindizes der Ausbauarbeiten bei Bürogebäuden von 1990 bis 2005 ohne Mehrwertsteuer (Quelle: Statistisches Bundesamt Wiesbaden, 61261-0001, Stand: 23.10.2006)

Jahr	Index	Jahr	Index	Jahr	Index
1990	78,2	1996	98,4	2002	102,0
1991	83,1	1997	98,6	2003	102,6
1992	88,3	1998	98,7	2004	103,9
1993	92,3	1999	98,8	2005	105,6
1994	94,7	2000	100,0		
1995	97,5	2001	101,3		

Jahr 2000 = 100

Die Kostenkennwerte von zu unterschiedlichen Zeiten realisierten Bauprojekten können in der Regel nicht direkt miteinander verglichen werden, weil Baupreise – genauso wie Preise anderer Waren und Dienstleistungen – über die Jahre veränderten wirtschaftlichen Bedingungen unterliegen.

Um dennoch eine Vergleichbarkeit zu ermöglichen bzw. die längerfristige Anwendbarkeit der Kostenkennwerte sicherzustellen, bedient man sich der Baupreisindizes (vgl. Tabelle C 2.2), die von den statistischen Bundes- und Landesämtern erhoben werden und die Preisänderung bezogen auf ein Basisjahr darstellen. Momentan wird das Jahr 2000 als Basisjahr herangezogen. Dass Baupreisindizes auch Auskunft über die wirtschaftliche Situation geben, sei nur am Rande erwähnt.

Abb. C 2.5: Umrechnung eines Kostenkennwertes mithilfe von Baupreisindizes

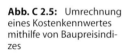
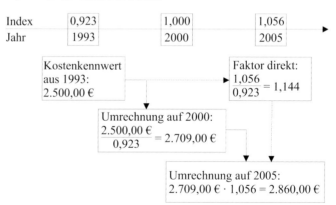

Beispiel

Bei einem Kostenkennwert von 2.500,00 € aus dem Jahr 1993 stellt sich die Frage, welcher Kostenkennwert für die identische Leistung heute gilt. Der Baupreisindex von 1993 beträgt 92,3 Punkte. Damit hätte die Bauleistung im Jahr 2000 einen Preis von 2.709,00 € gehabt. Der aktuelle Baupreisindex von 2005 beträgt 105,6 Punkte und führt zu einem Preis von 2.860,00 € im Jahr 2005 (vgl. Abb. C 2.5).

Damit die Anwendung der Baupreisindizes richtig erfolgen kann, sollen im Folgenden die Hintergründe der Datenerhebung geschildert werden. Die statistischen Ämter der Länder erheben auf der Grundlage des PreisStatG (Gesetz über die Preisstatistik vom 9.8.1958) quartalsweise die Preise ausgewählter Bauleistungen bei repräsentativ ausgewählten Bauunternehmen. Dabei kommen sog. Pendellisten zum Einsatz, die zwischen den Bauunternehmen und den statistischen Ämtern hin- und herpendeln. Um den Preisindex für eine bestimmte Bauwerksart zu ermitteln, werden die Preise des dafür erforderlichen Warenkorbs über ein Wägungsschema gewichtet und dann dem Preis des Basisjahres gegenübergestellt.

Die Indizes der einzelnen Länder werden dann vom Statistischen Bundesamt für das gesamte Bundesgebiet zusammengefasst. Regionale Besonderheiten treten dabei zugunsten eines Gesamtwertes in den Hintergrund. Für den Anwender bedeutet dies, dass vor der Verwendung bedacht werden sollte, ob aktuelle Entwicklungen in der Region besonders zu berücksichtigen sind oder nicht. Hierbei spielt das Preisgefälle zwischen den verschiedenen Regionen eine untergeordnete Rolle, da der Baupreisindex dieses Gefüge naturgemäß unverändert lässt.

Sollen Preise für die Zukunft prognostiziert werden, so werden die Baupreisindizes der vergangenen Jahre gemittelt und die Preissteigerung ab dem aktuellen Stand über die Formel

$$P_{\text{Prognose}} = (1 + \frac{P_{\text{Mittel}}}{100})^{(\frac{t_{\text{Monate}}}{12})}$$

errechnet. Dabei ist der mittlere Prozentsatz P_{Mittel} der Preissteigerung üblicherweise

- bei den Ländern aus 3 Jahren und
- beim Bund aus 5 Jahren

zu ermitteln. Die Zeit t ist hier in Monaten angegeben, damit eine möglichst exakte Prognose erfolgen kann.

2.3 Mengenermittlung

Welche Mengenermittlungsregeln bei der Mengenermittlung zugrunde zu legen sind, richtet sich nach den eingesetzten Kennwerten. Wurden diese beispielsweise durch Auswertung abgeschlossener Projekte über Abrechnungsmengen und -summen ermittelt, so liegt in der Regel Teil C der Vergabe- und Vertragsordnung für Bauleistungen (VOB) zugrunde. Das führt dazu, dass sich die Abrechnungsregeln der VOB Teil C (Abschnitt 5 der jeweiligen Fachnorm) ergeben. Die Mengenermittlung hat in diesem Fall – dem Kennwert entsprechend – ebenfalls nach den Regeln der VOB Teil C zu erfolgen.

Es sind aber auch andere Regeln denkbar, beispielsweise nach:

- DIN 277,
- gif und
- Wohnflächenverordnung.

In jedem Fall ist es sinnvoll, für die Kennwerte nicht nur die Mengeneinheit zu notieren, sondern darüber hinaus auch noch die anzuwendenden Mengenermittlungsregeln, beispielsweise in der Form „m² nach VOB Teil C".

Mengenermittlung nach DIN 277/gif/Wohnflächenverordnung

Die DIN 277 „Grundflächen und Rauminhalte von Bauwerken im Hochbau" (Ausgabe 2005) sowie die Flächenarten nach der Gesellschaft für Immobilienwirtschaftliche Forschung e.V. (gif) wurden bereits in Teil B des vorliegenden Buches ausführlich besprochen. An dieser Stelle soll die Frage geklärt werden, wie sich diese verschiedenen Flächendefinitionen in die Planungsprozesse eingliedern.

Die Brutto-Grundfläche (BGF), zusammengesetzt aus Netto-Grundfläche (NGF) und Konstruktions-Grundfläche (KGF), ist in der frühen Projektphase (Grundlagenermittlung – Erstellung des Nutzerbedarfsprogramms) abzustimmen und als Grundlage für das Projekt festzulegen. In dieser Phase des Projekts – vor der zeichnerischen Planungsphase – ist im Wesentlichen die entwurfsunabhängige Nutzfläche zu definieren und im Rahmen der weiteren Planungsschritte auf ihre Flächenwirtschaftlichkeit hin zu untersuchen.

Eine wesentliche Kenngröße der Flächenwirtschaftlichkeit ist z.B. das Verhältnis von Nutzfläche bezogen auf die Brutto-Grundfläche. Bereits in dieser frühen Phase werden so Optimierungspotenziale aufgezeigt, die eine direkte Auswirkung auf die Investitionskosten haben.

Die mit dem Auftraggeber abgestimmten Ergebnisse bilden die Vorgaben für die weitere Architektenplanung. Während der weiteren Planungsphase muss ein kontinuierlicher Abgleich der Flächen zu den Sollvorgaben bis zur Fertigstellung des Projekts durchgeführt werden.

In Abb. C 2.6 entspricht die dunkelblau umrandete Fläche der NGF, wenn davon die Grundflächen der leichten Trennwände, die jeweils nur in einer Linie dargestellt sind, abgezogen werden.

Abb. C 2.6: Netto-Grundfläche des Erdgeschosses

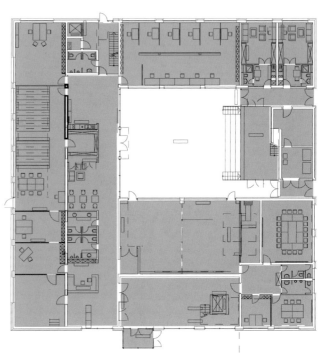

Die Regeln für die Berechnung der einzelnen Flächenarten können an dieser Stelle nicht weiter erläutert werden. Einzelheiten hierzu können der Literatur entnommen werden (z. B. Fröhlich, 2006; Hasselmann/Weiß, 2005).

Anforderungen an die Genauigkeit

Wie bereits in Kapitel 2.2 erläutert, können sich ungenaue Kostenkennwerte in viel stärkerem Maße auswirken als nicht bis zur letzten Genauigkeit ermittelte Mengen. In der Praxis können heute dank CAD selbst aus Vorentwurfszeichnungen Mengen scheinbar bis zur dritten Stelle hinter dem Komma genau ermittelt werden.

Hierzu ist festzuhalten: Sofern der Aufwand im Verhältnis zum Nutzen steht, ist gegen eine exakte Mengenermittlung nichts einzuwenden. Andernfalls sollte die Arbeitszeit besser auf die Ermittlung zutreffender Kostenkennwerte verwendet werden.

2.4 Die verschiedenen Kostenermittlungsverfahren

2.4.1 Allgemeines

Die Kostenermittlungsverfahren lassen sich in die beiden Klassen

- nutzungsbezogene Verfahren (vgl. Kapitel 2.4.2) und
- bauwerksbezogene Verfahren (vgl. Kapitel 2.4.3)

gliedern.

Dabei kommen in der Praxis oft Mischformen zum Einsatz, weil beispielsweise einige Kostengruppen nutzungsbezogen und andere bauwerksbezogen ermittelt werden. Im Folgenden werden die beiden Klassen ausführlich beschrieben. Welches Verfahren sinnvoll eingesetzt werden kann, hängt von zahlreichen Einflussgrößen ab, für deren Beurteilung eine gewisse Erfahrung unerlässlich ist.

2.4.2 Nutzungsbezogene Verfahren

Die nutzungsbezogenen Verfahren basieren auf Bedarfsangaben über Art und Umfang der vorgesehenen Nutzung, beispielsweise die Anzahl der Arbeitsplätze, Krankenhausbetten oder Übernachtungsplätze. Diese sog. **Nutzungseinheiten** können in der Regel aus dem Raum- und Bedarfsprogramm entnommen bzw. ermittelt werden; sie werden als direkte qualitative Bedarfsangaben mit dem entsprechenden Kostenkennwert multipliziert (vgl. Tabelle C 2.3).

Tabelle C 2.3: Beispiel einer Kostenermittlung über Nutzungseinheit als Bezugseinheit

Bauwerksart: Bürogebäude (mit normaler technischer Ausstattung)
Kostenangabe: Bauwerkskosten (Kostengruppen 300 und 400)
Kostenstand: April 2006 (vgl. BKI, 2006, Teil 1, S. 58); einschließlich MwSt.

Menge	Einheit	Kostenkennwert	Summe
(1)	(2)	(3)	(4) = (1) · (3)
300	Arbeitsplatz	55.000,00 €	16.500.000,00 €

Darüber hinaus sind auch nutzungsbezogene Flächenangaben wie die Nutzfläche (NF) nach DIN 277:2005 als Eingangsgröße für die nutzungsbezogenen Verfahren etabliert.

Soll detaillierter auf die konkrete Nutzung eines Gebäudes eingegangen werden, kann man sich der sog. **Kostenflächenarten-Methode** bedienen. Dabei werden die Kostenkennwerte nicht nach Bauwerkstypen wie Bürogebäude oder Krankenhaus differenziert, sondern nach den vorgesehenen Nutzungen der Räume. Das Verfahren ist somit nicht auf die Nutzung bei einem speziellen Bauwerkstyp beschränkt und kann auch bei Mischnutzungen verwendet werden, weil sich die Nutzung in den Kostenkennwerten für die einzelnen Kostenflächenarten widerspiegelt (vgl. Tabelle C 2.4).

Mithilfe von Zuordnungstabellen werden die zu planenden oder eingeplanten Raumtypen in Kostenflächenarten eingeteilt; auf diese Weise wird die spezielle Nutzungscharakteristik des Gebäudes als Verteilung der Flächen auf die verschiedenen Kostenflächenarten abgebildet.

Tabelle C 2.4: Beispiel einer Kostenermittlung nach der Kostenflächenarten-Methode

Bauwerksart: Bürogebäude (mit normaler technischer Ausstattung)
Kostenangabe: Bauwerkskosten (Kostengruppen 300 und 400)
Kostenstand: April 2006; einschließlich MwSt.

Kostenflächenart (KFA)	Nutzfläche	Kostenkennwert	Summe
(1)	(2)	(3)	(4) = (2) · (3)
KFA 1 (u. a. Lagerräume)	700 m² ·	1.600,00 €/m² =	1.120.000,00 €
KFA 2 (u. a. Büroräume)	3.500 m² ·	2.300,00 €/m² =	8.050.000,00 €
KFA 3 (u. a. Besprechungsräume)	400 m² ·	3.450,00 €/m² =	1.380.000,00 €
KFA 4 (u. a. Küchenräume)	150 m² ·	5.350,00 €/m² =	802.500,00 €
KFA 5	0 m² ·	7.750,00 €/m² =	0,00 €
KFA 6	0 m² ·	12.000,00 €/m² =	0,00 €
Bauwerkskosten			**11.352.500,00 €**

Noch in den 70er-Jahren hatte man gehofft, dass sich die Kostenflächenarten-Methode in der Breite durchsetzen würde. So war etwa der Entwurf einer geplanten DIN 18961 „Kostenrichtwerte" noch stark von diesem Ansatz geprägt. Bis heute hat sich die Kostenflächenarten-Methode jedoch nicht etablieren können, was nicht zuletzt daran liegt, dass die statistischen Verfahren, die zu den Kostenkennwerten führen, von den Anwendern nicht voll nachgezogen werden können bzw. so komplex sind, dass sie für die Auswertung eigener Projekte in der Regel nicht infrage kommen.

Sollen exaktere Kostenermittlungen erstellt werden, als es nutzungsbezogene Verfahren zulassen, so greifen viele Praktiker lieber auf die noch zu beschreibenden bauwerksbezogenen Verfahren zurück.

2.4.3   Bauwerksbezogene Verfahren

BRI/BGF

Die bauwerksbezogenen Verfahren beziehen sich auf die Geometrie und den Ausführungsstandard eines Bauvorhabens. Dabei können diese Verfahren teilweise bereits auf

Basis von Sollvorgaben aus Leistungsphase 1 angewendet werden, beispielsweise auf Basis von Brutto-Rauminhalt (BRI) oder Brutto-Grundfläche (BGF).

Der Vorteil dieser Verfahren liegt in der frühen Anwendbarkeit auf der Basis von Bedarfsangaben oder ersten Vorentwurfzeichnungen und in der guten Nachvollziehbarkeit für Planer und Bauherr. Dennoch muss an dieser Stelle darauf hingewiesen werden, dass Verfahren, die auf „groben" Mengeneinheiten wie m³ Rauminhalt basieren, die Kosten naturgemäß nicht exakt ermitteln können. Wird beispielsweise die Geschosshöhe um 20 % reduziert, so sinkt auch der BRI entsprechend. Dass in diesem Fall aber die Kosten nicht ebenfalls um 20 % sinken werden, ist klar.

Der Anwender sollte daher stets besonderen Wert darauf legen, einen möglichst zutreffenden Kostenkennwert zu verwenden. Gegebenenfalls kann durch gleichzeitige Anwendung verschiedener Verfahren – z. B. BRI und BGF – der Fehler durch Mittlung noch weiter minimiert werden.

Eine Anpassung des Kostenkennwerts aufgrund objektspezifischer Besonderheiten kommt in den meisten Fällen nicht in Betracht, weil Besonderheiten eines Gebäudes hinsichtlich der Auswirkungen auf den Kostenkennwert nur bedingt abgeschätzt werden können.

Zuletzt ist noch fraglich, wie sich die einzelnen in einem Kostenkennwert enthaltenen Kosten auf die verschiedenen Kostengruppen aufteilen. Hier bedient man sich statistischer Kostenverhältniswerte, die aussagen, welchen Anteil welche Kostengruppe bzw. Vergabeeinheit im Mittel hat, beispielsweise betragen die Kosten der technischen Ausrüstung (Kostengruppe 400) 30 % der Bauwerkskosten (Kostengruppen 300 und 400). Alternativ werden einzelne Kostengruppen – wie die Kostengruppe 700 – auch als Verhältniswert zu den Kostengruppen 300 und 400 ermittelt, beispielsweise betragen die Baunebenkosten ca. 15 % der Summe der Bauwerkskosten (vgl. Tabelle C 2.5).

Tabelle C 2.5: Ermittlung der Kosten der übrigen Kostengruppen auf Basis der Bauwerkskosten (Kostengruppen 300 und 400)

KG 300 und 400:	Bauwerkskosten	100 %	10.000.000,00 €
Kostengruppe	**Bezeichnung**	**Anteil in %** **an KG 300 und 400**	**Summe**
(1)	**(2)**	**(3)**	**(4)**
200	Herrichten und Erschließen	5	500.000,00 €
300	Bauwerk – Baukonstruktion	70	7.000.000,00 €
400	Bauwerk – technische Anlagen	30	3.000.000,00 €
500	Außenanlagen	10	1.000.000,00 €
600	Ausstattung und Kunstwerke	1	100.000,00 €
700	Baunebenkosten	15	1.500.000,00 €
Gesamtkosten		**131**	**13.100.00,00 €**

Elementeverfahren

Das Elementeverfahren basiert auf dem Gedanken, ein Gebäude in seine Bestandteile aufzugliedern und diese Kostenverursacher näher zu betrachten. Mit der Elementemethode können die Besonderheiten eines Gebäudes abgebildet werden. Je nach Detaillierung der Betrachtung werden

a) **das Grobelementeverfahren** und
b) **das Bauelementeverfahren**

unterschieden.

a) Grobelementeverfahren

Als Grobelement werden die Bestandteile eines Gebäudes bezeichnet, die in der zweiten Ebene der DIN 276 benannt sind (vgl. Teil B, Abb. B 2.1), also beispielsweise Außenwände (Kostengruppe 330) und Innenwände (Kostengruppe 340). Für diese Grobelemente werden die Kosten über Kostenkennwerte und Mengen ermittelt (vgl. Tabelle C 2.6).

Tabelle C 2.6: Kostenermittlung über Grobelemente für die Kostengruppe 300

Kostengruppe	Bezeichnung	Kostenkennwert	Menge	Kosten
(1)	(2)	(3)	(4)	(5) = (3) · (4)
310	Baugrube	45,00 €/m²	5.000 m³	225.000,00 €
320	Gründung	300,00 €/m²	3.300 m²	990.000,00 €
330	Außenwände	450,00 €/m²	8.100 m²	3.645.000,00 €
340	Innenwände	200,00 €/m²	9.100 m²	1.820.000,00 €
350	Decken	300,00 €/m²	3.300 m²	990.000,00 €
360	Dächer	350,00 €/m²	3.200 m²	1.120.000,00 €
370	Baukonstruktive Einbauten	NGF 65,00 €/m²	6.300 m²	409.500,00 €
390	Sonstige Maßnahmen für Baukonstruktionen	BGF 65,00 €/m²	8.100 m²	526.500,00 €
Summe KG 300: Bauwerk – Baukonstruktion				**9.726.00,00 €**

b) Bauelementeverfahren

Werden die Grobelemente in die nächste Ebene der DIN 276 untergliedert, so bezeichnet man diese Elemente als Bauelemente. Die Methode der Kostenermittlung entspricht der vorab besprochenen.

Werden die Bauelemente über die dritte Ebene der Kostengliederung hinaus nicht weiter untergliedert, so kann die Kostenermittlung in den folgenden Leistungsphasen nicht zur Festlegung von Budgets für Vergabeeinheiten genutzt werden, weil sie Elemente mehrerer Leistungsbereiche enthalten (z. B. Bodenbeläge, die sich aus Fliesen, Parkett und Oberböden zusammensetzen). Bielefeld/Feuerabend fordern daher mindestens eine Aufspaltung der Elemente der dritten Ebene in die Vergabeeinheiten und bezeichnen erst diese Elemente als Bauelemente (vgl. Bielefeld/Feuerabend, 2006, dort Kapitel 2.1.4).

Dieser Ansatz wird bei den folgenden Ausführungen zugrunde gelegt, weil er den Vorzug aufweist, durchgängig einsetzbar zu sein und jederzeit eine Sortierung nach den Kostengruppen der DIN 276 oder nach den Vergabeeinheiten vornehmen zu können.

Darüber hinaus existieren noch Ansätze, die eine weitergehende Differenzierung bis zu den Einzelpositionen eines Leistungsverzeichnisses vorschlagen. Wie am folgenden Beispiel noch gezeigt werden soll, reicht in der Mehrzahl der Fälle eine Ermittlung bis zu den Bauelementen aus, um eine ausreichende Genauigkeit zu erzielen und die Kostenermittlung durchgängig durchzuführen. Auf eine tief gehende Erklärung wird daher verzichtet.

2.5 Genauigkeit der Kostenermittlung

Kosten können entsprechend dem Stand der Planung und Ausführung stufenweise mit zunehmender Genauigkeit ermittelt werden. Oder anders ausgedrückt: In den Kostenermittlungsstufen sind Ungenauigkeiten enthalten, die auch durch sorgfältige Ermittlung nicht ausgeschlossen werden können. Im Folgenden werden die Ungenauigkeiten vorgestellt, die mit den einzelnen Kostenermittlungen verbunden sind.

Dabei soll es nicht um die rechtliche Zulässigkeit der Toleranzen, sondern um die Stufen an sich und ihre Genauigkeit gehen.

Es ist davon auszugehen, dass bei einem **Kostenrahmen,** der auf der Grundlage von Bedarfsangaben aufgestellt wird, die ermittelten Kosten noch erheblich von den tatsächlichen Kosten beziehungsweise den konkreten Anforderungen an Standards/Qualitäten und Inhalte abweichen können. Der Kostenrahmen stellt eine sehr grobe Ermittlung der Gesamtkosten dar und dient ersten Wirtschaftlichkeitsüberlegungen.

Die **Kostenschätzung** ist eine Ermittlung der Kosten auf Basis der Vorentwurfsplanung; insofern können die ermittelten Kosten oder Qualitäten bei der Kostenschätzung noch deutlich von den tatsächlichen Kosten oder Qualitäten abweichen.

Bei der **Kostenberechnung** erlauben die verfügbaren Informationen aus der Entwurfsplanung eine wesentlich genauere Ermittlung der Kosten als bei der Kostenschätzung. Es kann deshalb vorausgesetzt werden, dass die ermittelten Kosten nicht mehr stark von den tatsächlichen Kosten abweichen bzw. durch kostensteuernde Maßnahmen, welche einen dirckten Einfluss auf die Planung haben, eingehalten werden können.

Beim **Kostenanschlag** schließlich, der eine ausführliche und möglichst genaue Ermittlung der tatsächlich zu erwartenden Kosten auf der Grundlage detaillierter Planungsinformationen und der Kenntnis bereits entstandener Kosten darstellt, ist nur noch mit geringfügigen Abweichungen der ermittelten Kosten von den tatsächlichen Kosten zu rechnen, einer etwaigen Abweichung kann mit kostensteuernden Maßnahmen entgegengewirkt werden.

Über kostenplanerische Maßnahmen wie eine kontinuierliche Kostenkontrolle und Kostensteuerung kann der Grad der erzielbaren Genauigkeit noch weiter verbessert werden, um die jeweiligen Kostenvorgaben einzuhalten. Dies setzt voraus, dass Kostensteuerungsmaßnahmen auch die Planungsinhalte, d.h. im Wesentlichen die quantitative und qualitative Ausprägung des Objekts, zur Disposition stellen können.

2.6   Risiko

Der Risikobegriff wurde bereits in Teil A des vorliegenden Buches ausführlich erläutert. Dabei wurde aufgezeigt, wieso eine Übertragung der Erkenntnisse der Statistik auch auf den Bereich der Kostenermittlung sinnvoll ist.

Beim Beispielprojekt wurden daher die Unterschiede zwischen der einfachen Aufsummierung der Risikobewertung und der komplexeren Berechnung mithilfe der in Kapitel A 5 vorgestellten Formel herausgearbeitet.

2.7   Kostenmanagement

Abb. C 2.7: Regelkreis zur Kostenermittlung

Auf der Basis der festgelegten Qualitäten und Quantitäten im Rahmen der Grundlagenermittlung sowie der Vorentwurfsplanung des Architekten werden Planungsänderungen und deren Auswirkungen auf Kosten und Termine in den nachfolgenden Phasen der Planung und in der Bauausführung dokumentiert und bewertet. Führt eine Änderung zu Kostenveränderungen nach oben, so werden Einsparpotenziale zur Kompensation erforderlich. Aus diesem Grund ist es wichtig, diese Basis bereits frühzeitig differenziert, qualifiziert und für den Auftraggeber transparent zu erarbeiten und festzuschreiben.

Die erste Zahl bleibt meistens „haften", die Inhalte, welche durch diese Zahl beschrieben werden, hingegen oft nicht. Es ist daher erforderlich, bereits in den frühen Projektphasen Inhalte und Abgrenzungen so genau wie möglich zu beschreiben und im Rahmen der Kostenermittlungen transparent darzustellen. Eine Fortschreibung und Steuerung der Kosten kann nur so gut sein wie die Basis, auf der diese Kostenermittlung beruht. Planungsänderungen während der Planungs- und Bauausführungsphase sind kontinuierlich darzustellen und mit dem Auftraggeber abzustimmen.

Gerade wegen fehlender Kontrolle und Fortschreibung der Kostenermittlung haben sich in der Praxis viele Probleme ergeben. So wurde oftmals eine Kostenberechnung zu einem bestimmten Zeitpunkt erstellt, dem Bauherrn vorgelegt und dann zu den Akten genommen. Dass die Kosten aus dem Ruder liefen, wurde frühestens nach Eingang des ersten Angebotes festgestellt, im schlimmsten Fall erst zum Ende der Baumaßnahme.

Um diese Fehler der Vergangenheit zukünftig vermeiden zu können, bedarf es eines durchgehenden Kostenmanagements, wie es am Beispielprojekt vorgestellt werden soll. Dabei ist Wert darauf zu legen, dass jede kostenrelevante Änderung auch in der jeweiligen Kostenermittlung dokumentiert wird, um bei wesentlichen Änderungen der Kosten steuernd eingreifen zu können (vgl. Abb. C 2.7).

3   Kostenrahmen

3.1   Zielsetzung und Anforderungen

Die Festlegung der Kostenvorgabe innerhalb des Kostenrahmens zusammen mit dem Bauherrn ist in der ersten Leistungsphase – neben der Festlegung der weiteren Sollvorgaben – die Kernaufgabe des Objektplaners. Ob es sich hierbei um eine Kostenobergrenze oder um Zielkosten handelt, muss ebenfalls abgeklärt werden (vgl. die ausführliche Darstellung in Teil A zur Definition der Begriffe).

In der Regel werden vom Bauherrn Vorgaben zu den Kosten gemacht, ohne dass er diese Vorgaben auf die einzelnen Teilleistungen herunterbricht. Eine Einteilung der Baukosten in feste Budgets für alle Gewerke ist eher die Ausnahme.

Dennoch gibt es entsprechende Fälle: So ist es im Bereich von Bauten des Gesundheitswesens z.B. üblich, Budgetvorgaben für Geräte oder technologische Ausstattung zu machen. Andere Auftraggeber definieren Maßnahmen für ökologisches Bauen als festes Budget in Verbindung mit den zu realisierenden Maßnahmen. Bei Projekten mit unterschiedlichen Nutzern ist es häufig üblich, Budgets für Ausbauten in Abhängigkeit von Mietverträgen zu definieren.

Verschieben sich wesentliche Rahmenbedingungen, so ist die vereinbarte Kostenvorgabe durch entsprechende kostensteuernde Maßnahmen, wie z. B. Reduzierung von Flächen/Volumen, Standardreduzierung, sicherzustellen.

Bei öffentlich geförderten Projekten kann es vorkommen, dass mit Finanzierungszusagen auch ein festgelegter Mittelabfluss verbunden ist. In diesen Fällen ist der Ablauf- und Terminplanung zur Sicherstellung des Mittelabflusses eine hohe Bedeutung beizumessen. Dabei sollte der Planer schon aus eigenem Interesse die Kostenvorgaben des Bauherrn auf Machbarkeit prüfen, bevor die Kostenvorgabe – neben den weiteren Vorgaben – einvernehmlich festgelegt wird.

Bei der Festlegung der Kostenvorgabe sind folgende Fälle denkbar:

a) Der Bauherr hat eine genaue Vorstellung von den für ihn maximal möglichen Kosten.
b) Der Bauherr hat eine genaue Vorstellung von der zu erreichenden Bauleistung in Bezug auf Nutzfläche, Funktionalität etc.
c) Der Bauherr hat keine Vorstellungen von den zu erwartenden Kosten.

a) Bauherr gibt Kostenobergrenze/Zielkosten vor

In dem Fall, dass der Bauherr bereits eine genaue Vorstellung von den einzuhaltenden Kosten hat, ist es Aufgabe des Planers, diese Vorstellung im Hinblick auf ihre Einhaltbarkeit zu prüfen. Das kann erfolgen, indem ermittelt wird, welches Bauwerksvolumen oder welche Nutzfläche mit den vorgeschlagenen finanziellen Mitteln realisiert werden kann; das Ergebnis dieser Ermittlung wird den Wünschen des Bauherrn bezüglich der Nutzung des Gebäudes gegenübergestellt.

b) Bauherr gibt übrige Vorgaben (außer Kosten) vor

Falls der Bauherr Sollvorgaben für die Planung macht, aus denen sich Bauwerksvolumen oder Nutzflächen ableiten lassen, so kann ermittelt werden, welche Kosten mit einem entsprechenden Bauprojekt verbunden sein werden. Auf Basis dieser Kosten ist dann abzuklären, ob der Bauherr diese Baukosten als Vorgabe für die Planung akzeptieren kann oder ob er weniger oder sogar mehr finanzielle Mittel aufwenden möchte. Letzteres kommt vor allem im Bereich von öffentlichen Fördermitteln immer wieder vor, weil Bauherren die Fördermöglichkeiten voll ausschöpfen wollen.

c) Bauherr hat keine Vorstellungen

Auch der Fall, dass der Bauherr weder Vorstellungen von den Kosten noch von den erforderlichen sonstigen Planungsvorgaben hat, kommt vor. In diesem Fall ist zunächst zu ermitteln, welche Anforderungen der Bauherr an sein Gebäude hat und welche Vorgaben in Bezug auf Bauwerksvolumen oder Nutzflächen sich daraus ableiten lassen.

Auf Basis dieser Ermittlung können dann die Kosten abgeschätzt werden, um anschließend mit dem Bauherrn zu besprechen, inwieweit die Kosten und die sonstigen Planungsvorgaben für die folgenden Leistungsphasen eine Rolle spielen sollen und inwieweit abgewichen werden kann.

3.2   Durchführung

Die nachfolgenden Abbildungen sind mit den Tabellen erstellt, die auch auf der beiliegenden CD enthalten sind.

3.2.1   Aufnahme der Projektdaten

Zunächst ist zu dokumentieren, um welches Bauprojekt es sich handelt und welche Rahmenbedingungen für die Planung existieren. Die Aufnahme der Projektdaten erfolgt wie in Abb. C 3.1 dargestellt.

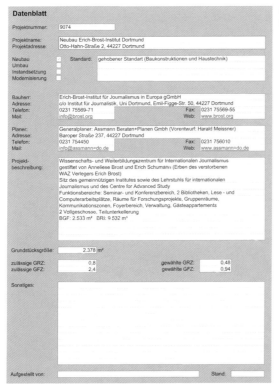

Abb. C 3.1: Aufnahme der Projektdaten des Beispielprojektes

3.2.2   Möglichkeit 1: Machbarkeitsprüfung

Kostenrahmen – nach DIN 276-1:2006-11

Projekt: 9074
              Neubau Erich-Brost-Institut Dortmund

Kostenvorgabe Bauherr: 6.500.000 €   Kostenobergrenze   Aufgabenstellung: Machbarkeitsüberprüfung

Preisindex: definierte BGF: 2.500,0 m²
        Kostenkennwert   1.751 €
          Bezugsjahr   2000
   Index Bezugsjahr   100
     aktueller Index   105,6
aktualisierter Kostenkennwert   1.850 €   ☐ Aktualisierung KG 300+400

lfd. Nr.	Kosten-gruppe	Bezeichnung der Kostengruppe	Bezugs-einheit	Menge	Kennwert [€/Einheit]	Kosten (brutto)	% von 300+400	% von Gesamt
1	100	Grundstück Verkehrswert 0 €/m² Nebenkosten 0 %	m² FBG	2.378 m²	0,00	- €		
2	200	Herrichten und Erschließen	m² FBG	2.378 m²	46,00	109.388 €	2,5%	1,9%
3	300	Bauwerk - Baukonstruktionen	m² BGF	2.500,0 m²	1.400,80	3.502.000 €	80,0%	61,6%
4	400	Bauwerk - Technische Anlagen	m² BGF	2.500,0 m²	350,20	875.500 €	20,0%	15,4%
5	300+400	Bauwerk - gesamt	m² BGF	2.500,0 m²	1.751,00	4.377.500 €	100,0%	77,0%
6	500	Außenanlagen	m² AUF	4.740 m²	42,00	199.080 €	4,5%	3,5%
7	600	Ausstattung und Kunstwerke	psch.		300.000,00	300.000 €	6,9%	5,3%
8	700	Baunebenkosten	% von KG 300+400	16,0%	psch.	700.400 €	16,0%	12,3%
9		Gesamtkosten				5.686.368 €		100,0%

Restbetrag aus Kostenvorgabe des Bauherren: 813.632 €

Aufgestellt von: Stand:

Abb. C 3.2:   Kostenrahmen – Berechnung der Zielkosten des Beispielprojektes

Im Rahmen der Machbarkeitsprüfung werden die Wünsche des Bauherrn auf ihre Machbarkeit hin untersucht. Beim Beispielprojekt

- sollte ein Grundstück von 2.378 m² Größe erschlossen werden,
- sollte ein Bauwerk mit einer BGF von 2.500 m² erstellt werden[3] und
- sollten Außenflächen von ca. 4.740 m² hergestellt werden.

Diese Werte werden tabellarisch erfasst und mit Kostenkennwerten multipliziert, die dem Kostenplaner aus Vergleichsobjekten zur Verfügung stehen. Es ergeben sich Gesamtkosten in Höhe von rund 5.686.368,00 € (vgl. Abb. C 3.2).

Die Wünsche des Bauherrn lassen sich also für ca. 6.500.000,00 € realisieren.

---

3   An dieser Stelle wäre auch die Anwendung eines nutzungsbezogenen Verfahrens denkbar gewesen. Um die Kostenermittlungen aber in den folgenden Kapiteln direkt vergleichen zu können – und weil der Bauherr eine Kostenvorgabe nach dem Maximalprinzip gemacht hat –, wird hier eine Berechnung über die BGF durchgeführt.

3.2.3 Möglichkeit 2: Rückrechnung auf mögliche BGF

Kostenrahmen - nach DIN 276-1:2006-11

Projekt: 9074
Neubau Erich-Brost-Institut Dortmund

Kostenvorgabe Bauherr: 6.500.000 € Zielkosten Aufgabenstellung: Rückrechnung auf mögliche BGF

Preisindex:
Kostenkennwert	1.751 €
Bezugsjahr	2000
Index Bezugsjahr	100
aktueller Index	105,6
aktualisierter Kostenkennwert	1.850 €

☐ Aktualisierung KG 300+400

lfd. Nr.	Kosten-gruppe	Bezeichnung der Kostengruppe			Bezugs-einheit	Menge	Kennwert [€/Einheit]	Kosten (brutto)	% von 300+400	% von Gesamt
1	100	Grundstück	Verkehrswert	0 €/m²	m² FBG	2.378 m²	0,00	- €		
			Nebenkosten	0 %						
2	200	Herrichten und Erschließen			m² FBG	2.378 m²	46,00	109.388 €	2,2%	1,7%
3	300	Bauwerk - Baukonstruktionen			m² BGF	2.900,6 m²	1.400,79	4.063.126 €	80,0%	62,5%
4	400	Bauwerk - Technische Anlagen			m² BGF	2.900,6 m²	350,20	1.015.781 €	20,0%	15,6%
5	300+400	Bauwerk - gesamt			m² BGF	2.900,6 m²	1.751,00	5.078.907 €	100,0%	78,1%
6	500	Außenanlagen			m² AUF	4.740 m²	42,00	199.080 €	3,9%	3,1%
7	600	Ausstattung und Kunstwerke			psch.		300.000,00	300.000 €	5,9%	4,6%
8	700	Baunebenkosten			% von KG 300+400	16,0%	psch.	812.625 €	16,0%	12,5%
9		Gesamtkosten						6.500.000 €		100,0%

Rückrechnung der Kostenvorgabe des Bauherren auf realisierbare BGF (ohne Risikobetrachtung): 2.900,6 m²

Aufgestellt von: Stand:

Abb. C 3.3: Kostenrahmen – Berechnung der möglichen BGF bei Vorgabe der Zielkosten am Beispielprojekt

Liegen die Informationen zu den Kostengruppen 100, 200 sowie 500 bis 700 fest, so lässt sich mit geringem Aufwand die mit den verfügbaren Mitteln realisierbare BGF – im Beispiel ergibt sich so eine realisierbare Fläche BGF von 2.900,4 m² – dadurch ermitteln, dass die Kosten der Kostengruppen 100 und 200 sowie 500 bis 700 berechnet werden und die noch verbleibenden Mittel auf die Kostengruppen 300 bis 400 umgelegt werden (vgl. Abb. C 3.3).

Die Fläche ist etwas größer als die im vorherigen Beispiel angenommene Fläche, weil die Berechnung hier so erfolgt, dass die Kosten der Kostengruppen 100, 200 und 500 bis 700 ermittelt und die dann noch zur Kostenvorgabe vorhandenen Mittel auf die mögliche Fläche zurückgerechnet werden. Die Berechnung enthält deswegen methodenbedingt keine „Sicherheiten". Es wird daher – auch in diesem Fall – von einer realisierbaren Fläche von 2.500 m² BGF ausgegangen.

4   Kostenschätzung

4.1   Zielsetzung und Anforderungen

Die Kostenschätzung dient zur Vorbereitung der Entscheidung über die Vorplanung in Leistungsphase 2. Sie drückt aus, ob der Vorentwurf den Kostenvorgaben aus der Leistungsphase 1 genügt und fortgeschrieben werden kann oder ob Eingriffe notwendig sind.

Die Genauigkeit der Kostenschätzung sollte daher dem Planungsstand in Leistungsphase 2 entsprechen. Auf Basis von Vorentwurfszeichnungen lassen sich die endgültigen Kosten nicht mit absoluter Genauigkeit prognostizieren, weil die konkrete Ausgestaltung der Bauelemente des Gebäudes zu diesem Zeitpunkt noch nicht feststeht und die Kosten daher über diese „Stellschrauben" noch beeinflussbar sind. Wichtig ist jedoch, dass die Ungenauigkeit der Kostenermittlung nicht größer ist als die spätere Beeinflussbarkeit, weil die Kostenvorgabe sonst möglicherweise nicht einhaltbar ist.

Als Detaillierungsgrad gibt die DIN 276-1:2006-11 in Abschnitt 3.4.2 eine Gliederungstiefe mindestens bis zur ersten Ebene der Kostengruppen vor.

4.2   Durchführung

Kostenschätzung - nach DIN 276-1:2006-11

Projekt: 9074
             Neubau Erich-Brost-Institut Dortmund

BGF: 2.530 m²   Preisindex

		Kostenkennwert KG 300	1.290 €		Kostenkennwert KG 400	437 €
		Bezugsjahr	2000		Bezugsjahr	2000
		Index Bezugsjahr	100		Index Bezugsjahr	100
		aktueller Index	105,6		aktueller Index	105,6
		aktualisierter KKW	1.363 €		aktualisierter KKW	462 €
		☐ Aktualisierung KG 300			☐ Aktualisierung KG 400	

lfd. Nr.	Kosten-gruppe	Bezeichnung der Kostengruppe		Bezugs-einheit	Menge	Kennwert [€/Einheit]	Kosten (brutto)	% von 300+400	% von Gesamt
1	100	Grundstück	Verkehrswert 0 €/m² Nebenkosten 0 %	m² FBG	2.378 m²		- €		
2	200	Herrichten und Erschließen		m² FBG	2.378 m²	20,00	47.560 €	1,1%	0,8%
3	300	Bauwerk - Baukonstruktionen		m² BGF	2.530 m²	1.290,00	3.263.700 €	74,7%	55,5%
4	400	Bauwerk - Technische Anlagen		m² BGF	2.530 m²	437,00	1.105.610 €	25,3%	18,8%
5	300+400	Bauwerk - gesamt		m² BGF	2.530 m²	1.727,00	4.369.310 €	100%	74,3%
6	500	Außenanlagen		m² AUF	4.740 m²	42,00	199.080 €	4,6%	3,4%
7	600	Ausstattung und Kunstwerke		psch.		300.000,00	300.000 €	6,9%	5,1%
8	700	Baunebenkosten		% von KG 300+400	22,0%	psch.	961.249 €	22,0%	16,4%
9		Gesamtkosten					5.877.199 €		100%
10		Gesamtkosten gerundet					5.878.000 €		

Aufgestellt von: Stand:

Abb. C 4.1: Kostenschätzung des Beispielprojektes

Die Kostenschätzung erfolgt auch im Beispiel wie die Machbarkeitsprüfung in Leistungsphase 1 bis zur ersten Ebene der Kostengruppen der DIN 276. Daher stimmt auch die Berechnungsmethodik mit der Machbarkeitsprüfung weitestgehend überein.

Anders als in Leistungsphase 1 werden jedoch nicht die Sollflächen, sondern die tatsächlich eingeplanten Flächen des Vorentwurfs zur Berechnung herangezogen. Beim Beispielprojekt wies der Vorentwurf eine BGF von ca. 2.530 m² aus. Damit lassen sich die Kosten mit insgesamt ca. 6,0 Mio. € errechnen (vgl. Abb. C 4.1). Die Unterschiede zum Kostenüberschlag begründen sich wie folgt:

- Untersuchungen haben ergeben, dass Herrichten und Erschließen wesentlich kostengünstiger erfolgen können.
- Nach Vorliegen des Vorentwurfes konnten zutreffendere Kostenkennwerte für die Kostengruppen 300 und 400 ausgewählt werden.
- Nach Abschluss der Planerverträge wurden die Ansätze der Kostengruppe 700 aktualisiert.

4.3 Risikobewertung

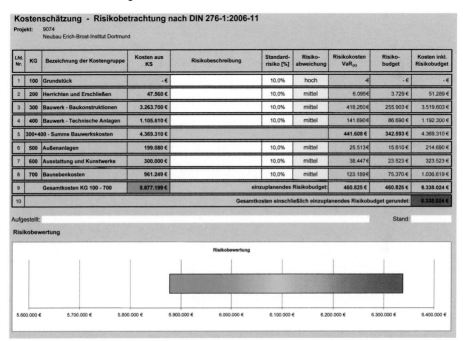

Kostenschätzung - Risikobetrachtung nach DIN 276-1:2006-11

Projekt: 9074
Neubau Erich-Brost-Institut Dortmund

Lfd. Nr.	KG	Bezeichnung der Kostengruppe	Kosten aus KS	Risikobeschreibung	Standard-risiko [%]	Risiko-abweichung	Risikokosten VaR$_{(x)}$	Risiko-budget	Kosten inkl. Risikobudget
1	100	Grundstück	- €		10,0%	hoch	-€	- €	- €
2	200	Herrichten und Erschließen	47.560 €		10,0%	mittel	6.095€	3.729 €	51.289 €
3	300	Bauwerk - Baukonstruktionen	3.263.700 €		10,0%	mittel	418.260€	255.903 €	3.519.603 €
4	400	Bauwerk - Technische Anlagen	1.105.610 €		10,0%	mittel	141.690€	86.690 €	1.192.300 €
5	300+400	Summe Bauwerkskosten	4.369.310 €				441.608 €	342.593 €	4.369.310 €
6	500	Außenanlagen	199.080 €		10,0%	mittel	25.513€	15.610 €	214.690 €
7	600	Ausstattung und Kunstwerke	300.000 €		10,0%	mittel	38.447€	23.523 €	323.523 €
8	700	Baunebenkosten	961.249 €		10,0%	mittel	123.189€	75.370 €	1.036.619 €
9		Gesamtkosten KG 100 - 700	5.877.199€		einzuplanendes Risikobudget:		460.825 €	460.825 €	6.338.024 €
10					Gesamtkosten einschließlich einzuplanendes Risikobudget gerundet:				6.338.024 €

Aufgestellt: Stand:

Risikobewertung

Risikobewertung

5.600.000 €   5.700.000 €   5.800.000 €   5.900.000 €   6.000.000 €   6.100.000 €   6.200.000 €   6.300.000 €   6.400.000 €

Abb. C 4.2: Risikobewertung zur Kostenschätzung des Beispielprojektes

Die Eintrittswahrscheinlichkeit der Kosten der einzelnen Kostengruppen liegt nicht bei 100 %. Daher ist zunächst fraglich, welche Abweichung bei den einzelnen Kostengruppen eintreten kann. Beim Beispielprojekt wird der Einfachheit halber davon ausgegangen, dass die Abweichung 10 % beträgt (zu den Begriffen vgl. ausführlich Teil A). Als Sicherheit werden 90 % angenommen (vgl. dazu Kapitel A 5.2). Damit ergibt sich ein Risikobudget von ca. 461.000,00 € (vgl. Abb. C 4.2).

Diese Berechnung geht davon aus, dass nicht alle Kostengruppen gleichzeitig um 10 % abweichen (dann läge die Abweichung bei ca. 600.000,00 € [6.000.000,00 € · 10 %]), da eine solche durchgehende Abweichung äußerst unwahrscheinlich ist. Das in Kapitel A 5.2 vorgestellte Verfahren führt somit zu einem wesentlich realistischeren Ergebnis.

4.4 Kostenkontrolle

Die Kostenkontrolle von Kostenrahmen und Kostenschätzung liefert keine nennenswerte Abweichung. Die Vorplanung kann daher fortgeschrieben werden.

5   Kostenberechnung

5.1   Zielsetzung und Anforderungen

Ziel der Kostenberechnung in Leistungsphase 3 ist die Prüfung, ob das bis zur Genehmigungsreife geplante Projekt in Bezug auf die Kosten den Vorgaben entspricht. Dazu ist es notwendig, die Inhalte der Planung – entsprechend der Detaillierung der Zeichnungen – in der Kostenberechnung zu erfassen. Die DIN 276 fordert eine Untergliederung bis mindestens zur zweiten Ebene der Kostengruppen.

Bei einigen Projekten kann es allerdings bereits in Leistungsphase 3 sinnvoll sein, eine tiefer gehende Gliederung zu verwenden, falls die Kostenberechnung nicht als stichtagsbezogene Unterlage, sondern als durchgehendes Kostenplanungsinstrument verstanden wird.

Erst eine bis zur Ebene der Bauelemente (vgl. Kapitel 2.4.3) differenzierende Kostenberechnung erlaubt eine Umschreibung in eine Gewerkesicht, die für die ersten Vergaben in der Regel auch notwendig ist.

5.2   Durchführung

Kostenberechnung nach DIN 276-1:2006-11

Projekt: 9074
Neubau Erich-Brost-Institut Dortmund

Flächenerfassung: Flächen teilweise erfasst

Lfd. Nr.	KG	Bezeichnung der Kostengruppe	%	Menge	Einheit	Kennwert [€/Einheit]	Kosten - brutto	% von 300+400	% von Gesamt
1	100	Grundstück		2.378,00	m² FBG				
5	200	Herrichten und Erschließen		2.378,00	m² FBG	74,88	178.075 €	4,07	3,00
11	300	Bauwerk - Baukonstruktionen		2.530,00	m² BGF	1.289,85	3.263.315 €	74,67	54,98
12	310	Baugrube		2.800,00	m³	36,80	103.040 €	2,36	
13	320	Gründung		1.124,00	m²	294,40	330.906 €	7,57	
14	330	Außenwände		1.171,00	m²	868,90	1.017.482 €	23,28	
15	340	Innenwände		2.166,00	m²	289,20	626.407 €	14,33	
16	350	Decken		1.527,00	m²	278,00	424.506 €	9,71	
17	360	Dächer		1.088,00	m²	307,60	334.669 €	7,66	
18	370	Baukonstruktive Einbauten		2.530,00	m²	85,90	217.327 €	4,97	
19	390	Sonst. Maßnahmen f. Baukonstrukt.		2.530,00	m²	82,60	208.978 €	4,78	
20	400	Bauwerk - Technische Anlagen		2.530,00	m² BGF	437,45	1.106.749 €	25,33	18,65
30	300+400	Bauwerk		2.530,00	m² BGF	1.727,30	4.370.064 €	100,00	
31	500	Außenanlagen		4.740,00	m² AUF	91,11	431.885 €	9,88	7,28
39	600	Ausstattung und Kunstwerke		2.530,00	m² BGF	3,50	8.855 €	0,20	0,15
42	700	Baunebenkosten	21,65			4.370.064	946.307 €	21,65	15,94
51		Gesamtkosten 100 - 700					5.935.186 €		100%
52		Gesamtkosten gerundet					5.936.000 €		

Aufgestellt: Stand:

Abb. C 5.1:   Kostenberechnung des Beispielprojektes

Die Durchführung der Kostenberechnung bis zur zweiten Ebene der Kostengruppen gemäß DIN 276 soll im Folgenden am Beispiel der Kostengruppe 300 erläutert werden (vgl. Abb. C 5.1).

Für die Grobelemente (vgl. Kapitel 2.4.3) werden zunächst die Kostenkennwerte ermittelt, die für das konkrete Bauvorhaben angemessen sind.

Sodann ist zu klären, welche Mengenermittlungsparameter (vgl. Kapitel 2.2) für die Mengenermittlung zu beachten sind. Unter Berücksichtigung dieser Parameter werden die Mengen nach DIN 277-3:2005-04 „Grundflächen und Rauminhalte von Bauwerken im Hochbau – Teil 3: Mengen und Bezugseinheiten" ermittelt.

Die Kosten eines Grobelementes ergeben sich als Produkt von Mengen und Kostenkennwert, z. B. für das Grobelement Außenwände als $1.171 \text{ m}^2 \cdot 868{,}90 \text{ €/m}^2$ zu gerundet 1.017.482,00 €.

5.3 Risikobewertung

Risikobewertung zur Kostenberechnung - nach DIN 276-1:2006-11

Projekt: 9074
Neubau Erich-Brost-Institut Dortmund

Lfd. Nr.	KG	Bezeichnung der Kostengruppe	Kosten aus Kostenberechnung	Risikoart	Standardrisiko [%]	Risikoabweichung	Risikokosten VaR(x)	Risikobudget	Kosten inkl. Risikobudget
1	100	Grundstück	- €				- €	- €	- €
5	200	Herrichten und Erschließen	178.075 €				22.821 €	12.779 €	190.854 €
11	300	Bauwerk - Baukonstruktionen	3.263.315 €				178.080 €	99.714 €	3.363.029 €
12	310	Baugrube	103.040 €		10,0%	mittel	13.205 €	3.148 €	106.188 €
13	320	Gründung	330.906 €		10,0%	mittel	42.407 €	10.111 €	341.017 €
14	330	Außenwände	1.017.482 €		10,0%	mittel	130.396 €	31.090 €	1.048.572 €
15	340	Innenwände	626.407 €		10,0%	mittel	80.277 €	19.141 €	645.548 €
16	350	Decken	424.506 €		10,0%	mittel	54.403 €	12.971 €	437.477 €
17	360	Dächer	334.669 €		10,0%	mittel	42.890 €	10.226 €	344.895 €
18	370	Baukonstruktive Einbauten	217.327 €		10,0%	mittel	27.852 €	6.641 €	223.968 €
19	390	Sonst. Maßnahmen f. Baukonstrukt.	208.978 €		10,0%	mittel	26.782 €	6.386 €	215.364 €
20	400	Bauwerk - Technische Anlagen	1.106.749 €				54.076 €	30.279 €	1.137.028 €
30	300+400	Summe Bauwerkskosten	4.370.064 €				186.109 €	129.993 €	4.500.057 €
31	500	Außenanlagen	431.885 €				27.614 €	15.462 €	447.347 €
40	600	Ausstattung und Kunstwerke	8.855 €				1.135 €	635 €	9.490 €
43	700	Baunebenkosten	946.307 €				94.483 €	52.905 €	999.212 €
52		Gesamtkosten KG 100 - 700	5.935.186 €	einzuplanendes Risikobudget:			211.774 €	211.774 €	
53				Gesamtkosten einschließlich einzuplanendes Risikobudget gerundet:					6.146.960 €

Aufgestellt: Stand:

Risikobewertung

Abb. C 5.2: Risikobewertung zur Kostenberechnung des Beispielprojektes

Bei der Kostenberechnung wird ebenfalls von einem Risiko von 10 % Abweichung bei einer Streuung von 90 % ausgegangen. Damit ergibt sich ein Risikobudget von ca. 211.800,00 € (vgl. Abb. C 5.2). Zur Berechnungsmethodik wird auf Kapitel A 5.2 verwiesen.

5.4 Kostenkontrolle

Die Kostenkontrolle liefert keine Abweichungen, die einen steuernden Eingriff notwendig machen.

6   Kostenanschlag

6.1   Zielsetzung und Anforderungen

Ziel des Kostenanschlags ist die Aufstellung der Vergabeeinheiten zur Nachvollziehung der Kostenentwicklung. Dazu ist es notwendig, dass die Baukosten in Budgets für die einzelnen Vergabeeinheiten zerlegt werden, weil die Vergaben in der Praxis stets zeitversetzt erfolgen und sonst keine Aussage über die frühen Vergabeeinheiten gemacht werden kann (vgl. Kapitel 2.4.3).

Im Folgenden soll ein Weg aufgezeigt werden, wie der Übergang von einer gebäudeorientierten Kostenermittlung zu einer ausführungsorientierten Darstellung der Kosten für Ausschreibung, Vergabe und Abrechnung hergestellt werden kann. Das Ziel dabei ist, sich das Ergebnis der Kostenermittlung (Kostenanschlag) zur Überprüfung der Kostenentwicklung während der Ausschreibung und der Vergabe nutzbar zu machen. Zu diesem Zweck werden die gebäudeorientiert gegliederten Kosten in eine nach Leistungsbereichen strukturierte Gliederung transformiert.

6.2   Durchführung

Kostenanschlag   3.Ebene, nach DIN 276-1:2006-11

Projekt: 9074
            Neubau Erich-Brost-Institut Dortmund

Flächenerfassung: Flächen teilweise erfasst

Lfd. Nr.	KG	Bezeichnung der Kostengruppe	%	Menge	Ein-heit	Kennwert [€/Einheit]	Kosten - brutto	% von 300+400	% von Gesamt
1	100	Grundstück					- €		
17	200	Herrichten und Erschließen		2.378,00	m² FBG	74,88	178.065 €	4,07	3,00
48	300	Bauwerk - Baukonstruktionen		2.530,00	m² BGF	1.289,89	3.263.422 €	74,67	54,97
49	310	Baugrube		2.800,00	m³	36,80	103.040 €	2,36	
54	320	Gründung		1.124,00	m²	294,40	330.906 €	7,57	
63	330	Außenwände		1.171,00	m²	868,90	1.017.482 €	23,28	
73	340	Innenwände		2.166,00	m²	289,20	626.407 €	14,33	
81	350	Decken		1.527,00	m²	278,07	424.613 €	9,72	
82	351	Deckenkonstruktionen		1.562,00	m²	117,10	182.910 €		
83	352	Deckenbeläge		2.688,00	m²	64,20	172.570 €		
84	353	Deckenbekleidungen		1.964,00	m²	35,20	69.133 €		
85	359	Decken, sonstiges		1.527,00	m²	0,00	- €		
86	360	Dächer		1.088,00	m²	307,60	334.669 €	7,66	
92	370	Baukonstruktive Einbauten		2.530,00	m²	85,90	217.327 €	4,97	
96	390	Sonst. Maßnahmen f. Baukonstrukt.		2.530,00	m²	82,60	208.978 €	4,78	
106	400	Bauwerk - Technische Anlagen		2.530,00	m² BGF	437,45	1.106.749 €	25,33	18,64
174	300+400			2.530,00	m² BGF	1.727,34	4.370.171 €	100,00	
175	500	Außenanlagen		4.740,00	m² AUF	91,10	431.814 €	9,88	7,27
235	600	Ausstattung und Kunstwerke		2.530,00	m² BGF	3,50	8.855 €	0,20	0,15
245	700	Baunebenkosten					947.519 €	21,68	15,96
293		Gesamtkosten 100 - 700					5.936.424 €		100%
294		Gesamtkosten gerundet					5.936.000 €		

Aufgestellt: Stand:

Abb. C 6.1: Kostenberechnung bis zur dritten Ebene der Kostengruppen nach DIN 276

Wird eine Kostenermittlung bis zur dritten Ebene der Kostengruppen nach DIN 276 durchgeführt, so können auf dieser Basis noch keine Budgets für die einzelnen Vergabeeinheiten bestimmt werden. In Abb. C 6.1 werden beispielsweise die Deckenbeläge (Kostengruppe 352) mit einer Fläche von insgesamt 2.688 m² und Gesamtkosten von 172.570,00 € ausgewiesen. Welche dieser Kosten auf Parkett, Teppich, Fliesen etc. entfallen, kann nicht bestimmt werden – ist aber für die Vergaben wichtig.

Es ist also bei den Deckenbelägen notwendig, diese in die konkret anfallenden Leistungsbereiche zu unterteilen. Dies geschieht dadurch, dass die Kostengruppe 352 in ihre Bauelemente zerlegt wird und diese in der Tabelle mit aufgeführt werden (vgl. Abb. C 6.2; vgl. dazu ebenfalls Langen/Schiffers, 2005, Rdn. 612 ff.).

Kostenanschlag, 4.Ebene - nach DIN 276-1:2006-11
Gliederung nach Leistungsbereichen STLB Bau

Projekt 9074
Neubau Erich-Brost-Institut Dortmund

Flächenerfassung: Flächen teilweise erfasst

Lfd. Nr.	KG	LB	Bezeichnung der Kostengruppe	Erläuterungen	%	Menge	Einheit	Kennwert [€/Einheit]	Kosten - brutto	% von 300+400	% von Gesamt
1	100		Grundstück						- €		
17	200		Herrichten und Erschließen			2.378,00	m² FBG	-	- €		
309	300		Bauwerk - Baukonstruktionen			2.530,00	m² BGF	724,50	1.832.973 €	100,00	90,91
902	350		Decken			1.527,00	m²	113,09	172.693 €	9,42	
903	351		Deckenkonstruktionen				m²		- €		
924	352		Deckenbeläge				m²		172.693 €		
925		014	Natur- und Betonwerksteinarbeiten	Ausb. Bodenbelag ,inkl. Treppen		117,00	m²	254,22	29.744 €		
926		024	Fliesen- und Plattenarbeiten	Ausb. Bodenfliesen		64,00	m²	103,80	6.643 €		
927		025	Estricharbeiten	Rohb. schwimmender Estrich		211,00	m²	22,54	4.756 €		
928		025	Estricharbeiten	Rohb. Hohlraum- und Doppelboden		1.076,00	m²	39,69	42.706 €		
929		028	Parkettarbeiten, Holzpflasterarbeiten	Ausb. Parkett		795,00	m²	94,90	75.446 €		
930		036	Bodenbelagsarbeiten	Ausb. Textilbelag und Linoleum		350,00	m²	38,28	13.398 €		
931									- €		

Abb. C 6.2: Ausschnitt aus der Kostenermittlung über die dritte Ebene der Kostengruppen gemäß DIN 276 hinaus

In Abb. C 6.2 ist dies für die Deckenbeläge (Kostengruppe 352) beispielhaft dargestellt. Die Deckenbeläge gliedern sich beim Beispielprojekt in:

- Bodenbeläge inkl. Treppen,
- Bodenfliesen,
- schwimmender Estrich,
- Hohlraum- und Doppelboden,
- Parkett und
- Textilbelag und Linoleum.

Diese einzelnen Bauelemente werden in die Kostenermittlung mit aufgenommen und ihnen wird der entsprechende Leistungsbereich zugeordnet, damit eine Umsortierung nach den Leistungsbereichen erfolgen kann.

Kostenanschlag / Vergabeeinheiten - nach DIN 276-1:2006-11
Gliederung nach Leistungsbereichen STLB Bau

Projekt: 9074
Neubau Erich-Brost-Institut Dortmund

Übersicht Vergabeeinheiten:

Festlegung der Vergabeeinheiten:

Lfd. Nr.	KG	LB	Bezeichnung der Kostengruppe	Kosten aus Kostenanschlag inkl. Risikobudget	Vergabeeinheit	Anmerkungen
1	100		Grundstück			
17	200		Herrichten und Erschließen			
50	300		Bauwerk - Baukonstruktionen	1.832.973 €		
51			Rohbau	1.707.742 €		
52		000	Sicherheits-, Baustelleneinrichtungen			
53		001	Gerüstarbeiten	1.660.280 €	Vergabeeinheit 01	
73		025	Estricharbeiten	47.462 €	Vergabeeinheit 02	
84			Ausbau	125.231 €		
87		014	Natur- und Betonwerksteinarbeiten	29.744 €	Vergabeeinheit 01	Natursteinarbeiten
89		024	Fliesen- und Plattenarbeiten	6.643 €	Vergabeeinheit 02	Fliesen und Plattenarbeiten
93		028	Parkettarbeiten, Holzpflasterarbeiten	75.446 €	Vergabeeinheit 03	Parkettarbeiten
100		036	Bodenbelagsarbeiten	13.398 €	Vergabeeinheit 04	Bodenbelagsarbeiten
101		037	Tapeziererarbeiten			
102		038	Vorgehängte hinterlüftete Fassaden			

Abb. C 6.3: Ausschnitt aus der Zusammenstellung der Kosten der einzelnen Vergabeeinheiten

Werden die Bauelemente nach den Leistungsbereichen umsortiert und die Leistungsbereiche wiederum den entsprechenden Vergabeeinheiten[4] zugeordnet, so können
die Kosten für die Vergabeeinheiten summiert werden. Beispielsweise setzen sich die
Estricharbeiten (vgl. Abb. C 6.2) aus dem schwimmenden Estrich für 4.756,00 € und
dem Hohlraum- und Doppelboden für 42.706,00 € zu insgesamt 47.462,00 € zusammen
(vgl. Abb. C 6.3).

Diese Vorgehensweise hat den Vorteil, dass die Kostenberechnung zum Kostenanschlag
fortgeschrieben werden kann und so jederzeit eine Auskunft über die zu erwartenden
Kosten gegeben werden kann.

Selbst bei den in der Praxis bei nahezu allen Projekten auftretenden zeitversetzten Vergaben kann über eine Aufsummierung der Kosten der Vergabeeinheit auf Basis der
Kostenermittlung festgestellt werden, ob die Angebotssummen den vorab prognostizierten Ansätzen entsprechen. So kann eine durchgehende Kostenermittlung sicherge-
stellt werden.

Es ist daher in vielen Fällen für den Planer ratsam, bereits die Kostenberechnung bis
zur Ebene der Bauelemente durchzuführen, um eine Kostenermittlung mit höherer
Genauigkeit zu erreichen und eine Fortschreibung in den kommenden Leistungsphasen zu ermöglichen.

---

4 Eine Vergabeeinheit bezeichnet die Leistungsbereiche, die zusammen ausgeschrieben und vergeben
   werden. Beispielsweise werden Mauer- und Betonarbeiten in der Regel zur Vergabeeinheit Rohbau zusammengefasst.

7   Kostenfeststellung

Die Kostenfeststellung ist eine rückblickende Zusammenstellung der entstandenen Kosten, die zu großen Teilen auf Basis der Schlussrechnungen der ausführenden Firmen erstellt wird. Sie kann daher üblicherweise erst am Ende der Baudurchführung nach Vorliegen der letzten Schlussrechnung durchgeführt werden.

Dabei ist eine ausführungsorientierte Gliederung nach den Vergabeeinheiten sinnvoll, um die Kostenfeststellung zum Kostenanschlag kompatibel zu halten. So können bereits nach Vorliegen der Schlussrechnungen der terminlich frühen Vergabeeinheiten deren Schlussrechnungsbeträge in den Kostenanschlag mit aufgenommen werden, der sich so Schritt für Schritt in Richtung Kostenfeststellung entwickelt.

Schließlich sollte die Kostenfeststellung dazu verwendet werden, Kostenkennwerte zu ermitteln. Hier ist es notwendig, dass der Detaillierungsgrad der Kostenfeststellung dem zu berechnenden Kostenkennwert entspricht. Beispielsweise reicht für die Ermittlung eines Kennwertes für den Kubikmeter Brutto-Rauminhalt (vgl. Kapitel 2.4.2) ein Kostenanschlag bis zur Ebene der Vergabeeinheiten aus; für eine Kennwertbildung auf der Ebene der Bauelemente muss die Kostenfeststellung entsprechend detaillierter aufgeschlüsselt werden.

In der Regel wird der Bauherr selten ein eigenes Interesse an den Kennwerten seines Gebäudes haben. Dennoch erscheint die Kennwertbildung für den Planer selbst sinnvoll. Ob und wie Kennwerte erhoben werden, ist jedoch von Büro zu Büro unterschiedlich und kann daher hier nicht individuell besprochen werden.

Literaturverzeichnis Teil C

Baukosteninformationszentrum Deutscher Architektenkammern (BKI) (Hrsg.): BKI-Baukosten 2006. Statistische Kostenkennwerte für Gebäude und Bauelemente. Köln: Verlagsgesellschaft Rudolf Müller, 2006

Bielefeld, B.; Feuerabend, T.: Thema: Baukosten- und Terminplanung. Grundlagen, Methoden, Durchführung. Basel: Birkhäuser Verlag, 2006

Fröhlich, P. J.: Hochbaukosten – Flächen – Rauminhalte. 13. Aufl. Wiesbaden: Vieweg Verlag, 2006

Gerlach, R.; Meisel, U.: Baukosten 2006: Preiswerter Neubau von Ein- und Mehrfamilienwohnhäusern. 16. Aufl. Essen: Wingen Verlag, 2006

Hasselmann, W.; Weiß, F. K.: Normengerechtes Bauen. 19. Aufl. Köln: Verlagsgesellschaft Rudolf Müller, 2005

Krings, E.; Dahlhaus, U. J.; Meisel, U.: Baukosten 2006: Modernisierung, Instandsetzung, Umnutzung, Sanierung. 18. Aufl. Essen: Wingen Verlag, 2006

Langen, W.; Schiffers, K.-H.: Bauplanung und Bauausführung. Düsseldorf: Werner Verlag, 2005

Mittag, M.: Ausschreibunghilfen Rohbau/Ausbau/Außenanlagen. Wiesbaden: Vieweg Verlag, 2003

Olesen, G.: Kalkulationstabellen Hochbau. 12. Aufl. Berlin: Schiele und Sohn, 2006

sirAdos: Baudaten für Kostenplanung und Ausschreibung. Edition Aum, Stand Juli 2006

Teil D: Die Bedeutung der Baukosten für Wirtschaftlichkeitsbetrachtungen und die Projektentwicklung

Autoren: Prof. Dr.-Ing. Willi Hasselmann, Prof. Dr.-Ing. Ursula Holthaus

0   Einleitung

Im folgenden Teil D des vorliegenden Buches soll dargestellt werden, welche Bedeutung die DIN 276-1:2006-11 „Kosten im Bauwesen – Teil 1: Hochbau" für wirtschaftliche Entscheidungen bei Bauinvestitionen hat.

In Abschnitt 3.1 der DIN 276-1:2006-11 ist als Grundsatz neu formuliert:

„Ziel der Kostenplanung ist es, ein Bauprojekt wirtschaftlich (…) zu realisieren."

Damit wird ausgedrückt, dass ein optimales Verhältnis zwischen dem Planungsergebnis und dem für die entsprechende Baurealisierung erforderlichen Mitteleinsatz erzielt werden soll. Ein Gebäude nicht wirtschaftlich nutzen zu können bedeutet im Allgemeinen, dass keine oder zu wenig Nutzer für die vorgesehene Nutzung gefunden werden können oder aber, dass die Kosten der Herstellung oder auch der Nutzung des Gebäudes die zu erzielenden Einnahmen aus Verkauf oder Vermietung übersteigen werden.

Verkürzt kann man also argumentieren, dass nur gebaut wird, wenn es sich auch rechnet.

Die Beantwortung der Fragestellung „Rechnet sich das Bauprojekt?" spielt für die Investitionsentscheidung eine elementare Rolle. Ausgenommen davon sind lediglich Bauten für kulturelle und allgemeine Bedürfnisse, wie z. B. Sakralbauten, Bibliotheken, Museen, Schulen oder Kindergärten.

Ökonomisch angewendet bedeutet dies, dass nur gebaut wird, wenn sich Gewinne erzielen oder angemessene Kapitalrenditen erwirtschaften lassen.

Besonders Planer sind oft mit der Frage nach der Wirtschaftlichkeit des Bauprojektes konfrontiert, da in nicht wenigen Fällen von deren positiver Beantwortung die Erteilung eines Planungsauftrages abhängt.

Bis in die jüngste Vergangenheit wurden bauliche Investitionsentscheidungen oft ohne eine Betrachtung des ökonomischen Hintergrundes getroffen. Hohe staatliche Subventionen in Form von steuerlichen Abschreibungsmöglichkeiten führten zum schnellen Errichten von Bauobjekten, die anschließend nicht wirtschaftlich betrieben werden konnten.

Vergegenwärtigt man sich den Zusammenhang, der zwischen den Gesamtkosten nach DIN 276-1:2006-11 und der Wirtschaftlichkeit einer Immobilieninvestition besteht, wird deutlich, dass diese Kausalität nur indirekt besteht und zumindest erklärungsbedürftig ist.

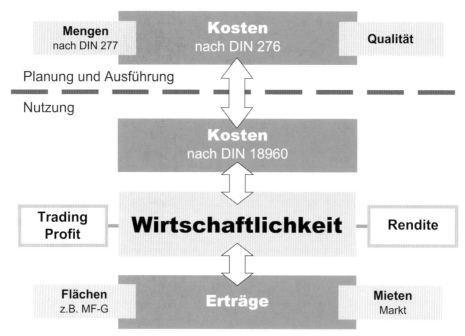

Abb. D 0.1: Der Zusammenhang zwischen Wirtschaftlichkeit und Kosten einer Immobilieninvestition

Abb. D 0.1 zeigt, dass die Thematik der DIN 276-1:2006-11 zunächst nur auf die Planung und Errichtung einer Immobilie beschränkt ist. Gleichwohl sind die Kosten der DIN 276-1:2006-11 als Investitionskosten eine wichtige Größe, wenn die Frage nach der Wirtschaftlichkeit für Immobilienprojekte gestellt wird, denn sie beeinflussen die Wirtschaftlichkeit nachhaltig.

In der allgemeinen Betriebswirtschaftlehre wird die Wirtschaftlichkeit über die folgende Formel bestimmt:

$$\text{Wirtschaftlichkeit} = \frac{\text{Ertrag}}{\text{Aufwand}}$$

Folgt man dieser Definition und überträgt dieses auf ein Immobilienprojekt, lassen sich daraus auch die monetären Ergebnisse ermitteln.

Die Frage nach der Wirtschaftlichkeit stellt sich allerdings beim Planen, Bauen und Nutzen nicht nur unter monetären Gesichtspunkten. Gerade der Planungsprozess beinhaltet Faktoren, die zunächst wenig mit einer monetären Bewertung zu tun haben, aber dennoch die Wirtschaftlichkeit eines Immobilienprojektes erheblich beeinflussen können. Gemeint sind zum einen die städtebaulichen Rahmenbedingungen und zum anderen die Planungsergebnisse des Entwurfsprozesses mit ihrem Flächen-Output und Flächenrelationen.

Im Folgenden soll daher zunächst auf solche Faktoren eingegangen werden, welche die Wirtschaftlichkeit nur indirekt beeinflussen. Anschließend wird die Wirtschaftlichkeit im Zusammenhang mit den Gesamtkosten nach DIN 276-1:2006-11 dargestellt.

1   Flächenwirtschaftlichkeit

Die Frage nach der Wirtschaftlichkeit von Immobilienprojekten wird auch von Faktoren bestimmt, die nur bei diesem Wirtschaftsgut (Immobilie) von Bedeutung sind. Dies betrifft zum einen die Lage, also das Umfeld, in dem das Gebäude errichtet werden soll oder bereits existiert, sowie zum anderen die jeweiligen städtebaulichen Vorgaben der Kommune. Die städtebaulichen Vorgaben dienen wiederum als Vorgabe für die Gebäudeplanung des Architekten, die in ihrem Ergebnis unter wirtschaftlichen Aspekten positiv oder negativ zu beurteilen ist. Diese Einflussfaktoren sollen im Folgenden weiter beschrieben werden.

Die Lage eines Grundstücks oder einer Immobilie wird im Allgemeinen nach den folgenden Kategorien unterschieden:

- 1-a-Lage (z. B. sehr gute City-Lage),
- 1-b-Lage (z. B. gute City-Lage),
- 2er-Lagen (z. B. mittlere City-Lage),
- Stadtteil (z. B. Stadtbezirk einer Großstadt),
- Peripherie (z. B. Stadtrand, Vorort).

Die Lage (bzw. Lage-Kategorie) beeinflusst maßgeblich den Grundstückswert und ebenso die Höhe des Mietzinses. Die Kategorisierung der Lage, die im Übrigen keinem einheitlichen Standard folgt und auch sehr stark durch Nutzungseinflüsse bestimmt wird, beschreibt die Qualitätsmerkmale von Grundstücken. So ist es z. B. für den Einzelhandel ein wichtiges Qualitätsmerkmal, dass eine hohe Passantenfrequenz vorhanden ist. Dementsprechend ist dieses Kriterium ein wichtiger Maßstab bei der Kategorisierung der Lage eines Grundstücks. Bei anderen Nutzungen wie z. B. der Wohnnutzung sind weitere Qualitätsmerkmale von Wichtigkeit, wenn es um die Zuordnung zu einer Lagekategorie geht (z. B. Verkehrsanbindung, Einkaufsmöglichkeiten, geringe Lärmbelästigung, Infrastruktur).

Daneben spielt auch die Frage nach der Bebaubarkeit des Grundstücks eine wichtige Rolle bei der Ermittlung der Wirtschaftlichkeit. Bebaubarkeit heißt in diesem Zusammenhang, wie im Bebauungsplan oder unter anderen gegebenen rechtlichen Bedingungen (z. B. Regelungen des Baugesetzbuches oder kommunale Festlegungen dazu) die Ausnutzung des Grundstücks geregelt ist. Diese Vorgaben dienen allgemein dazu, städtebauliche Rahmenbedingungen zu schaffen, die verhindern sollen, dass Partikularinteressen Einzelner zulasten der Allgemeinheit ausgelegt werden. Diese städtebaulichen Rahmenbedingungen sollen insbesondere folgende Gesichtspunkte für die Planung von Gebäuden berücksichtigen:

- soziale, wirtschaftliche und umweltschützende Anforderungen,
- eine dem Wohl der Allgemeinheit dienende, sozial gerechte Bodenordnung,
- Schutz und Entwicklung der natürlichen Lebensgrundlagen in einer menschenwürdigen Umwelt,
- Einhaltung einer städtebaulichen Gestaltung,
- Erhalt und Entwicklung des Orts- und Landschaftsbildes.

Wenn es um die Bebauung von Grundstücken geht, ergeben sich diesbezüglich immer wieder Konflikte, z. B. dann, wenn es um die flächenmäßige Ausnutzung des Grundstücks geht. In der Regel kann eine hohe Ausnutzung eines Grundstücks die Wirtschaftlichkeit eines Immobilienprojekts positiv beeinflussen, wenn die Planung diese Chancen nutzt und dadurch ein Mehr an verwertbarer Fläche generiert. Mehr Fläche bedeutet zwar im Regelfall auch höhere Baukosten, aber auch höhere Erträge, d.h. höhere Mieteinnahmen insgesamt, wenn die Mehrflächen als Mietfläche verwertbar sind. In der Abwägung zwischen Mehrkosten nach DIN 276-1:2006-11 mit einem Mehr an Mietfläche als Resultat oder geringeren Investitionskosten mit weniger Mietfläche wird sich jeder Investor für die erste Variante entscheiden, da die zusätzlichen Mietflächen über Jahrzehnte zu höheren Erträgen insgesamt führen, die Mehrkosten hingegen aber nur einmal anfallen.

Gemessen wird die Grundstücksausnutzung mit 2 Verhältniszahlen:

- die Grundflächenzahl (GRZ),
- die Geschossflächenzahl (GFZ).

Die **Grundflächenzahl (GRZ)** regelt die zulässige Ausnutzung der Grundfläche eines Grundstücks durch das Verhältnis:

$$GRZ = \frac{\text{überbaute Grundstücksfläche}}{\text{Grundstücksfläche}}$$

Ist die GRZ gleich 1,0, so sind 100 % der Grundstücksfläche überbaut.

Die **Geschossflächenzahl (GFZ)** regelt die Ausnutzung des Grundstücks hinsichtlich der zulässigen Geschossfläche durch das Verhältnis:

$$GFZ = \frac{\text{Geschossfläche}}{\text{Grundstücksfläche}}$$

Als Geschossfläche bezeichnet man die Summe der Flächen aller Vollgeschosse eines Gebäudes, wobei die Flächen der Vollgeschosse nach den Außenmaßen des Gebäudes zu bilden sind. Die GFZ gibt also an, wie viel m^2 Geschossfläche auf jeden m^2 Grundstücksfläche entfallen. Mithilfe der Angabe einer Geschossfläche oder einer Geschossflächenzahl wird das sog. **Maß der baulichen Nutzung** eines Grundstücks geregelt und z.B. im Bebauungsplan als Höchstgrenze festgesetzt.

Ist die GFZ sehr hoch, ergibt sich eine hohe Geschossfläche. Eine hohe Geschossfläche wiederum kann durch eine geschickte Planung in ein Maximum an Mietfläche umgesetzt werden. Die Höhe der Erträge eines Immobilienprojekts ist abhängig von der erzielbaren Miete je m^2 Mietfläche und von der Mietfläche selbst. Oberstes Ziel eines wirtschaftlich agierenden Bauherrn ist die Maximierung der Erträge und somit die Optimierung und Maximierung der Mietfläche.

Art und Maß der baulichen Nutzung – insbesondere die GFZ – haben einen starken Einfluss auf den Wert eines zur Bebauung anstehenden Grundstücks. Anders ausgedrückt erhöht eine hohe Geschossflächenzahl den Wert eines Grundstücks. Nun ist die Wertsteigerung allerdings nicht proportional mathematisch zu ermitteln. Die Wertsteigerung infolge einer höheren GFZ ist wiederum in Abhängigkeit von der vorgesehenen Nutzung zu sehen, da beispielsweise bei einer Wohnbebauung die zusätzlichen Mieterträge aufgrund einer Erhöhung der Mietfläche im Allgemeinen nicht so erheblich sind wie etwa bei Bürobauten. Aus diesem Grund hat z.B. der Gutachterausschuss für Grundstückswerte in Berlin Umrechnungstabellen für die Bodenwerte in Abhängigkeit von der jeweiligen GFZ und der Nutzung (Wohnbauland und Dienstleistungs- und Büronutzung) herausgegeben. Benötigt werden diese Umrechnungsfaktoren für diejenigen Fälle, in denen für ein konkretes Grundstück eine andere GFZ gegenüber einem Vergleichsgrundstück in der Umgebung zulässig ist. In den Umrechnungstabellen werden – in Abhängigkeit von der Nutzung – sog. Umrechnungskoeffizienten verschiedenen Geschossflächenzahlen zugeordnet.

Beispiel

Der Umrechnungskoeffizient beträgt für eine Wohnbebauung bei einer GFZ von 3,0 = 1,318 und bei einer GFZ von 3,5 = 1,442. Wenn man einen Bodenwert von 1.000,00 €/m² voraussetzt und sich die zulässige GFZ von 3,0 auf 3,5 erhöht, so ergibt sich folgender erhöhte Bodenwert:

$$\text{Bodenwert}_{\text{Wohnen}} = \frac{1.000,00 \text{ €/m}^2}{1,318 \text{ (GFZ 3,0)}} \cdot 1,442 \text{ (GFZ 3,5)} = \textbf{1.094,08 €/m}^2$$

Bei einer Dienstleistungs- und Büronutzung ergibt sich bei gleichen Annahmen und den entsprechenden Umrechnungskoeffizienten des Gutachterausschusses für Grundstückswerte folgender Bodenwert:

$$\text{Bodenwert}_{\text{Gewerbe}} = \frac{1.000,00 \text{ €/m}^2}{0,783 \text{ (GFZ 3,0)}} \cdot 0,891 \text{ (GFZ 3,5)} = \textbf{1.137,93 €/m}^2$$

Die Zahlen im Beispiel zeigen in anschaulicher Weise, welchen Einfluss die GFZ auf die Bodenwertermittlung haben kann. Zu berücksichtigen ist allerdings, dass solche Bodenwertermittlungen in erster Linie die Verhandlungsposition des Grundstücksverkäufers stützen sollen. Ob dieser Bodenwert dann auch tatsächlich als Verkaufspreis durchgesetzt werden kann, hängt nicht nur von der aktuellen Marktsituation ab, sondern auch davon, ob die vorgesehene Planung die zulässige GFZ überhaupt erreicht und das Projekt aufgrund der vorgesehenen Nutzung mit dem verlangten Grundstückspreis auch tatsächlich wirtschaftlich betrieben werden kann. Nicht selten wird die Wirtschaftlichkeit eines Bauprojektes mit der Zahlung von zu hohen Grundstückspreisen bereits zu Projektbeginn negativ beeinflusst.

Die Wirtschaftlichkeit eines Immobilienprojektes ist nicht nur abhängig von den bereits genannten Einflussfaktoren, sondern auch von der Planung an sich. Eine gute Entwurfplanung – so sehr sie auch den funktionalen und gestalterischen Anforderungen gerecht wird – muss sich ebenso daran messen lassen, ob sie hinsichtlich ihrer Flächenrelationen als wirtschaftlich zu bezeichnen ist. Maßstab für eine solche Beurteilung unter wirtschaftlichen Aspekten ist das Verhältnis der durch die Planung entstandenen Flächenrelationen wie z. B. das Verhältnis der vermietbaren Fläche zur Gesamtfläche (vgl. die Beispiele hierfür weiter unten).

Die DIN 277 „Grundflächen und Rauminhalte von Bauwerken im Hochbau" (Ausgabe 2005) unterscheidet in den Teilen 1 und 2 der Norm Flächenarten und Rauminhalte. Die DIN 277 wurde bereits 1934 mit der Bezeichnung „Umbauter Raum von Hochbauten" als Pendant zur DIN 276 mit der Zielsetzung konzipiert, eine einheitliche Grundlage für die Ermittlung des Raummeterpreises zu schaffen. 1971 wurde die Norm mit der Definition unterschiedlicher Flächenarten ergänzt, da ab diesem Zeitpunkt auch die DIN 276:1971-09 die Kostenermittlungen nach Grundflächen vorsah. Die Grundidee dabei war, dass unterschiedliche Flächenarten auch unterschiedliche Kosten verursachen. Zwar unterscheidet die DIN 277 nicht zwischen immobilienwirtschaftlich verwertbaren und nicht verwertbaren Flächen, sie bietet aber auch hierfür eine Grundlage an, auf der solche Wirtschaftlichkeitsbetrachtungen vorgenommen werden können. So nimmt beispielsweise die von der Gesellschaft für Immobilienwirtschaftliche Forschung e. V. (gif) definierte „Richtlinie zur Berechnung der Mietfläche für gewerblichen Raum" (MF-G) Bezug auf die DIN 277.

Daneben wird die DIN 277 mit den in ihr definierten Flächenarten auch dazu verwendet, verschiedene Flächen in Relation zueinander zu setzen, um daraus Kennwerte abzuleiten. Allgemein bezeichnet man diese Untersuchungen mit dem Stichwort **Flächenwirtschaftlichkeit.** Gemeint sind hierbei Analysen der Flächenverhältnisse und deren Vergleich mit Gebäuden gleicher Nutzung. Voraussetzung für solche Vergleiche ist, dass der Vergleichsmaßstab auf einer hinreichend großen Zahl von Objekten basiert. Bei Immobilienprojekten findet man z. B. bei Wohn- und Bürogebäuden eine solche ausreichende Anzahl von auswertbaren Gebäuden. Beispielhaft lassen sich hinsichtlich ihrer Flächenwirtschaftlichkeit folgende Relationen und Kennwerte bilden (vgl. Gärtner, 1996):

	Bewertung der Flächenverhältnisse		
a) für Wohngebäude	gut	mittel	schlecht
Nutzfläche (NF) : Brutto-Grundfläche (BGF)	0,78	0,70	0,62
Verkehrsfläche (VF) : Brutto-Grundfläche (BGF)	0,07	0,11	0,15
Brutto-Rauminhalt (BRI) : Wohnfläche (WFL)	3,80	4,80	5,80
Hüllfläche[1] (HF) : Brutto-Grundfläche (BGF)	1,00	1,30	1,60
Hüllfläche (HF) : Brutto-Rauminhalt (BRI)	0,35	0,47	0,59
Außenwandfläche (AWF) : Brutto-Grundfläche (BGF)	0,50	0,65	0,80
Außenwandfläche (AWF) : Brutto-Rauminhalt (BRI)	0,18	0,25	0,32

	Bewertung der Flächenverhältnisse		
b) für Bürogebäude	gut	mittel	schlecht
Nutzfläche (NF) : Brutto-Grundfläche (BGF)	0,76	0,65	0,54
Verkehrsfläche (VF) : Brutto-Grundfläche (BGF)	0,14	0,29	0,27
Brutto-Rauminhalt (BRI) : Brutto-Grundfläche (BGF)	3,00	3,80	4,60
Hüllfläche (HF) : Brutto-Grundfläche (BGF)	0,90	1,20	1,50
Hüllfläche (HF) : Brutto-Rauminhalt (BRI)	0,25	0,40	0,55
Außenwandfläche (AWF) : Brutto-Grundfläche (BGF)	0,40	0,65	0,90
Außenwandfläche (AWF) : Brutto-Rauminhalt (BRI)	0,10	0,20	0,30

Leider liegen nur für wenige Objektarten und Nutzungen (wie z. B. für Büro- und Wohnnutzungen) derartige Untersuchungen vor, die als Orientierung und Vergleichsmaßstab für die Beurteilung der Flächenwirtschaftlichkeit einer Immobilie herangezogen werden können.

Wie die obigen Ausführungen gezeigt haben, werden die Weichenstellungen im Zusammenhang mit der Wirtschaftlichkeit einer Immobilie bereits in einer frühen Phase der Projektentwicklung vorgenommen. Die Entscheidung über den Erwerb des Grundstücks mit den sich daraus ergebenden Konsequenzen in Bezug auf den zu zahlenden Kaufpreis und eventuelle Festlegungen zu den Maßen der baulichen Nutzung (GRZ und GFZ) üben einen wichtigen Einfluss auf die Wirtschaftlichkeit einer Immobilieninvestition aus. Aber auch das Planungsergebnis des Architekten im Entwurfsprozess mit den Festlegungen zu Flächen und Rauminhalten und die daraus resultierenden Flächenverhältnisse mit ihren Auswirkungen auf die Ertrags- und Kostenseite sind Determinanten für die Bestimmung der Wirtschaftlichkeit.

---

1 Hüllfläche = Summe der Fassaden-, Dach- und Grundflächen

2   Kosten und Wirtschaftlichkeit

Mit der Verankerung der Kostenvorgabe und eines Controllingsystems in der Systematik der neuen DIN 276-1:2006-11 ist die betriebswirtschaftliche Zielkostenplanung zu einem Bestandteil der Norm geworden (vgl. Kapitel A 2).

Historisch betrachtet ist damit in der Norm die immobilienwirtschaftliche Orientierung zum Käufermarkt bzw. die Marktpreisorientierung akzeptiert und implementiert worden – wenn auch nur als Kann-Bestimmung. Mit diesem Schritt ist die Bauplanung vom **Kostenüberwälzungsprinzip,** das davon ausgeht, dass die Kosten auf der Grundlage des Planungsergebnisses (Vorentwurf/Entwurf) ermittelt werden, übergegangen zum **Marktwertprinzip,** das davon ausgeht, dass sich die Planung am Marktwert orientieren muss.

Mit dieser Neuausrichtung zeichnet die Norm aber nur die Entwicklung des Baumarktes nach. Betriebswirtschaftlich gesehen passt sich die DIN 276-1:2006-11 nunmehr in das betriebswirtschaftliche Instrumentarium ein. Wenn nämlich eine Kostenvorgabe eingehalten werden soll, ist es auch erforderlich, sie mithilfe eines angemessenen Controllingsystems ständig zu überprüfen und ggf. durch steuernde Maßnahmen abzusichern. Dies stellt einen wesentlichen Teil betriebswirtschaftlichen Handelns dar.

Nicht unerwähnt bleiben sollte in diesem Zusammenhang, dass Baukosten immer auch eine quantitative und qualitative Komponente haben, auch wenn dies nicht explizit in der DIN 276-1:2006-11 formuliert wird. So sollte also zu jeder Kostenermittlungsstufe neben der zeichnerischen Darstellung auch eine Beschreibung formuliert werden, in der die quantitativen und qualitativen Festlegungen dokumentiert werden. Quantitativ bedeutet hier die mengenmäßige Vorgabe bzw. das Ergebnis der Planung (z. B. m² Brutto-Grundfläche, m² Nutzfläche, m² Wohnfläche usw.). Die qualitative Komponente manifestiert sich in der Vorgabe der qualitativen Standards für das Gebäude (z. B. einfacher, mittlerer oder gehobener Standard) bzw. in Form von Erläuterungen/Ergänzungen der zeichnerischen Darstellung, wie sie z. B. in der Baubeschreibung oder den Leistungsverzeichnissen definiert werden.

2.1   Einfache Kostenvorgabe

Für eine Reihe von Bauherren reicht eine einfache Kostenvorgabe aus, um die Investitionsentscheidung treffen zu können. Einfach bedeutet in diesen Fällen, dass die Kostenvorgabe aufgrund bestimmter Restriktionen eindeutig definiert werden kann. Diese Fälle sind z. B. bei den folgenden Bauherrentypen möglich:

- der Eigenheimbauherr, der aufgrund seines Eigenkapitals und des durch Banken oder Sparkassen zugesicherten Fremdkapitals (das sich aus dem für das Bauvorhaben freien Einkommen errechnet) über eine begrenzte Investitionssumme verfügt,
- der Industriebauherr, der aus dem Marktpreis seines Produktes (Auto, Kühlschrank, Kettensäge etc.) den zulässigen Kostenanteil für die Produktions- und Logistikgebäude ableitet und damit ein Kostenbudget für das Bauvorhaben vorgibt,
- der öffentliche Bauherr, der sich für ein Bauvorhaben durch die politischen Gremien (Rat der Stadt o. Ä.) ein Budget genehmigen lässt.

Bei vielen Bauvorhaben – z. B. bei solchen mit komplexen Nutzungsanforderungen – ist aber eine systematische Entwicklung der Kostenvorgabe aus dem Marktpreis (Zielpreis) abzüglich des Zielgewinns erforderlich (vgl. hierzu Kapitel A 2.1).

2.2   Marktpreis und zielgewinnorientierte Kostenvorgabe

Die einfachste Form der marktpreisorientierten Kostenvorgabe ist bei einem Projekt-entwickler/Bauträger, der auch als **Trader-Developer** bezeichnet wird, festzustellen. Dieser entwickelt das Immobilienprojekt, plant und errichtet das Gebäude mithilfe von Architekten und Fachplanern, um es nach dessen Fertigstellung zu verkaufen. Dieser Trader-Developer ist von der Initiierung bis zur Fertigstellung des Investitionsvorha-bens Eigentümer und damit wirtschaftlich verantwortlich. Er trägt damit auch alle Risiken einschließlich der Kosten- und Vermarktungsrisiken für diese Immobilien-investition. Der Trader-Developer entwickelt für sich einen Verkaufspreis (Zielpreis), berücksichtigt seinen geplanten Gewinn (Zielgewinn) und errechnet daraus seine Kos-tenvorgabe (zulässige Kosten).

Projektentwickler verwenden anstelle des betriebswirtschaftlichen Begriffs Gewinn den Begriff **Trading Profit,** der in der deutschen Übersetzung auch als Handelsgewinn be-zeichnet werden kann. Zweckmäßiger erscheint der Begriff **Projektentwicklergewinn** zu sein, schon um die Projektentwicklerleistungen von Händlerleistungen abzugren-zen. Üblicherweise wird aber der Begriff Trading Profit in der Immobilienwirtschaft verwendet.

Der Planer sollte einerseits die Grundzüge der Trading-Profit-Berechnung verstehen, andererseits muss er ggf. dem Trader-Developer zuarbeiten. Üblicherweise muss der Planer seine Kostenermittlungen und Kostenkennzahlen mit den vom Trader-Devel-oper ermittelten Werten vergleichen.

Diese Preiskennzahlen, die für den Trader-Developer von Bedeutung sind und die er für seine Investition benötigt, lassen sich wie folgt benennen:

- Grundstückskaufpreis pro m²,
- Preis pro m² Wohnfläche oder
- Preis pro m² Nutzfläche oder allgemein
- Preis pro m² Mietfläche.

Es handelt sich dabei um die Preise, die er erzielen möchte bzw. die das aktuelle Markt-geschehen widerspiegeln und die er deshalb für sein Investitionsvorhaben beachten muss (vgl. auch Teil A zur Unterscheidung von Kosten und Preisen).

Der Planer muss sich also neben der Kostenvorgabe für seinen Planungsprozess auch mit der Ermittlung des wirtschaftlichen Erfolges und der Einhaltung und Maximierung der Mietflächen auseinandersetzen. Das heißt, es kann ihm in der Regel nicht gleich-gültig sein, ob die Immobilieninvestition wirtschaftlich ein „Flop" oder ein Erfolg wird. Im Falle eines Misserfolges steht nicht selten auch eine mögliche Wiederbeauftragung bei Folgeaufträgen auf dem Spiel. Zusammengefasst lässt sich festhalten: Der Planer ist gut beraten, wenn er versucht, sich in die wirtschaftlichen Zusammenhänge, wie sie sich aus dem Blickwinkel eines Trader-Developers ergeben, hineinzudenken. Ziel ist es zu verstehen, dass ein wirtschaftlicher Erfolg – neben den unabdingbar notwendigen funktionalen und gestalterischen Komponenten – in hohem Maße auch von der erfolg-reichen Umsetzung der Zielvorgaben Ertrag, Kosten und Flächen abhängig ist.

3   Wirtschaftlichkeit in der Immobilienwirtschaft

Die Wirtschaftlichkeit in der Immobilienwirtschaft kann aus dem Blickwinkel der verschiedenen beteiligten Institutionen unterschiedlich beantwortet werden und auch methodisch unterschiedlich ermittelt werden. In den nachfolgenden Ausführungen wird die Frage der Wirtschaftlichkeit für 2 beteiligte Institutionen beantwortet – für den Projektentwickler/Bauträger und für den Erwerber des fertigen Gebäudes, der auch als Investor bezeichnet wird. Der Projektentwickler/Bauträger ist daran interessiert, das von ihm entwickelte, geplante und baulich realisierte Gebäude möglichst mit einem angemessenen Gewinn zu veräußern. Seine Wirtschaftlichkeitsbetrachtungen erfolgen bereits in einer Frühphase der Projektentwicklung, nämlich im Zusammenhang mit der Beantwortung der Frage, ob ein ihm angebotenes Grundstück in Verbindung mit einer bestimmten Projektidee/Nutzung als Projekt realisierbar erscheint und deshalb erworben werden sollte. Dementsprechend überschlägig sind seine Wirtschaftlichkeitsberechnungen, denn in diesem Stadium ist das Projekt noch mit großen Risiken und Unsicherheiten belastet. Genauere Berechnungen, wie sie beispielsweise nach der Wertermittlungsverordnung (WertV) notwendig wären, sind zu diesem Zeitpunkt nicht sinnvoll und werden deshalb im folgenden Beispiel zur Berechnung des Trading Profit vernachlässigt.

Der Käufer der fertigen Immobilie, der Investor, ermittelt die Wirtschaftlichkeit unter Renditegesichtspunkten, die in der Regel eine langfristige Nutzungsperspektive zum Gegenstand haben. Da zu diesem Zeitpunkt, also beim Kauf einer fertigen Immobilie, der Kaufpreis bekannt ist und häufig sogar schon abgeschlossene Mietverträge mit konkreten Angaben zu den Mieterträgen vorliegen, können diese Wirtschaftlichkeitsberechnungen sehr viel detaillierter und vor allem exakter vorgenommen werden.

3.1   Der Aufwand (Kosten) bei der Ermittlung der Wirtschaftlichkeit

Die Aufwands- bzw. Kostenseite[2] bei der Ermittlung der Wirtschaftlichkeit von Immobilieninvestitionen wird in einen festen Kostenbestandteil (auch als einmalige Kosten bezeichnet) und einen laufenden Kostenbestandteil unterteilt. Der feste/einmalige Kostenanteil besteht aus den Anfangsinvestitionskosten der Immobilie. Diese Kosten entstehen entweder durch den Kauf einer bestehenden Immobilie (Anschaffungskosten) oder durch die Gesamtkosten für den Neubau einer Immobilie, basierend auf der Kostenermittlung der DIN 276-1:2006-11 (vgl. Schulte, 1998, S. 513).

Die laufenden Kostenanteile einer Immobilieninvestition setzen sich aus den Kosten zusammen, die durch die Nutzung der Immobilie entstehen (vgl. Schulte, 1998, S. 517). Die Wirtschaftlichkeit einer Immobilie wird stark durch ihre Nutzungskosten bestimmt, die im Vergleich zu den Anfangsinvestitionskosten den wesentlich größeren Kostenblock im Lebenszyklus einer Immobilie darstellen. Dementsprechend dürfen im Hinblick auf die Wirtschaftlichkeit einer Immobilie die Nutzungskosten nach der DIN 18960:1999-08 „Nutzungskosten im Hochbau" nicht vernachlässigt werden.

Je nachdem, ob eine Immobilie erstellt wird oder eine bestehende Immobilie gekauft wird, werden die Gesamt- oder Anschaffungskosten als Investitionssumme angesetzt (Anfangsinvestitionskosten).

---

2   Unter dem Begriff Kosten wird im Allgemeinen (vgl. Däumler, 2003) der bewertete Verzehr von Sachgütern und Dienstleistungen im Produktionsprozess während einer Periode verstanden, soweit er zur Leistungserstellung und Aufrechterhaltung der Betriebsbereitschaft notwendig ist. Die Kosten werden üblicherweise aus dem Aufwand hergeleitet, dem Antagonisten des Ertrages.

3.1.1   Die Kosten für Errichtung oder Erwerb einer Immobilie

Die Anfangsinvestitionskosten, die bei der Errichtung oder dem Erwerb einer Immobilie anfallen, werden nach den Definitionen des Handels- und Einkommenssteuerrechts auch als sog. **Herstellungskosten** (bei einer Neuerrichtung) oder als **Anschaffungskosten** (bei Kauf eines schon bestehenden Gebäudes) bezeichnet. Es handelt sich dabei in beiden Fällen um alle geldlichen Aufwendungen, die geleistet werden müssen, um das Wirtschaftsgut Immobilie zu errichten oder zu erwerben und in einen betriebsbereiten Zustand zu versetzen.

Die geldlichen Aufwendungen für die Errichtung einer Immobilie sind diejenigen Kosten, die auch Gegenstand der DIN 276-1:2006-11 sind; sie können bezogen auf den Begriff der Herstellungskosten auch folgendermaßen beschrieben werden (Falk, 2004, S. 415):

„Herstellungskosten sind die Aufwendungen, die durch den Verbrauch von Gütern und die Inanspruchnahme von Diensten für die Herstellung eines Wirtschaftsgutes, seine Erweiterung oder für eine über seinen ursprünglichen Zustand hinausgehende wesentliche Verbesserung entstehen.“

Zu diesen Kosten gehören im Allgemeinen z. B. aber **nicht**:

- Vertriebskosten,
- Erschließungskosten, Straßenanliegerbeiträge und andere auf das Grundstückseigentum bezogene, kommunale Beiträge sowie Beiträge für sonstige Anlagen außerhalb des Grundstücks (vgl. Falk 2004, S. 415 ff.).

Beim Kauf einer bestehenden Immobilie ist der sog. Anschaffungspreis der Verkaufspreis des Verkäufers. Preise setzen sich allgemein immer aus Kosten zuzüglich eines Gewinnanteils zusammen (vgl. Kapitel A 2). Übertragen auf den Verkaufspreis einer neu errichteten Immobilie setzt sich dieser Verkaufspreis also aus den Gesamtkosten nach DIN 276-1:2006-11 zuzüglich des Gewinnanteils des Verkäufers zusammen.

Beim Verkauf von Immobilien, die nicht neu errichtet, sondern bereits einige Zeit genutzt wurden, wird der Verkaufspreis oft mithilfe einer gutachterlichen Wertermittlung bestimmt, die aber nicht Gegenstand der nachfolgenden Berechnungen ist.

Beim Erwerb/Kauf einer Immobilie sind dem Kauf- oder Anschaffungspreis in der Regel die Erwerbsnebenkosten hinzuzurechnen. Zu diesen Nebenkosten, wie sie analog in der Kostengruppe 100 (Grundstück) der DIN 276-1:2006-11 benannt sind, gehören z. B. die Grunderwerbssteuer, Notar- und Grundbuchkosten sowie Vermittlungs- und Maklergebühren.

Bei Erwerb einer Immobilie stehen die Kosten für den Käufer also fest. Das hat gegenüber einer Neuerrichtung den Vorteil, dass die Kosten für die Investitionsplanung des Käufers/Investors feststehen und nicht prognostiziert werden müssen.

Die Errichtungs- bzw. Erwerbs- oder Anschaffungskosten bilden auch die Bemessungsgrundlage für die kalkulatorische Abschreibung (Absetzungen für Abnutzung, Alterung, Wertminderung aufgrund des technischen Fortschritts), sofern die Nutzung des Wirtschaftsgutes sich über einen längeren Zeitraum als ein Jahr erstreckt (vgl. Falk, 2004, S. 45 f.; Holthaus, 2007, S. 133). Auf die spezielle Problematik der Abschreibung wird im Nachfolgenden ebenfalls nicht weiter eingegangen.

3.1.2   Die Nutzungskosten nach DIN 18960

Alle in baulichen Anlagen und auf deren Grundstücken entstehenden, regelmäßig oder unregelmäßig wiederkehrenden Kosten von Beginn der Nutzbarkeit (Fertigstellung eines Gebäudes) bis zur Beseitigung (Abriss) bezeichnet man im Allgemeinen als **Nutzungskosten.** Die Nutzungskosten sind somit die Kosten, die während der Nutzungsphase der Immobilie entstehen; sie werden auch als **laufende Kosten** bezeichnet (vgl. Holthaus, 2007, S. 133 bis 136).

Für die Ermittlung und Gliederung der Nutzungskosten im Hochbau gilt die DIN 18960:1999-08 „Nutzungskosten im Hochbau".

Welcher Zusammenhang besteht nun zwischen den Kosten nach der DIN 276-1: 2006-11 und den Kosten nach der DIN 18960:1999-08?

Die ermittelten Kosten nach der DIN 276-1:2006-11 sind die Vorgabe für die Finanzierung. Kosten für Bauwerke sind im Regelfall so hoch, dass es einer Fremdfinanzierung durch Kreditinstitute (z. B. Banken, Versicherungen) bedarf, um diese Bauwerke realisieren zu können. Mit anderen Worten: Die Gesamtkosten nach der DIN 276-1:2006-11 sind zu finanzieren, in der Regel mit einer Mischung aus Fremd- und Eigenkapital. Die Höhe der Kosten nach der DIN 276-1:2006-11 und der mit dem Kreditinstitut vereinbarte Zins bestimmen die Finanzierungskosten für die Nutzung einer Immobilie. Die hieraus resultierenden Zinskosten machen in der Regel ca. 70 bis 80 % der Nutzungskosten aus und werden als Kapitalkosten bezeichnet.

Rechnet man noch die weiteren in der DIN 18960:1999-08 aufgeführten Kostenarten wie

- die Verwaltungskosten,
- die Betriebskosten,
- die Instandsetzungskosten (vgl. Teil E)

hinzu, so erhält man die Summe der Nutzungskosten.

Zusätzlich zu den Kosten nach der DIN 18960:1999-08, die bereits auch in der DIN 18960:1976-04 enthalten waren, sind die Kosten der kalkulatorischen Abschreibung und die Steuern zu berücksichtigen.

Hinzuzufügen ist, dass diese laufenden Kosten im Allgemeinen auch entstehen, wenn keine Nutzung vorliegt, die Immobilie also leer steht.

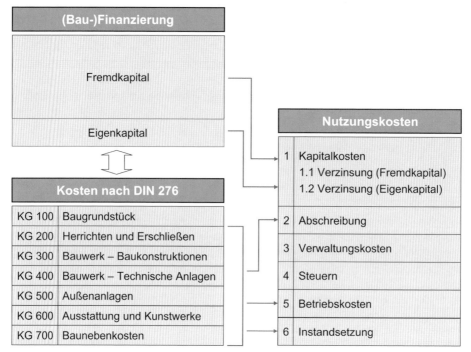

Abb. D 3.1: Der Zusammenhang zwischen den Kosten im Bauwesen (Hochbau), den Nutzungskosten und der (Bau-)Finanzierung

Somit sind nach den einmaligen Kosten (Herstellungs- und Gesamtkosten nach der DIN 276-1:2006-11 oder Anschaffungskosten bei Erwerb) auch die laufenden Kosten (Nutzungskosten nach der DIN 18960:1999-08) erläutert. Wenn in der Formel der Wirtschaftlichkeit also der Aufwand zu ermitteln ist, sind hiermit die laufenden Kosten gemeint, die jedoch – wie die Abb. D 3.1 zeigt – in einem engen Kontext zu den Gesamtkosten nach der DIN 276-1:2006-11 stehen.

3.2 Der Ertrag (bzw. die Erlöse) bei der Ermittlung der Wirtschaftlichkeit

Neben der Aufwandsseite ist bei der Berechnung der Wirtschaftlichkeit die Ertragsseite[3] zu bestimmen. Diese setzt sich bei einer Immobilieninvestition aus den laufenden Einnahmen und dem Restwert der Immobilie am Ende des Nutzungszeitraums zusammen. Die laufenden Einnahmen sind die Zahlungen, die durch die Vermietung der Gebäudeflächen, Reklameflächen an Außenflächen, Erträge aus Funkantennen, Vermietung von Park-, Stell-, Werbe- und sonstigen Flächen etc. erzielt werden können. Betriebswirtschaftlich werden die Erträge als bewertete produktive Ergebnisse von Sachgütern und Dienstleistungen verstanden, soweit damit Einnahmen verbunden sind.

Die Erträge in Form von Mieten einer Immobilie sind von den jeweiligen Nutzern zu zahlen. Der Begriff Miete kann unterschiedliche Ausprägungen haben. So ist beispielsweise die Nettokaltmiete die Miete ohne alle Nebenkosten für Heizung, Warmwasser, sog. kalte Betriebskosten und ohne Zuschläge für Untermiete, Teilgewerbe oder beson-

---

3 Der Begriff Ertrag bezeichnet die Einnahmen, die von einer Unternehmung einer Periode für die Erstellung von Gütern oder Dienstleistungen zugerechnet werden (gemäß Gabler, 2004, S. 934).

dere Leistungen. Dagegen sind in der Bruttokaltmiete die sog. kalten Betriebskosten, also alle Nebenkosten außer Heizung und Warmwasser enthalten. Die sog. Nominalmiete entspricht der Nettokaltmiete (vgl. Holthaus, 2007, Anhang C1, dort S. 30: Ausführungen zur Nominal- und Effektivmiete). Die Bruttowarmmiete ergibt sich damit als Summe aus der Bruttokaltmiete und den Kosten für Heizung und Warmwasser.

Grundsätzlich können die Mieten in den Bereichen der Gewerbe- und Industrieimmobilien zwischen den Vertragspartnern frei ausgehandelt werden. Für den Bereich des Wohnungsbaus gelten teilweise gesetzliche Regelungen. Dies gilt insbesondere für den öffentlich geförderten sozialen Wohnungsbau.

Der zu entrichtende Mietzins bzw. die Miete wird dabei üblicherweise auf den m^2 der vermieteten Fläche pro Monat oder pro Jahresquartal bezogen.

Welche Fläche dem Mietzins als Basis für die Nettokaltmiete zugrunde liegt, wird im Mietvertrag geregelt. Dabei spielt die Nutzungsart des Gebäudes eine wesentliche Rolle. Bei Wohngebäuden entspricht die Mietfläche der Wohnfläche[4], bei gewerblich genutzten Räumen wird die Mietfläche zunehmend mithilfe der „Richtlinie zur Berechnung der Mietfläche für gewerblichen Raum" (MF-G) ermittelt.[5]

Die Höhe des Mietpreises orientiert sich in der Marktwirtschaft am Prinzip von Angebot und Nachfrage. Ist das Angebot an Mietflächen hoch, sinkt der Mietzins. Steigt hingegen die Nachfrage nach entsprechenden Mietflächen, so steigt auch der Mietzins. Solche Entwicklungen im Voraus richtig einzuschätzen, um im Rahmen von Wirtschaftlichkeitsbetrachtungen entsprechende Erträge anzunehmen, stellt oftmals in wirtschaftlich labilen Zeiten eine besondere Herausforderung dar.

Nach der Konkretisierung der Kostenbegriffe und der Bestimmung der Mieterträge als die übliche und oft auch wesentliche Ertragsform ergibt sich für die allgemeine betriebswirtschaftliche Formel zur Wirtschaftlichkeitsberechnung im Hinblick auf die die Nutzungsphase einer Immobilie folgende Konkretisierung:

$$\text{Wirtschaftlichkeit} = \frac{\text{Mieterträge p.\,a.}}{\text{Nutzungskosten p.\,a.}}$$

Ist das Verhältnis positiv, also > 1, so ist die Nutzung der Immobilie wirtschaftlich.

Aus diesem Verhältnis allein lässt sich die zu Beginn gestellte Frage („Rechnet sich das Bauprojekt?") aber noch nicht beantworten. Auch die Verbindung zur DIN 276-1: 2006-11 lässt sich aus der Formel so nicht ableiten. Die Frage nach der Wirtschaftlichkeit muss also weiter konkretisiert werden.

3.3 Berechnungsverfahren

Bei den nachfolgend aufgeführten Berechnungsverfahren handelt es sich um vereinfachte Betrachtungen, aus denen für den Entscheidungsprozess des Projektentwicklers und Erwerbers einer Immobilie Erkenntnisse über die Wirtschaftlichkeit abgeleitet werden sollen. Für den Projektentwickler, der die Immobilie nach deren Fertigstellung veräußern möchte, ist der Betrachtungshorizont auf das erste Jahr der Nutzung gerich-

---

4 Die Ermittlung der Wohnfläche kann gemäß der DIN 277, der Wohnflächenverordnung oder der II. Berechnungsverordnung erfolgen.
5 Die Richtlinie MF-G der gif wird üblicherweise bei gewerblichen Vermietungen angewendet (vgl. Hasselmann/Weiß, 2005, dort Teil C – Mietflächen).

tet. Man bezeichnet diese Art von Wirtschaftlichkeitsberechnungen auch als **statische Investitionsrechnungen,** da sie von starren Vorgaben ausgehen. Für den Erwerber einer Immobilie, der diese längerfristig nutzen möchte, reichen diese statischen Investitionsrechnungen im Regelfall nicht aus. Er möchte unterschiedliche Szenarien betrachtet wissen, die sich über die Zeit verändern können, wie beispielsweise Veränderungen bei den Mieterträgen (Leerstand), den Zinskonditionen (Zinserhöhungen) oder den Nutzungskosten (höhere Verwaltungskosten). Berechnungen, die den Faktor Zeit als wichtigstes Kriterium berücksichtigen, bezeichnet man als **dynamische Investitionsrechnungen.** In den folgenden Kapiteln werden beide Arten von Investitionsrechnungen beispielhaft dargestellt.

3.3.1   Der Trading Profit

Der Trading Profit ist der Gewinn des Trader-Developers (also des Projektentwicklers oder Bauträgers), der eine Immobilie entwickelt, plant und realisiert, um diese im Anschluss zu veräußern.

Der Trading Profit, der auch Projektentwicklergewinn genannt wird, errechnet sich allgemein über die Differenz von Ertrag und Aufwand (Kosten):

Trading Profit = Ertrag – Aufwand (Kosten)

Bezogen auf die Immobilienwirtschaft und den Trader-Developer ergibt sich der Trading Profit aus der Differenz des Verkaufserlöses und der Investitionssumme (vgl. Schulte, 2002, S. 201). Mit dem Begriff Investitionssumme sind hier die Gesamtkosten der DIN 276-1:2006-11 gemeint.

Trading Profit (absolut) = Verkaufserlös – Investitionssumme

Zu Beginn der Planungsphase einer Baumaßnahme werden sowohl die Kosten als auch der Ertrag in der Regel über Kosten- bzw. Preisansätze zuzüglich Gewinnaufschlag pro Flächeneinheit ermittelt. Kostenansätze lassen sich dabei mithilfe von Kostenkennwerten nach BKI festlegen, Preisansätze ergeben sich aus einer am Markt realisierbaren Miete.

TP = (Preis je Flächeneinheit i · Fläche i) – (Kosten je Flächeneinheit j · Fläche j)

mit

TP = Trading Profit
Fläche i = Mietfläche
Fläche j = z. B. m² BGF (in Abhängigkeit von der Bezugsgröße des Kostenkennwertes)

Im Folgenden soll die Berechnung des Trading Profit (absolut) an einem Beispielprojekt (Bürogebäude) aufgezeigt werden.

Daten eines Bürogebäudes

1.416 m² Brutto-Grundfläche (BGF)
1.200 m² Mietfläche
1.722 m² Grundstück mit 1.250 m² unbebauter Grundstücksfläche
15,90 €/m² Nettokaltmiete[6]

---

6 Die Nettokaltmiete lag im 3. Quartal 2006 im Büroteilmarkt Düsseldorf „Hafen" zwischen 13,00 und 18,00 €/m² (vgl. Jones Lang LaSalle, 2006, S. 4).

2.000,00 € p. a. Verwaltungskosten
3 % Mietausfallwagnis
10,50 €/m² Mietfläche p. a. Instandhaltungsrücklage
3,5 % Grunderwerbsteuer
1,5 % Notar- und Amtsgerichtgebühren
360,00 €/m² Grundstückspreis[7]

1) Ermittlung der Gesamtinvestition

KG 100 Grundstück (inkl. Nebenkosten):	650.916,00 €
KG 200 Herrichten und Erschließen:	19.525,00 €
KG 300 Bauwerk – Baukonstruktion:	1.486.800,00 €
KG 400 Bauwerk – technische Anlagen:	991.200,00 €
KG 300 und 400 Bauwerk gesamt:	**2.478.000,00 €**
KG 500 Außenanlagen:	118.750,00 €
KG 600 Ausstattung und Kunstwerke:	10.000,00 €
KG 700 Baunebenkosten:	392.810,00 €
KG 100 bis 700 Gesamtkosten	**ca. 3.670.000,00 €**

2) Ermittlung des Verkaufserlöses/des Ertragswertes

In der Bundesrepublik Deutschland ist es üblich, den Verkaufspreis einer Immobilie als Ertragswert nach den Regeln der Wertermittlungsverordnung (WertV) zu bestimmen. Tatsächlich orientiert sich der Verkaufspreis am Marktpreis, der Ertragswert ist allerdings eine Orientierungsgröße zur Begründung des Verkaufspreises. Danach ist wie folgt vorzugehen:

a) Ermittlung des Jahresrohertrages

Der Jahresrohertrag ergibt sich als Summe der monatlichen Mieterträge (Nettokaltmiete) pro Mieteinheit bezogen auf ein Jahr. Man bezeichnet diese Mieterträge auch als Jahresnettokaltmiete bzw. als Jahresnettomiete.

Jahresrohertrag = Jahresnettokaltmiete

Bezogen auf das Beispielprojekt ergibt sich folgender Jahresrohertrag:

1.200 m² · 15,90 €/m² · 12 Monate = **228.960,00 €**

b) Ermittlung des Jahresreinertrages

Von dem Jahresrohertrag sind diejenigen Kosten abzuziehen, die vom Eigentümer der Immobilie zu tragen sind und damit den Jahresrohertrag mindern. Man bezeichnet diese Kosten auch als **nicht umlagefähige Kosten,** da sie nicht an die Mieter weitergegeben werden können. Es handelt sich dabei um Kostenbestandteile, die nach allgemeinem Verständnis bereits im Mietzins enthalten sind.

Man bezeichnet diese Kosten auch als **Bewirtschaftungskosten.** Sie sind Teil der Nutzungskosten nach der Definition der DIN 18960:1999-08.

---

7 Der Bodenrichtwert im Hafengebiet Düsseldorf, Gemarkung und Ortsteil Hamm wurde gemäß der Internetpräsenz der Gutachterausschüsse für Grundstückswerte und des Geodatenzentrums des Landesvermessungsamtes Nordrhein-Westfalen ermittelt (www.boris.nrw.de, Stand 1.1.2006).

Die vom Jahresrohertrag abzuziehenden Bewirtschaftungskosten setzen sich gemäß § 18 WertV zusammen aus:

- der Abschreibung,
- den bei gewöhnlicher Bewirtschaftung nachhaltig entstehenden Verwaltungskosten,
- den Betriebskosten (soweit nicht auf Mieter umlagefähig),
- den Instandhaltungskosten sowie
- dem Mietausfallwagnis.

Zur Abschreibung sei angemerkt, dass sie nicht Bestandteil der DIN 18960:1999-08 ist. Die Abschreibung ist definiert als betriebswirtschaftlicher Werteverlust, wie er durch Alterung und Verschleiß entstehen kann. Sie wurde seinerzeit nicht mehr in die DIN 18960:1999-08 aufgenommen – mit der Begründung, dass die DIN 18960:1999-08 kein Instrument zur Wirtschaftlichkeitsberechnung darstelle.

Tatsächlich darf die Abschreibung jedoch nicht vernachlässigt werden, will man für Immobilien die gleichen Maßstäbe anlegen, wie sie auch für andere Wirtschaftgüter gelten. Für das hier illustrierte Beispielprojekt wird sie dennoch aus folgenden 2 Gründen **nicht** berücksichtigt:

- Auch im Rahmen der Wertermittlung entfällt der Ansatz eines besonderen Betrages für die Abschreibung gemäß Wertermittlungsrichtlinien 2002 (WertR 2002, Abschnitt 3.5.2.1). Die Abschreibung ist beim Ertragswertverfahren bereits im Liegenschaftszins eingerechnet und muss daher nicht besonders berücksichtigt werden (vgl. Schulte, 1998, S. 402, 411).
- Es handelt sich um eine kalkulatorische Annahme, d.h., deren Höhe und Verlauf orientieren sich sehr an Parametern, die unterschiedlich auslegbar sind, wie z.B. die Lebensdauer der Immobilie, der Abschreibungsprozentsatz, die Abschreibungsmethode, der Bezugswert der Abschreibung (Kosten zum Zeitpunkt der Erstellung bzw. des Kaufes oder der Wiederbeschaffung).

Für das oben begonnene Beispiel ergeben sich ohne Berücksichtigung einer Abschreibung folgende Bewirtschaftungskosten:

Verwaltungskosten:	2.000,00 €/Jahr
Mietausfallwagnis: ca. 3 % vom Jahresrohertrag	~ 6.860,00 €/Jahr
Instandhaltungskosten: 10,50 €/m² p.a. · 1.200 m²	12.600,00 €/Jahr

Bewirtschaftungskosten (nicht umlagefähig):   ca. 21.460,00 €/Jahr

Der Jahresreinertrag eines Objektes, der später noch bei der Ermittlung der Anfangseigenkapitalrendite genutzt wird, errechnet sich somit nach der Formel:

Jahresreinertrag = Jahresrohertrag – nicht umlagefähige Bewirtschaftungskosten

Für das Beispielprojekt ergibt sich somit ein Reinertrag in Höhe von:

Reinertrag = 228.960,00 € – 21.460,00 € = **207.500,00 €/Jahr**

c) Ermittlung des Ertragswertes (des Verkaufspreises)

Vereinfacht dargestellt geht die Wertermittlungsverordnung (WertV) in ihren Grundannahmen davon aus, dass der Reinertrag als Summe der Mieteinahmen einer Periode, z.B. des ersten Jahres, abzüglich der Bewirtschaftungskosten dieser Periode über die Nutzungszeit der Immobilie verzinst (kontiert) und dann als Barwert wiederum auf den Wertermittlungsstichtag abgezinst (diskontiert) wird.

1. Aufzinsung (Kontierung) der Reinerträge

2. Abzinsung (Diskontierung) des Gesamtertrags
   (Barwertermittlung)

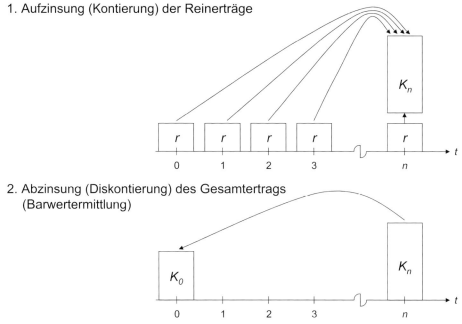

Abb. D 3.2: Kontierung und Diskontierung als separate Vorgänge

Ertragsfunktion:

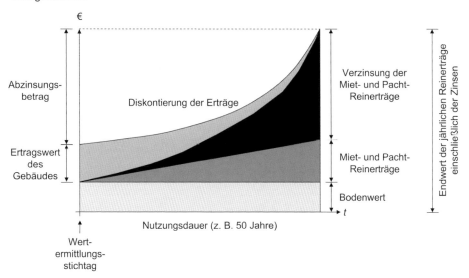

Abb. D 3.3: Ertragsfunktion bei der Wertermittlung

Wichtig bei der Ermittlung des Ertragswertes sind die Annahmen über die Nutzungszeit (Restnutzungsdauer) und den Liegenschaftszinssatz. Berechnet wird der Barwert über die sog. Rentenformel oder vereinfacht mithilfe des Vervielfältigers (im allgemeinen Sprachgebrauch auch als Mietenmultiplikator bzw. Kaufpreisvervielfältiger bezeichnet).

Der Vervielfältiger wird aus der Restnutzungsdauer der baulichen Anlagen und dem Liegenschaftszinssatz als sog. **Rentenbarwertfaktor** wie folgt berechnet:

$$b_n = \frac{1 - (1 + i_{LZ})^{-n}}{i_{LZ}}$$

mit

b_n = Rentenbarwertfaktor
i_{LZ} = Liegenschaftszins
n = Nutzungszeit

Setzt man einen Liegenschaftszins von 5 % und eine Nutzungszeit von 75 Jahren an, so ergibt sich folgende Berechnung:

$$b_n = \frac{1 - (1 + 0{,}05)^{-75}}{0{,}05} = 19{,}48$$

Wie oben dargestellt berücksichtigt der Vervielfältiger die Annahme über die Nutzungszeit sowie den Zinsfaktor. In der Praxis bewegt sich der Vervielfältiger in Abhängigkeit von diesen Größen häufig in einer Bandbreite von 10 bis 20, er wird mit dem Reinertrag multipliziert und im Ergebnis erhält man den Ertragswert der Immobilie.[8]

Ertragswert = Reinertrag · Vervielfältiger

Unter Verwendung der oben genannten Zahlen ergibt sich:

Ertragswert = 207.500,00 € · 19,48 = **4.042.100,00 €**

Der Projektentwickler wird versuchen, das realisierte Gebäude zu dem Ertragswert oder zu einem höheren Marktpreis zu veräußern. Der Verkaufspreis bildet sich am Markt.

3) Ermittlung des Trading Profit

Die Ermittlung des Trading Profit erfolgt nach folgender Formel:

Trading Profit (absolut) = Verkaufserlös – Investitionssumme

Trading Profit (absolut) = 4.042.100,00 € – 3.670.000,00 € = **372.100,00 €**

Bei einem realisierbaren Verkaufserlös in Höhe von 4.042.100,00 € ergibt sich also ein Trading Profit bzw. ein Gewinn für den Projektentwickler in Höhe von 372.100,00 €.

Setzt man den Trading Profit ins Verhältnis zu den Investitionskosten, erhält man die Angabe des einmaligen Gewinns (Trading Profit) in Prozent:

$$\text{Trading Profit} = \frac{\text{Trading Profit (absolut)}}{\text{Investitionskosten}} \cdot 100\ \%$$

$$\text{Trading Profit} = \frac{372.100{,}00\ €}{3.670.000{,}00\ €} \cdot 100\ \% = 10{,}14\ \%$$

---

8 Allerdings ist der hier aufgeführte Ertragswert der in der Praxis verwendete Wert und nicht gleich dem Ertragswert gemäß WertV. Der bei der Ertragswertberechnung gemäß WertV verwendete Wert berücksichtigt den oben genannten Reinertrag und den Bodenwertverzinsungsbetrag. Der Reinertrag der baulichen Anlagen wird mit dem Vervielfältiger multipliziert und ergibt zusammen mit dem Bodenwert den Ertragswert gemäß WertV.

Durch **Rückwärtsrechnung** kann man bei Kosten- und Trading-Profit-Vorgabe den **minimalen Mietpreis** ermitteln. Eine andere Möglichkeit der Rückwärtsrechnung besteht in der Verwendung des Trading Profit und eines erzielbaren Reinertrages, mit deren Hilfe sich eine **Kostenobergrenze** ermitteln lässt. Bei der Anwendung der Trading-Profit-Berechnung sind die jeweilige Bezugsgrößen, nämlich die Flächenarten wie z. B. Nutzfläche, Wohnfläche oder Mietfläche nach gif, von großer Bedeutung (vgl. dazu Kapitel B 3).

3.3.2   Anfangseigenkapitalrentabilität

Diese Form der Kostenvorgabe ist bei Investitionsbauherren üblich, die Geld anlegen und dabei grundsätzlich darüber entscheiden wollen, ob das Geld in Wertpapieren oder in ein Immobilienprojekt investiert werden soll.

Bei der Ermittlung der Anfangseigenkapitalrentabilität wird also eine Betrachtung der Wirtschaftlichkeit aus dem Blickwinkel des Investors bzw. des Betreibers der Immobilie vorgenommen. Dabei kann es sich ebenso um den Projektentwickler handeln, der die Immobilie weiter in seinem Bestand hält und vermietet, wie um den Investor, der die Immobilie von dem Projektentwickler erwirbt.

Im Folgenden wird die Anfangseigenkapitalrentabilität aus der Sichtweise des Projektentwicklers betrachtet, der die Immobilie weiter in seinem Bestand hält. Unter diesen Bedingungen entfällt jedoch der Trading Profit.

Die Eigenkapitalrentabilität, also die Verzinsung des eingesetzten Eigenkapitals über den Betrachtungszeitraum (i. d. R. pro Jahr), errechnet sich als Prozentangabe aus den Erträgen, im Sprachgebrauch auch Einnahmen genannt, abzüglich der Kosten, auch Aufwendungen oder Ausgaben genannt, dividiert durch das Eigenkapital und multipliziert mit 100. Die Formel zur Berechnung der Eigenkapitalrentabilität (R_{EK}) lautet also:

$$R_{EK} = \frac{\text{Ertrag} - \text{Aufwand (Kosten)}}{\text{Eigenkapital}} \cdot 100\ \%$$

Die Anfangseigenkapitalrentabilität nach oben genannter Formel wird für ein Jahr der Nutzung errechnet, in der Regel für das erste Nutzungs- bzw. Geschäftsjahr. Die Investitionen in ein Immobilienprojekt nach der DIN 276-1:2006-11 fallen aber nur einmal für die Lebensdauer des Bauwerks an, wobei die Lebensdauer zwischen 30 und 100 Jahren schwanken kann. Die Anfangseigenkapitalrentabilität ist eine vereinfachte Ermittlungsform der Eigenkapitalrentabilität, welche die Nutzungszeit nicht weiter berücksichtigt. Entsprechend wird eine auf diese Weise ermittelte Anfangseigenkapitalrentabilität auch als **statische Anfangseigenkapitalrentabilität** bezeichnet.

Zur Ermittlung der Anfangseigenkapitalrentabilität sind die Beträge des Ertrages, der Kosten und des Eigenkapitals (EK) zu klären.

Der Ertrag der Immobilie ist der Reinertrag, also der Rohertrag abzüglich der nicht umlagefähigen Bewirtschaftungskosten (vgl. Kapitel 3.3.1). Der Aufwand stellt sich in Form der Zinskosten für das Fremdkapital (FK) dar. Die Differenz aus beidem ist der Gewinn der Immobilie, der vor Steuern und AfA[9] übrig bleibt.

---

9 Die Kurzform AfA steht für „Absetzung für Abnutzungen" und bezeichnet die steuerrechtlich zu ermittelnde Wertminderung von Anlagevermögen. Die AfA wird geprägt durch das Einkommensteuergesetz, das diesen Begriff synonym zur Abschreibung verwendet.

Es gelten folgende Formeln:

Gewinn = Jahresreinertrag – Zinskosten Fremdkapital

$$\text{Statische Anfangseigenkapitalrendite} = \frac{\text{Gewinn}}{\text{Eigenkapital}} \cdot 100\,\%$$

Bezogen auf das bisherige Beispiel ergeben sich folgende Werte:

I	Reinertrag p. a.	207.500,00 €
	Gesamtinvestition	3.670.000,00 €

Finanzierung:

	EK-Quote 20 %	
II	Eigenkapital	734.000,00 €
	FK-Quote 80 %	
III	Fremdkapital	2.936.000,00 €
IIIa	Fremdkapitalzinsen (5 %)	146.800,00 €
I – IIIa = Gewinn		**60.700,00 €**

((I – IIIa) : II) · 100 % = Anfangseigenkapitalrendite 8,27 %

Es wird bei der oben ermittelten Anfangseigenkapitalrendite unterstellt, dass die Immobilie zu den Gesamtinvestitionskosten in Höhe von 3.670.000,00 € realisiert wird und 80 % der Kosten zu einem Fremdkapitalzinssatz von 5 % bei zehnjähriger Laufzeit sowie einer 100%igen Auszahlung fremdfinanziert werden. Unter diesen Bedingungen beträgt die Anfangseigenkapitalrendite 8,27 %.

Bisher wurden nur statische Rentabilitätsgrößen aufgezeigt. Bei der Berechnung der statischen Rentabilität werden die Einnahmen und Ausgaben als Anfangs- oder Durchschnittsgrößen in Verhältnis zueinander gesetzt.

Bei schwankenden Immobilienpreisen interessiert den Investor neben der anfangs erzielten Rendite auch, wie das von ihm in das Objekt eingebrachte Eigenkapital längerfristig verzinst wird. So kann er überlegen, ob er sein Eigenkapital in die Immobilie oder in eine andere Kapitalanlageform investiert.

Bei der Beurteilung der Vorteilhaftigkeit einer Immobilieninvestition müssen somit nicht nur die Erträge des Anfangszeitpunktes, sondern auch die erzielbaren Erträge über die geplante Nutzungszeit dem Aufwand (Kaufpreis bzw. Investitionskosten) gegenübergestellt werden.

Deshalb sollte bei der Entscheidung für oder gegen eine Immobilieninvestition nicht nur die statische, sondern auch die **dynamische Rentabilität** betrachtet werden. Im Gegensatz zu der statischen Rentabilität bzw. den statischen Investitionsrechnungen, die den Zeitfaktor nicht berücksichtigen und praktisch nur mit einer Periode rechnen, zeichnen sich dynamische Rentabilitäts- und Investitionsrechnungen dadurch aus, dass sie sich auf mehrere Perioden beziehen. Die Erträge und Aufwendungen werden im Zeitablauf berücksichtigt. Somit werden rechnerisch wesentlich genauere Werte als bei den statischen Verfahren geliefert.

3.3.3 Kapitalrentabilität auf Basis der Barwertberechnung

Bevor ein Investor, Eigentümer oder Auftraggeber (Bauherr oder Projektentwickler) in ein Immobilienprojekt investiert, möchte er wissen, ob sich diese auf einen langen Zeitraum bezogene Investition lohnt. Das heißt, er möchte für sein investiertes Kapital eine bestimmte Größe an Verzinsung bekommen, also eine Rendite.

Die Berechnung der Vorteilhaftigkeit einer Investition über einen bestimmten Zeitraum erfolgt mit der **Barwertmethode,** die auch Discounted-Cashflow-Methode **(DCF-Methode)** genannt wird.

Die DCF-Methode wurde ursprünglich für die Unternehmensbewertung entwickelt und ist in Deutschland erst in den letzten Jahren auf die Immobilienbranche übertragen worden. In der Praxis bewerten Immobiliengesellschaften zunehmend ihre Liegenschaften im In- und Ausland mit der DCF-Methode und ermitteln die Rentabilität einer Immobilieninvestition auf der Basis des IRR (Internal Rate of Return), der auch interner Zinsfuß genannt wird und eng mit der DCF-Methode verknüpft ist.

Die DCF-Methode wird als geeignetes Verfahren für den Wirtschaftlichkeitsvergleich über bestimmte Zeiträume (n Jahre) angesehen und sie kann somit aufgrund der Verflechtung mit der internen Zinsfußmethode auch für die Renditebestimmung verwendet werden. Sie ist eine inzwischen praxisübliche Methode der Kosten-/Ertragsrechnung für langlebige Wirtschaftsgüter (vgl. Olfert, 2003; Schulte, 2000).

Bei diesem Verfahren werden zukünftige Einnahmen und Ausgaben auf einen einheitlichen Bezugszeitpunkt abgezinst (diskontiert). Man erhält somit einzelne Barwerte für jede einzelne Zahlung (Cashflow). Die Summe der Einzelbarwerte ergibt dann den Barwert der Investition. Die hohe Flexibilität und die Mehrperiodigkeit der DCF-Methode als transparente Darstellung realistischer Wertansätze über den Planungszeitraum sind die Vorteile dieses Verfahrens.

Die nachfolgend dargestellten Berechnungsverfahren dienen dabei nicht nur dem Bauherrn, sondern auch dem Immobilienkäufer, den Banken und anderen finanzierenden Institutionen zur Beurteilung der Rentabilität.

Bei der Berechnung der dynamischen Rentabilität werden Cash Inflows (Zuflüsse/Einnahmen) und Cash Outflows (Abflüsse/Ausgaben) der Immobilie über den gesamten Lebenszyklus bzw. über den Investitionszeitraum einbezogen. Diese zu unterschiedlichen Zeitpunkten anfallenden Zahlungen werden durch Abzinsung auf den Zeitpunkt t_0, den Investitionszeitpunkt, bezogen. Bei der Barwertberechnung werden dabei die beiden Zahlungstypen – **direkte und indirekte Zahlungen** – berücksichtigt (vgl. auch Schulte, 2005, S. 132).

Tabelle D 3.1: Gegenüberstellung von direkten und indirekten Zahlungen

direkte Zahlungen	indirekte Zahlungen
Investitionsausgabe a_0	Verwendung von Einnahmenüberschüssen
laufende Ausgaben in den Perioden a_t	Ausgleich von Ausgabenüberschüssen
laufende Einnahmen in den Perioden e_t	Ertrag- und Substanzsteuern
Veräußerungserlös am Ende der Nutzungsdauer R_n	

Die Bewertung mit der DCF-Methode berechnet den Wert der zukünftigen Ausgaben und Einnahmen einer Immobilie über eine vorgegebene Laufzeit des Projektes oder den gesamten Lebenszyklus zum Bewertungsstichtag. Dieser Wert heißt **Barwert** oder NPV-Wert.

NPV steht für „Net Present Value", der NPV-Wert ist der Barwert des Projektes auf den heutigen Zeitpunkt bezogen, also die zeitliche Bewertung der Ein- und Auszahlungen mit der Renditeerwartung des Investors auf den Entscheidungszeitpunkt. Der NPV-Wert lässt sich nach folgender Gleichung berechnen:

NPV = Present Value of Cash Inflow – Present Value of Cash Outflow

bzw.

NPV = DC-Inflow – DC-Outflow

Die Barwertermittlung der einzelnen Zahlungsströme erfolgt dabei mithilfe des sog. Diskontierungsfaktors D.

Der Diskontierungsfaktor ist dabei abhängig vom Diskontierungszinssatz und dem Zeitpunkt der jeweiligen Zahlung.

Der Diskontierungszinssatz spiegelt die Renditeerwartung des Investors wider. Er lässt sich mit der Rendite von Alternativanlagen vergleichen und soll die Renditeforderung des Investors zuzüglich des mit der Investition in ein bestimmtes Objekt verbundenen Risikos abgelten. Zur Ableitung eines geeigneten Diskontierungszinssatzes kann von der Rendite risikoloser Kapitalanlagen ausgegangen werden.

Als Diskontierungsfaktor wird normalerweise die sog. Risk free Rate of Return verwendet, also die Geldmarktverzinsung von kurzlaufenden Staatsanleihen. Da sich der Zinssatz über die Laufzeit verändern kann, werden länger laufende Staatsanleihen in der Regel mit einem höheren Zinssatz gehandelt. Allgemein geht man deshalb von der Rendite zehnjähriger Staatsanleihen aus. Die Vorgabe der Rendite risikoloser Kapitalanlagen (= Risk free Rate of Return) als Benchmark für den Diskontierungszinssatz wird um eine Marktrisikoprämie erhöht. Diese zusätzliche Renditeforderung eines Anlegers gegenüber einer risikolosen Anlageform wie z.B. Bundesschatzbriefen soll das unternehmerische Risiko abgelten. Wenn eine zehnjährige Bundesanleihe also z.B. 4,5 % Verzinsung bietet, sollte die Rendite erkennbar darüber liegen, also z.B. bei 7 %.

Es wird im Weiteren von einer exponentiellen Verzinsung ausgegangen und somit ergibt sich der Diskontierungsfaktor wie folgt:

$$D = \frac{1}{(1 + i)^n}$$

mit

D = Diskontierungsfaktor
i = Zinssatz
n = Anzahl der Jahre zwischen t_0 und t_n

Setzt man i mit 5 % und n mit 10 Jahren an, so ergibt sich folgendes Ergebnis für D:

$$D = \frac{1}{(1 + 0{,}05)^{10}} = \frac{1}{1{,}629} = 0{,}614$$

In der nachfolgenden Tabelle wird der Vorgang der Diskontierung bzw. Ermittlung der Barwerte anhand der Reinerträge des Beispielprojektes aufgezeigt. Der verwendete Diskontierungszinssatz beträgt dabei wieder 5 %.

Tabelle D 3.2: Ermittlung des Diskontierungsfaktors und der zugehörigen Barwerte (diskontierte Einnahmen)

Projektjahr	Diskontierungsfaktor D	Einnahmen (Cash Inflow) [€]	diskontierte Einnahmen [€]
0	1,000	–	–
1	0,952	207.500,00	197.619,00
2	0,907	207.500,00	188.209,00
3	0,864	207.500,00	179.246,00
4	0,823	207.500,00	170.711,00
5	0,784	207.500,00	162.582,00
6	0,746	207.500,00	154.840,00
7	0,711	207.500,00	147.466,00
8	0,677	207.500,00	140.444,00
9	0,645	207.500,00	133.756,00
10	0,614	207.500,00	127.387,00
Summe der Einzelbarwerte			**1.602.260,00**

Neben dem NPV-Wert ist die sog. **IRR** eine aussagekräftige Messgröße bei der DCF-Methode (vgl. Higgins, 2001).

Der interne Zinsfuß IRR (Internal Rate of Return) ist die Messgröße für die Rentabilität der Investition. Der interne Zinsfuß ist der Diskontierungszinssatz, bei dem der NPV-Wert einer Investition gleich 0 wird (d. h., die diskontierten Einnahmen und die diskontierten Ausgaben sind gleich groß). Der IRR wird iterativ oder durch Näherung ermittelt (vgl. Blecken/Holthaus/Meinen, 2004). Jeglicher Gewinn ist im IRR enthalten.

Die Ermittlung der dynamischen Rendite wird in Form der IRR ermittelt und beruht finanzmathematisch auf der Methode des internen Zinsfußes (= IRR-Methode).

Angenommen, ein Investor hat eine Renditeerwartung von 10 % (Diskontierungszinssatz einschließlich Risiko) und der Barwert bzw. NPV-Wert (Summe der diskontierten Einnahmen und Ausgaben) ist unter dieser Voraussetzung gleich 0, so beträgt die Rendite der Investition (also der IRR) 10 % und die Renditeerwartung des Investors ist erfüllt. Wenn der Barwert (= NPV-Wert) größer 0 ist, verzinst sich das Kapital des Investors mit mehr als 10 % und der IRR ist größer als 10 %. Ist der Kapitalwert dagegen kleiner 0, so wird die Renditeerwartung des Investors nicht befriedigt und das von ihm eingesetzte Kapital wird mit weniger als 10 % verzinst; somit ist auch die Rendite der Investition, der IRR, kleiner als 10 %.

In den beiden Fällen, in denen der Barwert bzw. NPV-Wert größer oder kleiner 0 und daraus resultierend der IRR größer oder kleiner der Renditeerwartung von 10 % ist, kann der IRR (dynamische Rendite der Investition) nicht direkt mit der DCF-Methode abgelesen werden. Der IRR muss, wie oben ausgeführt, iterativ bestimmt werden. Das gelingt durch Probieren, indem der Diskontierungszinssatz nach oben oder unten modifiziert wird, sodass der NPV-Wert (Subtraktion der diskontierten Ausgaben von den diskontierten Einnahmen) gleich 0 wird. Eine Voraussetzung für die leichtere Anwendung dieser Berechnungen sind die heute zur Verfügung stehenden Standardsoftwareprogramme (wie z. B. Microsoft® Excel), mit deren Hilfe das DCF-Verfahren einfach angewendet werden kann.

Die **dynamische Rendite,** die in Form des IRR ermittelt wird, kann zusätzlich in eine **objektbezogene** und eine **subjektbezogene** dynamische Rendite unterschieden werden. Diese Unterteilung erfolgt in Abhängigkeit davon, ob in die Berechnung der Rendite allein Daten aus dem Immobilienobjekt einfließen oder ob subjektive Faktoren des Investors wie z. B. Fremdkapitalanteil oder Steuersatz Berücksichtigung finden (vgl. Brauer, 2003, S. 375).

Für die Anwendung dynamischer Investitionsrechnungen ist jedoch Folgendes zu beachten (Pfarr, 1984, S. 156):

„Außerdem besteht über die Höhe der Einnahmen und Ausgabenreihen erhebliche Unsicherheit, denn wie Standorte, Ausstattung, Neubauten, Lärmbelästigung usw. die Mietpreise in einer bestimmten Region beeinflussen, in welchem Maße die Energiekosten, die Grundsteuer steigen werden, kann keiner sagen. Zwar ist die durch Lage und Ausstattung mögliche Miete von den Herstellungskosten[10] mehr oder weniger stark abhängig, aber zwischen Erlösen und Kosten besteht kein unmittelbarer Zusammenhang. Ferner ist der ökonomische Horizont für einen Zeitraum von z. B. 50 bis 70 Jahren ganz erheblich undurchsichtig, dies können wir am besten erkennen, wenn wir rückblickend fragen, was ein in den Zwanzigerjahren erbautes Haus alles erlebt hat, man denke nur an Hauszinssteuer und Hypothekengewinnabgabe."

Vor diesem Hintergrund sind die folgenden Beispielrechnungen als vereinfachte Beispiele zu sehen, welche die ökonomischen Zusammenhänge verdeutlichen sollen.

3.3.4   Beispiele zur Gesamt- und Eigenkapitalrentabilität

In den folgenden 2 Szenarien werden unterschiedliche Modellrechnungen zur Ermittlung der Renditeerwartung einer Investition vorgestellt.

Dabei ist zu beachten, dass die Renditeberechnung von Immobilieninvestitionen von unterschiedlichen Standpunkten aus betrachtet werden muss, gemeint sind die Standpunkte des Zwischeninvestors (z. B. des Projektentwicklers) und des Endinvestors.

Der **Zwischeninvestor** hat andere Einnahmen und Ausgaben als der Endinvestor: Er investiert in die Immobilie mit der Absicht, diese zu verkaufen, und behält sie in der Regel nur kurzfristig im Bestand. Dagegen ist die Immobilieninvestition für den **Endinvestor** über mehrere Jahre ausgerichtet, also langfristig.

---

10   Anmerkung: Investitionskosten entsprechend DIN 276, Kostengruppen 100 bis 700

Szenario 1

In diesem Szenario wird die dynamische Rendite (= IRR) berechnet, wenn der Projektentwickler bzw. der Eigentümer die Immobilie nach 10 Jahren bei einer Gesamtinvestition von 3.670.000,00 € veräußert. Der Reinertrag wird mit 207.500,00 € für den Jahreszeitraum von 10 Jahren vereinfacht als konstant angenommen.

Der Immobilienwert nach 10 Jahren in Höhe von 4.932.173,00 € basiert auf einer Immobilienwertsteigerung von 3 % p.a. der Gesamtinvestition, die durch den Aufzinsungsfaktor von 1,3439164 (= $1{,}03^{10}$) berücksichtigt wird.

Der Wert der Immobilie nach 10 Jahren berechnet sich somit folgendermaßen:

$$1{,}03^{10} \cdot 3.670.000{,}00\ € = 4.932.173{,}00\ €$$

Für die nachfolgende Beispielrechnung wird davon ausgegangen, dass die Immobilie nach dem zehnten Jahr für 4.932.173,00 € verkauft werden kann.

Diese Berechnung ist so lange akzeptabel, wie die Immobilienpreise kontinuierlich steigen; das war z.B. in den 40 Jahren nach dem Zweiten Weltkrieg der Fall.

Der Immobilienwert nach 10 Jahren in Höhe von 4.932.173,00 € bildet zusammen mit dem jährlichen Reinertrag in Höhe von 207.500,00 € die Einnahmen des zehnten Jahres:

$$4.932.173{,}00\ € + 207.500{,}00\ € = 5.139.673{,}00\ €$$

In Tabelle D 3.3 erfolgt eine DCF-Berechnung, in der die Ausgaben und die Einnahmen über den Betrachtungszeitraum von 10 Jahren diskontiert werden. Als Ausgaben werden die Gesamtinvestitionskosten nach der DIN 276-1:2006-11 eingestellt. Als Einnahmen werden die jährlichen Reinerträge von 207.500,00 € angesetzt. Für das zehnte Jahr wird der angenommene Verkaufspreis in Höhe von 4.932.173,00 € zuzüglich der Mieteinnahme des zehnten Jahres in Höhe von 207.500,00 € verwendet (= 5.139.673,00 €).

Wie die Tabelle zeigt, ergibt sich bei diskontierten Aus- und Einnahmen in Höhe von jeweils 3.670.000,00 € (NPV-Wert = 0) ein IRR von 8,03 %.

Der Projektentwickler erzielt also, wenn er die Immobilie bis zum Ende des zehnten Jahres in seinem Bestand hält, eine dynamische Rendite (IRR) von ca. 8,03 % (siehe Tabelle D 3.3).

Die dynamische Rendite, die in Form des IRR (hier 8,03 %) für das eingesetzte Kapital (die Gesamtinvestitionskosten) errechnet wird, stellt die Gesamtkapitalrentabilität dar. Interessanter für den Projektentwickler bzw. Eigentümer ist aber die Eigenkapitalrentabilität (R_{EK}). Sie ergibt sich aus der Gesamtkapitalrentabilität (R_{GK}), addiert mit dem Verschuldungsgrad (V), welcher mit der Differenz aus Gesamtkapitalrentabilität (R_{GK}) und Fremdkapitalzins (i_{FK}) multipliziert wird.

$$R_{EK} = R_{GK} + V \cdot (R_{GK} - i_{FK})$$

Tabelle D 3.3: DCF-Berechnung aus Sicht des Projektentwicklers bei 4.932.173,00 € Veräußerungserlös im zehnten Jahr und bei einer Gesamtinvestition von 3.670.000,00 €

I	II	III	IV	V = IV · II	VI = IV · III
Projektjahr	Ausgaben (Cash Outflow) [€]	Einnahmen (Cash Inflow) [€]	Diskontierungs-faktor D	diskontierte Ausgaben [€]	diskontierte Einnahmen [€]
0	3.670.000,00	–	1,00	3.670.000,00	–
1	–	207.500,00	0,93	–	192.085,00
2	–	207.500,00	0,86	–	177.815,00
3	–	207.500,00	0,79	–	164.605,00
4	–	207.500,00	0,73	–	152.377,00
5	–	207.500,00	0,68	–	141.057,00
6	–	207.500,00	0,63	–	130.578,00
7	–	207.500,00	0,58	–	120.877,00
8	–	207.500,00	0,54	–	111.897,00
9	–	207.500,00	0,50	–	103.584,00
10	–	5.139.673,00	0,46	–	2.375.125,00
Summe	3.670.000,00	7.007.173,00		3.670.000,00	3.670.000,00
	IRR	0,0803			

Der Verschuldungsgrad ist dabei das Verhältnis von Fremdkapital zu Eigenkapital.

$$\text{Verschuldungsgrad } V = \frac{\text{Fremdkapital}}{\text{Eigenkapital}}$$

Bei einem angenommenen Fremdkapitalanteil von 80 % und einem Fremdkapitalzinssatz von 5 % ergibt sich folgende Eigenkapitalrendite:

$$R_{EK} = 8,03\ \% + (\frac{80\ \%}{20\ \%} \cdot [8,03\ \% - 5\ \%]) = \mathbf{20,15\ \%}$$

Diese hohe Eigenkapitalrentabilität ergibt sich daraus, dass der Fremdkapitalzinssatz kleiner ist als der Zinssatz der dynamischen Rendite (sog. Leverage-Effekt).

Szenario 2

Der Projektentwickler veräußert die Immobilie nach Fertigstellung inkl. seinem Trading Profit für 4.042.100,00 €. Der Käufer bzw. Investor muss zusätzlich zu dem Verkaufspreis noch 3,5 % Grunderwerbsteuer und 1,5 % Notar- und Amtsgerichtsgebühren aufbringen und kommt somit auf einen Kaufpreis von 4.244.205,00 €.

Nach 10 Jahren veräußert der Investor die Immobilie für 4.932.173,00 € (vgl. Szenario 1).

Dieser Verkaufspreis bildet wiederum zusammen mit dem jährlichen Reinertrag in Höhe von 207.500,00 € die Einnahmen des zehnten Jahres:

$$4.932.173,00 € + 207.500,00 € = 5.139.673,00 €$$

Die Berechnung erfolgt nach den gleichen Annahmen wie in Szenario 1, wobei sich also lediglich die Ausgaben um 574.205,00 € erhöhen (die erhöhten Ausgaben setzen sich aus dem Trading Profit des Projektentwicklers in Höhe von 372.100,00 € und den Kaufnebenkosten in Höhe von 202.105,00 € zusammen). Dementsprechend stellen sich die Werte beim DCF-Verfahren wie in Tabelle D 3.4 abgebildet dar.

Tabelle D 3.4: DCF-Berechnung aus Sicht des Investors bei 4.932.173,00 € Veräußerungserlös und bei Anschaffungskosten von 4.244.205,00 €

I	II	III	IV	V = IV · II	VI = IV · III
Projektjahr	Ausgaben (Cash Outflow) [€]	Einnahmen (Cash Inflow) [€]	Diskontierungs-faktor D	diskontierte Ausgaben [€]	diskontierte Einnahmen [€]
0	4.244.205,00	–	1,00	4.244.205,00	–
1	–	207.500,00	0,94	–	195.547,00
2	–	207.500,00	0,89	–	184.283,00
3	–	207.500,00	0,84	–	173.668,00
4	–	207.500,00	0,79	–	163.665,00
5	–	207.500,00	0,74	–	154.237,00
6	–	207.500,00	0,70	–	145.353,00
7	–	207.500,00	0,66	–	136.980,00
8	–	207.500,00	0,62	–	129.090,00
9	–	207.500,00	0,59	–	121.654,00
10	–	5.139.673,00	0,55	–	2.839.728,00
Summe	4.244.205,00	7.007.173,00		4.244.205,00	4.244.205,00
	IRR	0,0611			

Die dynamische Rendite für den Investor beträgt somit 6,11 %. Zur Ermittlung der Eigenkapitalrentabilität wird das gleiche Verfahren verwendet wie im Szenario 1, also unter Annahme von 80 % Fremdkapital und mit einem Fremdkapitalzinssatz von 5 %.

$$R_{EK} = 6{,}11\ \% + (\frac{80\ \%}{20\ \%} \cdot [6{,}11\ \% - 5\ \%]) = \mathbf{10{,}55\ \%}$$

Somit liegt die Eigenkapitalrentabilität aufgrund der niedrigen Fremdkapitalzinsen immer noch bei 10,55 %, aber deutlich unter der Eigenkapitalrentabilität des Projektentwicklers in Szenario 1.

Um die projektinhärenten Risiken zeitgerecht und adäquat zu berücksichtigen, kann die DCF-Methode um den Risikowert Value at Risk (VaR) erweitert werden. In der Literatur findet sich ein ausführliches Beispiel unter Berücksichtigung des VaR mit der sog. Varianz-Kovarianz-Methode (vgl. Blecken/Holthaus/Meinen, 2004).

4   Zusammenfassung

Die Ausführungen haben gezeigt, dass die Baukosten nach DIN 276-1:2006-11 – auch Investitionskosten genannt – nur ein Baustein in der Wirtschaftlichkeitsbetrachtung eines Bauobjektes sind. Gleichzeitig wird deutlich, dass es im Rahmen einer Wirtschaftlichkeitsbetrachtung auf die Sichtweise der jeweils Beteiligten ankommt. Entsprechend sind die erforderlichen Berechnungsverfahren einzusetzen, die allerdings nur grundsätzlich und auszugsweise dargestellt wurden.

Es wurden folgende Fälle beleuchtet:

● die einfache Kostenvorgabe,
● der Marktpreis und die zielgewinnorientierte Kostenvorgabe,
● der Trading Profit und
● die Gesamt- und Eigenkapitalrentabilität.

Im einfachsten Fall sind nur die Kosten nach DIN 276-1:2006-11 für die Bauentscheidung von Bedeutung, dann nämlich, wenn ein privater Bauherr auf der Basis seines Einkommens, seiner Eigenmittel und einer Finanzierungszusage seiner Bank für das Objekt einen begrenzten Finanzrahmen hat, aus dem er seine Zielkostenvorgabe entwickelt. In diesem Fall muss der Planer zeigen, dass er diese Zielkostenvorgabe einhalten wird.

Das gilt in der Regel auch für öffentliche Bauherren, die durch Beschluss eines öffentlichen Gremiums ebenfalls über ein begrenztes Kostenbudget verfügen können. Auch in diesem Fall kann eine Zielkostenvorgabe sinnvoll sein. Alternativ – wenn man das Sparsamkeitsprinzip des öffentlichen Auftraggebers beachtet – ist eine Kostenobergrenze zu formulieren.

Ähnlich wird man bei dem Industriebauherrn verfahren, der die Kosten des Bauobjektes aus seiner Produktvorgabe entwickelt. Gleichzeitig wird der Industriebauherr aber auch Baunutzungskosten als Zielgröße vorgeben.

Bei der Entwicklung der Kostenvorgabe aus dem Marktpreis (Verkaufspreis) der Immobilie berücksichtigt der Projektentwickler/Bauträger für das Objekt (Reihenhaus, Eigentumswohnung) immer auch seinen gewünschten Trading Profit.

In der Regel wird mit Preiskennziffern gearbeitet, wie z. B. Preis pro Wohnfläche, Preis pro Stellplatz etc., in denen der Gewinn und die Gemeinkosten des Bauträgers enthalten sind. Letztlich muss der Trader-Developer die Verkaufserlöse den Gesamtinvestitionen gegenüberstellen.

Soll eine Immobilie vom Bauherrn bzw. Investor über einen längeren Zeitraum vermietet werden (z. B. 20 Jahre und mehr bei einem Bürogebäude), so ist der Trading Profit aus dem Reinertrag zu ermitteln.

Die Eigenkapitalrentabilität einer Investition wird in der Regel als Vergleichs- und Entscheidungsgröße genutzt, um sie mit alternativen Kapitalanlageformen zu vergleichen und dann die wirtschaftlichere Alternative auszuwählen.

Diese Ermittlung ist dann einfach zu erarbeiten, wenn man sie für eine relativ kurze Periode – z. B. ein Jahr – durchführt. Komplizier(er) wird die Rechenmethode, hier am Beispiel der Discounted-Cashflow-Methode gezeigt, wenn man Erträge und Aufwendungen über längere Zeiträume betrachtet.

Je nach der Sichtweise des Projektentwicklers bzw. Investors lassen sich, wie beispielhaft dargestellt, verschiedene Szenarien untersuchen und schlüssige Renditen in Form des IRR erarbeiten.

Nicht diskutiert wurden Fragen, die sich mit dem wirtschaftlichen Risiko, wie z. B. Ertrags- und Kostenrisiken über n-Jahre, befassen.

Mit den vorgestellten Verfahren kann der Planer kompetenter Partner im wirtschaftlichen Dialog sein.

Literaturverzeichnis Teil D

Blecken, U.; Holthaus, U.; Meinen, H.: Vergabeentscheidung und Wirtschaftlichkeitsberechnung von PPP/PFI-Projekten in der Bauwirtschaft. Bautechnik: Zeitschrift für den gesamten Ingenieurbau. 81 (2004), Heft 8, S. 648 bis 657

Brauer, K.-U. (Hrsg.): Grundlagen der Immobilienwirtschaft. Recht – Steuern – Marketing – Finanzierung – Bestandsmanagement – Projektentwicklung. 4. Aufl. Wiesbaden: Gabler Verlag, 2003

Däumler, K.-D.: Grundlagen der Investitions- und Wirtschaftlichkeitsrechnung. 11. Aufl. Herne/Berlin: Verlag Neue Wirtschafts-Briefe, 2003

Falk, B. (Hrsg.): Fachlexikon Immobilienwirtschaft. 3. Aufl. Köln: Verlagsgesellschaft Rudolf Müller, 2004

Gabler Wirtschaftslexikon. 16. Aufl. Wiesbaden: Gabler Verlag, 2004

Gärtner, S.: Beurteilung und Bewertung alternativer Planungsentscheidungen im Immobilienbereich mit Hilfe eines Kennzahlensystems. Berlin: VWF Verlag, 1996

Hasselmann, W.; Weiß, F. K.: Normengerechtes Bauen. 19. Aufl. Köln: Verlagsgesellschaft Rudolf Müller, 2005

Higgins, R. C.: Analysis for financial management. 6. Aufl. Boston: Irwin/McGraw-Hill, 2001

Holthaus, U.: Ökonomisches Modell mit Risikobetrachtung für die Projektentwicklung – Eine Problemanalyse mit Lösungsansätzen. Dissertation Universität Dortmund, 2007

Jones Lang LaSalle: City Profile Düsseldorf. Update Q3 06, 2006

Olfert, K.: Investition. 9. Aufl. Ludwigshafen: Kiehl Verlag, 2003

Pfarr, K.: Grundlagen der Bauwirtschaft. Essen: Deutscher Consulting Verlag, 1984

Schulte, K.-W. (Hrsg.): Handbuch Immobilien-Investition. 2. Aufl. Köln: Verlagsgesellschaft Rudolf Müller, 2005

Schulte, K.-W. (Hrsg.): Handbuch Immobilien-Projektentwicklung. 2. Aufl. Köln: Verlagsgesellschaft Rudolf Müller, 2002

Schulte, K.-W. (Hrsg.): Immobilienökonomie, Band 1 Betriebswirtschaftliche Grundlagen. München: Oldenbourg Verlag, 1998

Schulte, K.-W. (Hrsg.): Immobilienökonomie, Band 1 Betriebswirtschaftliche Grundlagen. 2. Aufl. München: Oldenbourg Verlag, 2000

Teil E: Nutzungskosten

Autoren: Dipl.-Ing. Jens-Uwe Heß, Dipl.-Ing. Bianca Wiemer

0   Einleitung

Die ständig steigenden Anforderungen an Bauobjekte haben nicht nur zu einer gewachsenen Komplexität des Bauprozesses geführt, sondern meist auch zu höheren Bau- sowie Nutzungskosten. Bei einer Entscheidung, ob ein Bauprojekt realisiert werden soll oder nicht, spielen jedoch in den meisten Fällen lediglich die reinen Investitionskosten eine entscheidende Rolle. Diese Tatsache ist umso überraschender, wenn man sich vor Augen hält, welche Kostendimension die Investitionsentscheidung zu Projektbeginn langfristig hat.

Im nachfolgenden Teil E des vorliegenden Buches soll der Themenbereich **der Kosten während der Nutzungsphase eines Gebäudes** vorgestellt werden. Hierzu werden die wichtigen Begriffe im Zusammenhang erläutert und abgegrenzt, die Notwendigkeit der frühzeitigen Betrachtung von Nutzungskosten beschrieben sowie ein Berechnungsbeispiel zum ökonomischen Wahlproblem zwischen Investitions- und Nutzungskosten vorgestellt.

1   Abgrenzung der Begriffe

Nutzungskosten, Sanierungskosten, Instandhaltungskosten, Modernisierungskosten, Wartungskosten etc. sind Begriffe, die im Bereich der Nutzungskosten anzusiedeln sind und mit denen man sich in der Fachliteratur konfrontiert sieht. Die Begriffe werden häufig ohne Reflexion über ihre konkrete Bedeutung in Diskussionen eingebracht und führen in der Regel zu einer Sprachverwirrung, die eine eindeutige Auseinandersetzung mit dem Oberbegriff Nutzungskosten nicht mehr zulässt. Je nach Norm, Verordnung oder Richtlinie wird in jeder Branche versucht, eine jeweils angemessene Definition und Abgrenzung der oben genannten Begriffe zu finden. Es ist nur eine logische Konsequenz, dass es bei dieser Vorgehensweise neben begrifflichen Übereinstimmungen eben auch zu Abstimmungsproblemen und Widersprüchen kommt.

Um die Begrifflichkeiten möglichst genau abgrenzen zu können, sollen im Folgenden zunächst einmal die wichtigsten Normen, Richtlinien und Verordnungen vorgestellt werden, wobei insbesondere begriffliche Überschneidungen und Widersprüche zwischen den einzelnen Normen, Richtlinien und Verordnungen aufgezeigt werden sollen.

Die DIN 18960:1999-08 „Nutzungskosten im Hochbau" enthält ein Gliederungsschema, das die Nutzungskosten in 4 Nutzungskostengruppen unterteilt (Kapital-, Verwaltungs-, Betriebs- und Instandsetzungskosten). Die Norm bietet mit ihren Definitionen, Nutzungskostenermittlungsarten und der Nutzungskostengliederung eine gute Grundlage für die Planung der Nutzungskosten im Hochbau.

Die Definitionen einzelner Bestandteile der Betriebs- und Instandsetzungskosten sind in der DIN 31051:2003-06 „Grundlagen der Instandhaltung" zu finden. Obwohl die DIN 31051 aus dem Maschinen- und Anlagenbau stammt, wird sie auch bei der Immobilienbewirtschaftung angewendet. Die Norm unterteilt den Begriff der Instandhaltung in 4 Grundmaßnahmen, die nachfolgend noch näher erläutert werden (vgl. Kapitel 1.2).

Die Norm DIN EN 13306:2001-09 „Begriffe der Instandhaltung" ist das europäische Pendant zur DIN 31051, wobei sich die Begrifflichkeiten beider Normen nur zum Teil decken. In erster Linie ist diese Norm als eine Übersetzungshilfe beim grenzüberschreitenden Verkehr von Instandhaltungen anzusehen (vgl.: DIN EN 13306:2001-09, S. 7).

Die DIN 32736:2000-08 „Gebäudemanagement – Begriffe und Leistungen", definiert die Begriffe Modernisierung, Sanierung und Umbau, die in der DIN 31051 und DIN 18960 nicht enthalten sind. In der DIN 32736 werden alle Leistungen zum Betreiben und Bewirtschaften von Gebäuden und technischen Anlagen definiert und beschrieben. Dies schließt auch die infrastrukturellen (wie z. B. Reinigung und Sicherheitsdienste) und kaufmännischen Leistungen mit ein.

Für die Ermittlung von Betriebskosten gilt die Verordnung über die Aufstellung von Betriebskosten (Betriebskostenverordnung – BetrKV) vom 25. November 2003.

Neben Definitionen von Begriffen aus dem Bereich Nutzungskosten bzw. Lebenszykluskosten bietet die German Facility Management Association (Deutscher Verband für Facility Management, GEFMA e. V.) mit der Richtlinie GEFMA 200:1996-12 (Entwurf) „Kostenrechnung im Facility Management – Nutzungskosten von Gebäuden und Diensten" eine Kostengliederungsstruktur für Kosten im Facility Management an (vgl. auch GEFMA 100-1:2004-07 [Entwurf] „Facility Management Grundlagen").

Neben diesen Normen und Verordnungen existieren eine Reihe weiterer Quellen, die sich mit den Themenbereichen Nutzungskosten, Betriebskosten und Instandhaltungskosten auseinandersetzen. Zu nennen sind hier insbesondere das Bürgerliche Gesetzbuch (BGB), die Honorarordnung für Architekten und Ingenieure (HOAI), Richtlinien des Verbands Deutscher Ingenieure (VDI e. V.) sowie Richtlinien des Verbands Deutscher Maschinen- und Anlagenbau (VDMA e. V.).

1.1   Nutzungskosten nach DIN 18960

Neben der DIN 276-1:2006-11 „Kosten im Bauwesen – Teil 1: Hochbau", welche die **Investitionskosten** beinhaltet, die **einmalig** für die Erstellung eines Objektes aufgebracht werden müssen, spielt die DIN 18960:1999-08 „Nutzungskosten im Hochbau" bei der ganzheitlichen Betrachtung der Kosten eines Bauobjektes eine wichtige Rolle.

1.1.1   Entstehung

Die Entwicklung der DIN 18960 ist im Zusammenhang mit der der DIN 276 zu betrachten: Zu Beginn der 70er-Jahre des vergangenen Jahrhunderts wurde deutlich, dass auch die Nutzungskosten eine wesentliche Größe für die vollständige Abbildung sämtlicher Kosten einer Immobilie darstellen. Das stetige Ansteigen der Betriebskosten von Gebäuden – u. a. als Folge der sog. „Energiekrise" – ist als eine Ursache für diese Entwicklung zu betrachten.

Im Jahr 1976 wurde die Norm DIN 18960:1976-04 „Baunutzungskosten von Hochbauten – Begriff, Kostengliederung" eingeführt. Es wurde versucht, diese Norm in Aufbau und Struktur der DIN 276 anzupassen. Zielsetzung der Norm war es, die Aufstellung einer vergleichbaren Kostengliederungsstruktur sowie eine Möglichkeit zur Kostenüberwachung und zur Auswertung der Baunutzungskosten während der gesamten Lebensdauer einer Immobilie zu schaffen. In dieser ersten Fassung standen die Begriffsdefinitionen sowie die sachgerechte Ermittlung und Aufstellung der Baunutzungskosten nach einheitlichen Gesichtspunkten und einer einheitlichen Kostengliederungsstruktur im Vordergrund.

Die zurzeit gültige Fassung der Norm trat im August 1999 in Kraft, mit ihr wurde vor allem der Fortschreibung der DIN 276 Rechnung getragen. Eine wichtige Änderung war die Streichung der Abschreibungskosten, es wurde die Ansicht vertreten, dass die Norm nicht als Grundlage für die Durchführung von Wirtschaftlichkeitsberechnungen dienen solle. Der alte Titel „Baunutzungskosten von Hochbauten – Begriff, Kostengliederung" wurde in „Nutzungskosten im Hochbau" geändert.

Zurzeit wird an der Novellierung der DIN 18960 gearbeitet, um möglichst zeitnah auf die beschriebenen Änderungen der DIN 276 und die Entwicklungen bei den Lebenszyklusbetrachtungen zu reagieren. Es gibt hier bereits einen entsprechenden (Norm-) Entwurf: DIN 18960:2007-03 „Nutzungskosten im Hochbau".

1.1.2   Begriffe und Gliederung

Der Begriff „Nutzungskosten im Hochbau" beinhaltet alle Kosten, die in baulichen Anlagen sowie deren Grundstücken von Beginn ihrer Nutzbarkeit bis zu ihrer Beseitigung entstehen. Diese Kosten können sowohl **regelmäßig** als auch **unregelmäßig** wiederkehren.

Parallel zu dem jeweiligen Planungsstand eines Objektes muss eine regelmäßig aktualisierte Kontrolle der geplanten Kosten erfolgen. Dies betrifft nicht nur die bereits vorgestellten Kosten im Bauwesen gemäß DIN 276-1:2006-11 (vgl. Teile A bis D), sondern auch die Nutzungskosten im Hochbau gemäß DIN 18960. Die Baukosten und die später im Lebenszyklus anfallenden Nutzungskosten hängen dabei voneinander ab.

Die in der DIN 18960 beschriebene Nutzungskostenermittlung gliedert sich in 4 verschiedene Arten:

- Nutzungskostenschätzung,
- Nutzungskostenberechnung,
- Nutzungskostenanschlag und
- Nutzungskostenfeststellung.

Diese Arten der Nutzungskostenermittlung unterscheiden sich in Abhängigkeit vom Zweck, von den erforderlichen Grundlagen sowie dem jeweiligen Detaillierungsgrad. Die **Kostenfeststellung** erfolgt während der Nutzung erstmalig nach Beendigung einer vollständigen Rechnungsperiode. Es wird empfohlen, die Kostenfeststellung **kontinuierlich fortzuschreiben,** um einen Überblick über die jeweils aktuellen Kosten während der Nutzung zu erhalten.

Wie die DIN 276-1:2006-11 gibt auch die DIN 18960:1999-08 eine Kostengruppengliederung vor, die im Folgenden vorgestellt wird. Es gibt 4 Kostengruppen, die bis in die dritte Gliederungsebene unterteilt werden können:

Tabelle E 1.1: Kostengruppen nach DIN 18960:1999-08

100 Kapitalkosten	
110 Fremdkapitalkosten	111 Zinsen für Fremdmittel und vergleichbare Kosten 112 Kosten aus Bürgschaften für Fremdmittel 113 Leistungen aus Rentenschulden 114 Erbbauzinsen 115 Leistungen aus Dienstbarkeiten und Baulasten auf fremden Grundstücken 119 Fremdkapitalkosten, Sonstiges
120 Eigenkapitalkosten	121 Zinsen für Eigenmittel 122 Zinsen für den Wert von Eigenleistungen 129 Eigenkapitalkosten, Sonstiges
200 Verwaltungskosten	
210 Personalkosten	
220 Sachkosten	
290 Verwaltungskosten, Sonstiges	
300 Betriebskosten	
310 Ver- und Entsorgung	311 Abwasser-, Wasser-, Gasanlagen 312 Wärmeversorgungsanlagen 313 Lufttechnische Anlagen 314 Starkstromanlagen 315 Fernmelde- und informationstechnische Anlagen 316 Förderanlagen 317 Nutzungsspezifische Anlagen 318 Abfallbeseitigung 319 Ver- und Entsorgung, Sonstiges

Fortsetzung Tabelle E 1.1:   Kostengruppen nach DIN 18960:1999-08

320	Reinigung und Pflege	321	Fassaden, Dächer
		322	Fußböden
		323	Wände, Decken
		324	Türen, Fenster
		325	Abwasser-, Wasser-, Gas-, Wärmeversorgungs- und lufttechnische Anlagen
		326	Starkstrom-, Fernmelde- und informationstechnische Anlagen, Gebäudeautomation
		327	Ausstattung, Einbauten
		328	Geländeflächen, befestigte Flächen
		329	Reinigung und Pflege, Sonstiges
330	Bedienung der technischen Anlagen	331	Abwasser-, Wasser-, Gasanlagen
		332	Wärmeversorgungsanlagen
		333	Lufttechnische Anlagen
		334	Starkstromanlagen
		335	Fernmelde- und informationstechnische Anlagen
		336	Förderanlagen
		337	Nutzungsspezifische Anlagen
		338	Gebäudeautomation
		339	Bedienung der technischen Anlagen, Sonstiges
340	Inspektion und Wartung der Baukonstruktionen	341	Gründung
		342	Außenwände
		343	Innenwände
		344	Decken
		345	Dächer
		346	Baukonstruktive Einbauten
		347	Inspektion und Wartung der Baukonstruktionen, Sonstiges
350	Inspektion und Wartung der technischen Anlagen	351	Abwasser-, Wasser-, Gasanlagen
		352	Wärmeversorgungsanlagen
		353	Lufttechnische Anlagen
		354	Starkstromanlagen
		355	Fernmelde- und informationstechnische Anlagen
		356	Förderanlagen
		357	Nutzungsspezifische Anlagen
		358	Gebäudeautomation
		359	Inspektion und Wartung der technischen Anlagen, Sonstiges
360	Kontroll- und Sicherheitsdienste	361	Bauwerk
		362	Bauwerk – technische Anlagen
		363	Außenanlagen
		364	Ausstattung und Kunstwerke
		365	Zugangskontrolle
		369	Kontroll- und Sicherheitsdienste, Sonstiges
370	Abgaben und Beiträge	371	Steuern
		372	Versicherungsbeiträge
		379	Abgaben und Beiträge, Sonstiges
390	Betriebskosten, Sonstiges		
400	**Instandsetzungskosten**		
410	Instandsetzung der Baukonstruktionen	411	Gründung
		412	Außenwände
		413	Innenwände
		414	Decken
		415	Dächer
		416	Baukonstruktive Einbauten
		419	Instandsetzungskosten der Baukonstruktionen, Sonstiges

Fortsetzung Tabelle E 1.1:   Kostengruppen nach DIN 18960:1999-08

420 Instandsetzung der techni-schen Anlagen	421 Abwasser-, Wasser-, Gasanlagen
	422 Wärmeversorgungsanlagen
	423 Lufttechnische Anlagen
	424 Starkstromanlagen
	425 Fernmelde- und informationstechnische Anlagen
	426 Förderanlagen
	427 Nutzungsspezifische Anlagen
	428 Gebäudeautomation
	429 Instandsetzung der technischen Anlagen, Sonstiges
430 Instandsetzung der Außen-anlagen	431 Geländeflächen
	432 Befestigte Flächen
	433 Baukonstruktionen in Außenanlagen
	434 Technische Anlagen in Außenanlagen
	435 Einbauten in Außenanlagen
	439 Instandsetzung der Außenanlagen, Sonstiges
440 Instandsetzung der Ausstattung	441 Ausstattung
	442 Kunstwerke
	449 Instandsetzung der Ausstattung, Sonstiges

In den Bereich der Kapitalkosten (Kostengruppe 100) fallen Kosten, die mit dem Einsatz von Fremd- und Eigenkapital zusammenhängen, also z. B. Zinsen.

Zu den Verwaltungskosten (Kostengruppe 200) gehören alle Personal- und Sachkosten, die im direkten Zusammenhang mit der Verwaltung eines Gebäudes stehen. Hierbei kann es sich sowohl um Fremd- als auch um Eigenleistungen handeln. Kosten, die im Zusammenhang mit Diensten am und im Gebäude stehen, wie z. B. die Personalkosten für einen Hausbetreuer oder Hausmeister, werden nicht der Kostengruppe der Verwaltungskosten zugeordnet, wohl aber die Kosten eines Gebäudemanagers, der übergeordnete Aufgaben im Zusammenhang mit dem Gebäude erfüllt.

Eine wichtige Rolle bei der Ermittlung von Nutzungskosten spielen aufgrund ihrer Höhe die Betriebskosten (Kostengruppe 300). Als Betriebskosten werden die laufenden Kosten bezeichnet, die durch den Gebrauch eines Gebäudes und seiner Anlagen, Einrichtungen und Nebengebäude sowie des Grundstücks entstehen. Die Betriebskosten können dabei aus Fremd- oder Eigenleistungen bestehen sowie Personal- und Sachkosten beinhalten. Der Aufbau dieser Nutzungskostengruppe ist in Abb. E 1.1 dargestellt.

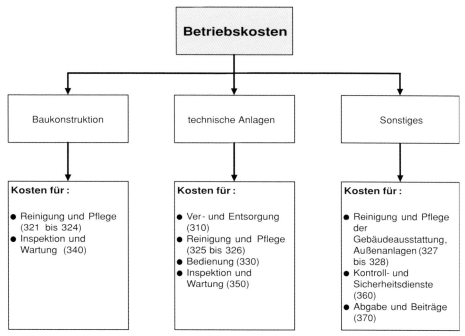

Abb. E 1.1: DIN 18960 – Gliederung der Nutzungskostengruppe Betriebskosten (KG 300)

Die Parallelen im Aufbau zur alten DIN 276 (Ausgabe 1993) sind erkennbar, im Vergleich zu dieser wird hier jedoch auf eine gesonderte Kostengruppe für Außenanlagen verzichtet.

Zu der Nutzungskostengruppe 400 (Instandsetzungskosten) gehören die Kosten, die für Maßnahmen zur Wiederherstellung des Sollzustandes aufgewendet werden, sog. Bauunterhaltungskosten. Diese Maßnahmen beinhalten sowohl die Wiederherstellung von Bauteilen und Anlagenteilen nach deren geplanter Abnutzung als auch nach unvorhersehbar eingetretenen Schäden. Besonders die ungeplanten bzw. kaum planbaren Kosten lassen sich oftmals schwer abschätzen.

Einzelne in den Kostengruppen 300 und 400 auftretenden Begriffe (Wartung, Inspektion, Instandsetzung) aus dem Bereich des Oberbegriffs Instandhaltung sollen im Folgenden erläutert werden.

1.2   Instandhaltung nach DIN 31051

Die DIN 31051:2003-06 „Grundlagen der Instandhaltung" liefert eine klare Begriffsbestimmung für die Grundmaßnahmen der Instandhaltung. Nach dieser Definition umfasst die Instandhaltung die Kombination aller technischen und administrativen Maßnahmen sowie Maßnahmen des Managements während des Lebenszyklus einer Betrachtungseinheit zur Erhaltung des funktionsfähigen Zustandes oder zur Rückführung in diesen, damit sie die geforderten Funktionen erfüllen kann.

Eine Betrachtungseinheit ist hierbei gemäß Abschnitt 4.2.1 der DIN 31051:2003-06 *„jedes Teil, Bauelement, Gerät, Teilsystem, jede Funktionseinheit, jedes Betriebmittel oder System, das für sich allein betrachtet werden kann".*

Gemäß DIN 31051:2003-06 unterteilt sich die Instandhaltung in die folgenden Grundmaßnahmen:

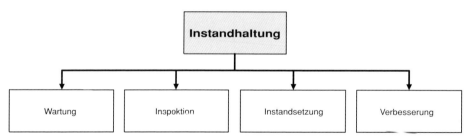

Abb. E 1.2: Gliederung der DIN 31051:2003-06

1.2.1   Wartung

Unter den Begriff der Wartung fallen alle Maßnahmen, die zu einer Verzögerung des
Abbaus des vorhandenen Abnutzungsvorrates führen. Die Wartung dient nur zur Vor-
beugung von Schäden und schützt nicht vor störungsbedingten Ausfällen einer
Betrachtungseinheit. Um die Lebensdauer einer Betrachtungseinheit zu verlängern,
sollte die Wartung in regelmäßigen Zeitabständen stattfinden.

1.2.2   Inspektion

Der Begriff der Inspektion umfasst nach Abschnitt 4.1.3 der DIN 31051:2003-06 *„Maßnahmen zur Feststellung und Beurteilung des Istzustandes einer Betrachtungseinheit einschließlich der Bestimmung der Ursachen der Abnutzung und dem Ableiten der notwendigen Konsequenzen für eine künftige Nutzung“.*

Im Rahmen einer Inspektion werden Informationen über den aktuellen Zustand einer
Betrachtungseinheit erhoben, umso eine mögliche Verschlechterung des Zustandes
erkennen zu können. Die Inspektion führt somit **nicht** zu einer technischen Verbesserung der Betrachtungseinheit.

Das grundlegende Ziel einer Inspektion ist der Gewinn einer Aussage über den Zustand
eines Elementes, die als Entscheidungsgrundlage verwendet werden kann.

1.2.3   Instandsetzung

Unter dem Begriff der Instandsetzung werden alle Maßnahmen verstanden, die zu der
Rückführung einer Betrachtungseinheit in den funktionsfähigen Zustand führen. Die
Instandsetzung kann zum einen durch die Ergebnisse einer Inspektion bzw. Wartung
einer Betrachtungseinheit angestoßen werden, in diesen Fällen wird von der **geplanten
Instandsetzung** gesprochen. Zum anderen kann sich die Instandsetzung infolge des
Ausfalls einer Betrachtungseinheit ereignen, in diesen Fällen wird von der **laufenden
Instandsetzung** gesprochen.

Bei der geplanten Instandsetzung sind **Ort, Zeitpunkt, Umfang und Kosten** in der
Regel bereits im Vorfeld bekannt, bei der laufenden Instandsetzung zumeist nicht.

1.2.4   Verbesserung

Unter dem mit der aktuellen Version der DIN 31051 (Ausgabe 2003) neu aufgenommenen Begriff der Verbesserung werden die Kombination aller technischen und administrativen Maßnahmen sowie Maßnahmen des Managements verstanden, die zu einer Steigerung der Funktionssicherheit einer Betrachtungseinheit führen, wobei die geforderte Funktion der Betrachtungseinheit nicht verändert wird.

In der DIN 18960 wird der Begriff der Verbesserung zwar nicht explizit benannt, er gehört aber dennoch zu den zu diskutierenden Begriffen im Rahmen der Nutzungskostendiskussion, da Instandsetzungen beispielsweise häufig eine Verbesserung der Betrachtungseinheit nach sich ziehen, die definitorisch eventuell noch keine Modernisierung o. Ä. darstellen (vgl. Kapitel 1.4).

1.3   Instandhaltung nach DIN EN 13306

Die DIN EN 13306:2001-09 „Begriffe der Instandhaltung" definiert die Grundbegriffe für alle Instandhaltungsarten und für das Instandhaltungsmanagement. Während die DIN 31051:2003-06 auf die deutsche „Instandhaltungsphilosophie" zugeschnitten ist, dient die dreisprachige DIN EN 13306:2001-09 in erster Linie als eine Übersetzungshilfe beim grenzüberschreitenden Informationsaustausch auf dem Gebiet der Instandhaltung.

Aus diesem Grund findet sich in dieser Norm auch keine Strukturierung der Instandhaltung in dem Sinne, dass sie vollständig in Grundmaßnahmen untergliedert wird. Zudem sind zahlreiche für Deutschland wichtige Begriffe nicht berücksichtigt, da es u. a. keine äquivalenten englischen bzw. französischen Begriffe gibt.

1.4   Gebäudemanagement nach DIN 32736

In der DIN 32736:2000-08 „Gebäudemanagement – Begriffe und Leistungen" werden die Begriffe des Gebäudemanagements definiert. Die einzelnen Leistungsbereiche des technischen, infrastrukturellen und kaufmännischen Gebäudemanagements werden jeweils den zu erbringenden Leistungen zugeordnet. Das Gebäudemanagement umfasst dabei alle Leistungen, die zum Betreiben und Bewirtschaften von Gebäuden notwendig sind.

Der gesamte Komplex der **Instandhaltung** fällt hier unter den **Leistungsbereich Betreiben,** der dem technischen Gebäudemanagement zugeordnet ist. Begriffe und Inhalte der Instandhaltung sind gemäß der DIN 31051:2003-06 definiert. Lediglich die Hausmeisterdienste, die dem infrastrukturellen Gebäudemanagement zugeordnet sind, enthalten Sicherheitsinspektionen und kleinere Instandsetzungen, wie dies auch in ähnlicher Art und Weise in den Richtlinien der GEFMA vorgesehen ist.

Zudem werden in der DIN 32736:2000-08 auch die Begriffe **Modernisieren, Sanieren und Umbauen** aufgenommen. Diese Begriffe sollen im Folgenden gemäß der Norm erläutert werden. Allen 3 Begriffen ist gemein, dass sie zu den Leistungen des technischen Gebäudemanagements gehören.

1.4.1   Modernisieren

Unter dem Begriff Modernisieren werden Leistungen verstanden, die zu einer Verbesserung des Istzustandes von baulichen und technischen Anlagen führen. Ziel ist es, diese Anlagen dem Stand der Technik anzupassen und die Wirtschaftlichkeit zu erhöhen. Der Begriff des Modernisierens muss von dem der Instandsetzung klar abgegrenzt werden. Während die Instandsetzung „nur" die Gewährleistung bzw. Wiederherstellung des definierten Sollzustandes umfasst, führt das Modernisieren zu einer nachhaltigen Veränderung des Sollzustandes. Durch eine Modernisierung wird der Gebrauchswert eines Gebäudes nachhaltig erhöht und die allgemeinen Verhältnisse werden auf Dauer verbessert, zusätzlich können oftmals langfristige Einsparungen bewirkt werden.

1.4.2   Sanieren

Das Sanieren grenzt sich vom Modernisieren insofern ab, als dass unter diesem Begriff die Leistungen zur Wiederherstellung des Sollzustandes von baulichen und technischen Anlagen verstanden werden, die den technischen, aber auch den wirtschaftlichen und ökologischen sowie den gesetzlichen Anforderungen nicht mehr entsprechen.

1.4.3   Umbauen

Unter den Begriff des Umbauens fallen dagegen alle Leistungen, die im Rahmen von Funktions- und Nutzungsänderungen von baulichen und technischen Anlagen erforderlich sind.

1.5   Betriebskosten nach der Betriebskostenverordnung

Seit Januar 2004 ist die Verordnung über die Aufstellung von Betriebskosten (BetrKV) vom 25. November 2003 gültig. Es wurden im Wesentlichen die Regelungen aus der II. Berechnungsverordnung übernommen.

In § 1 Abs. 1 BetrKV werden die Betriebskosten allgemein definiert:

„Betriebskosten sind die Kosten, die dem Eigentümer oder Erbbauberechtigten durch das Eigentum oder Erbbaurecht am Grundstück oder durch den bestimmungsmäßigen Gebrauch des Gebäudes, der Nebengebäude, Anlagen, Einrichtungen und des Grundstücks laufend entstehen. (...)"

Es wird unterschieden zwischen verschiedenen Betriebskostenarten, die in einem Mietverhältnis auf den Mieter umgelegt werden können. Der Vermieter kann diese Betriebskosten aber nur dann auf die Mieter umlegen, wenn dies im Mietvertrag ausdrücklich geregelt wurde. Weitere wichtige Bestimmungsmerkmale (vgl. Eisenschmid/Rips/Wall, 2004, S. 180) des Betriebskostenbegriffs sind u.a.:

- Die Kosten müssen tatsächlich laufend entstanden sein, d.h. regelmäßig wiederkehren.
- Die entstandenen Kosten müssen durch den bestimmungsgemäßen Gebrauch des Objektes verursacht worden sein.

1.6   Lebenszyklus- und Nutzungskosten nach GEFMA-Richtlinie 200

Neben der vorgestellten Kostengliederungsstruktur gemäß DIN 18960 bietet auch die Richtlinie 200 der GEFMA „Kostenrechnung im Facility Management – Nutzungskosten von Gebäuden und Diensten" (Entwurf 1996) eine Struktur über den gesamten Lebenszyklus eines Gebäudes an.

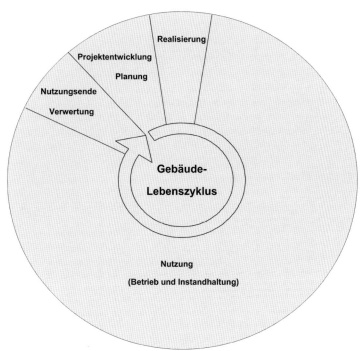

Abb. E 1.3: Schema eines idealtypischen Gebäudelebenszyklus

Für die Betriebs- und Nutzungsphase wird hierbei die DIN 18960:1999-08 mit einbezogen.

Die Richtlinie GEFMA 200 (Entwurf 1996-12) beinhaltet Definitionen aus dem Bereich des Lebenszyklus unter Kostengesichtspunkten. Als Nutzungskosten werden hier laufende Kosten bezeichnet, die für die Nutzung baulicher und technischer Anlagen innerhalb der Betriebsphase entstehen. Hierzu wird jeweils eine Betrachtungsperiode definiert.

Lebenszykluskosten unterscheiden sich gemäß GEFMA von Nutzungskosten dadurch, dass sie unabhängig vom Zeitpunkt ihrer Entstehung während des Lebenszyklus betrachtet werden. Die GEFMA-Nomenklatur im Bereich der Betriebs- und Instandsetzungskosten unterscheidet sich zum Teil von der der DIN 18960:1999-08, u.a. werden die Begriffe der kleinen und großen Instandsetzung eingeführt. Je nach Anwendungsbereich kann die GEFMA-Gliederung die Kostengruppengliederung der DIN 18960: 1999-08 sinnvoll ergänzen oder ersetzen.

1.7   Zusammenfassung, Fazit, Ausblick

Die in den vorangegangenen Kapiteln vorgestellten Begriffsdefinitionen machen deutlich, dass zwischen den einzelnen Normen, Richtlinien und Verordnungen teilweise begriffliche und inhaltliche Überschneidungen bestehen. Eine eindeutige Begriffsbestimmung wäre zwar hilfreich, scheint aber aufgrund der Komplexität der Thematik in naher Zukunft nicht möglich zu sein. Somit ist es notwendig, sich bei der Beschäftigung mit dem Thema Nutzungskosten sehr genau mit den einzelnen Begriffsdefinitionen auseinanderzusetzen. Die Zusammenhänge zwischen den einzelnen Begriffsdefinitionen werden zusammenfassend in der folgenden Abbildung dargestellt.

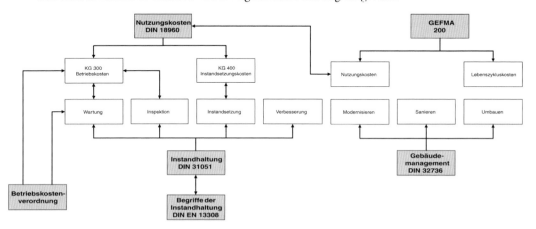

Abb. E 1.4: Begriffliche Überschneidungen zwischen Normen und Verordnungen

2   Kosten im Lebenszyklus: Nutzungskosten gemäß DIN 18960 im Vergleich mit Kosten gemäß DIN 276

Die Wirtschaftlichkeit eines Bauprojektes wird nicht allein durch die niedrigsten Investitionskosten bzw. den minimalen Vergabepreis bestimmt. Kurze Bauzeiten, Kosten- und Terminsicherheit, Qualitäts- und Umweltaspekte sowie Risikominimierung haben in der Angebots-, Vergabe- und Vertragsgestaltung an Bedeutung gewonnen. Die Nutzungskosten, die unweigerlich mit der Nutzung eines Bauwerkes entstehen, führen hingegen immer noch ein „Schattendasein". Qualitativ hochwertige Projekte scheiterten wirtschaftlich, weil die Nutzungskosten zu wenig bzw. gar nicht beachtet wurden.

Allein der Umstand, dass die Betriebskosten klimatisierter Bürogebäude möglicherweise schon nach wenigen Jahren die Investitionskosten übersteigen, zeigt beispielhaft, dass die Investitionskosten, der Bau- und Planungsteil, die Qualität des Bauwerkes und die Nutzungskosten eigentlich gleichrangig bewertet werden müssten.

2.1   Kosten nach DIN 276 und DIN 18960 im Lebenszyklus

Bei einer Investitionsentscheidung dürfen also nicht nur die Gesamtkosten gemäß DIN 276-1:2006-11 im Vordergrund stehen, vielmehr muss das Gebäude als Ganzes betrachtet und die Kosten eines Bauwerks müssen über den gesamten Lebenszyklus berücksichtigt werden. In der Literatur wird häufig zwischen den sog. Erst- und Folgekosten unterschieden. Während die **Erstkosten** Kosten gemäß der DIN 276-1:2006-11 beinhalten, kann es sich bei den **Folgekosten** entweder um Nutzungskosten gemäß der DIN 18960:1999-08 handeln oder um Kosten für Umbau, Abbruch oder Sanierung etc., die wiederum den Kosten gemäß DIN 276:2006-11 zugeordnet werden.

Die beschriebenen Kosten- und Begriffszusammenhänge im Lebenszyklus eines Gebäudes verdeutlicht die nachfolgende Abbildung:

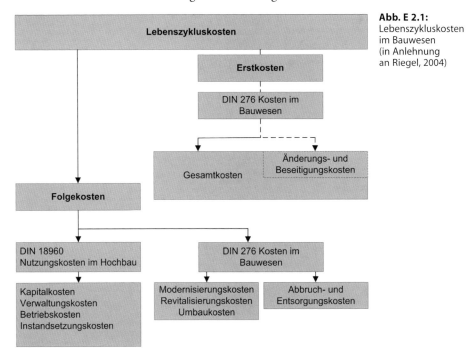

Abb. E 2.1: Lebenszykluskosten im Bauwesen (in Anlehnung an Riegel, 2004)

Wirtschaftliche Entscheidungsfragen sind – bedingt durch die langen Zeiträume und Investitionen in den ersten Jahren sowie durch die Nutzungskosten und Erträge über viele Jahre – nur schwer zu beherrschen. Die Kostenberechnungsverfahren – statisch oder dynamisch – variieren je nach Einsatzpunkt und Fragestellung.

2.2   Barwertmethode bei Investitionskosten

Das Grundprinzip dynamischer Berechnungsverfahren ist es, die Aufwendungen/Ausgaben und/oder die Einnahmen/Erträge, die zu verschiedenen Zeitpunkten anfallen, durch Umrechnung auf einen einheitlichen Bezugszeitpunkt vergleichbar zu machen. Die Wirkung von Zins- und Zinseszinseffekten wird somit berucksichtigt und spiegelt sich im sog. **Barwert** wider.

Der Barwert bezieht ein oder mehrere in Zukunft fällige Aufwendungen/Ausgaben sowie Einnahmen/Erträge unter Berücksichtigung aller zukünftigen Zinsen und Zinseszinsen auf den aktuellen Betrachtungszeitpunkt, wobei die Erträge und Aufwendungen nach einer gewählten Zinsstruktur berechnet werden. Mithilfe des Barwertes werden unterschiedliche künftige Zahlungsströme auf eine einzige Größe verdichtet. Dadurch lässt sich die Vorteilhaftigkeit von alternativen Investitionsentscheidungen analysieren und bewerten. Bei einer Investitionsentscheidung dürfen somit nicht nur die Kosten nach DIN 276-1:2006-11 im Vordergrund der Entscheidung stehen, vielmehr muss das Gebäude auch bezüglich der Nutzungskosten, Erträge etc. über die gesamte Lebensdauer betrachtet werden.

2.3   Notwendigkeit der Betrachtung von Nutzungskosten

Bei einer Entscheidung, ob ein Bauprojekt realisiert werden soll, spielen in den meisten Fällen lediglich die Investitionskosten eine ausschlaggebende Rolle. Wenn man sich vor Augen hält, welche Kostendimension die Investitionsentscheidung zu Projektbeginn langfristig hat, ist diese Tatsache sehr erstaunlich. Umso erstaunlicher ist es deshalb auch, dass die Berechnung der Nutzungskosten nicht explizit in der HOAI aufgeführt ist. Allenfalls die Forderung nach einer wirtschaftlichen Planung gemäß HOAI impliziert die Berücksichtigung der Nutzungskosten bereits bei der Planung.

Die gesamten jährlichen Nutzungskosten betragen abhängig vom Immobilientyp nach verschiedenen Quellen ca. 10 bis 30 % der Investitionskosten. Das bedeutet, dass die Summe der jährlichen Nutzungskosten die Höhe der Investitionskosten bereits nach wenigen Jahren überschreitet. Vergleicht man das Verhältnis der Nutzungskosten zu den Investitionskosten, kann man – je nach Art der Gebäudenutzung und des Gebäudetyps – davon ausgehen, dass nach 3 bis 12 Jahren eine Überschreitung der Investitionskosten durch die Nutzungskosten erfolgt. Diese Überschreitung erfolgt beispielsweise bei Krankenhäusern nach 4 Jahren, bei Schulen und Kindergärten nach 3 bis 4 Jahren, bei Sporthallen nach 5 bis 6 Jahren, bei Büro- und Verwaltungsgebäuden nach 11 bis 12 Jahren (vgl. zu den Beispielen IFB, 2006, S. 54).

Einen großen Anteil an den Nutzungskosten gemäß DIN 18960:1999-08 machen die Verbrauchskosten aus, die in der Kostengruppe 300 erfasst werden. In Tabelle E 2.1 sind mittlere Betriebskosten für Energieverbräuche bei Mehrfamilienwohngebäuden dargestellt, die eventuell als Kenngrößen für die Planung dieses Gebäudetyps geeignet sind, wenn keine entsprechenden Daten vorliegen.

Tabelle E 2.1: Kennwerte für die Heizkosten im Bundesdurchschnitt der Heizperiode 2003/2004 (Quelle: Techem, 2005, S. 8)

Energieart	Energiekosten [€/m²] 1	Nebenkosten [€/m²] 2	Heizkosten [€/m²] 3 = 1 + 2	Anzahl Wohnungen
Heizöl	5,49	1,38	6,87	305.935
Erdgas	6,86	1,30	8,16	485.532
Fernwärme	7,62	2,11	9,73	536.308

Zur Optimierung der Nutzungskosten muss zuerst erkannt werden, durch welche Aspekte diese Kosten langfristig überhaupt beeinflusst werden können. Die in Tabelle E 2.2 aufgelisteten Kosten sollten ebenfalls mit in die Investitionsüberlegung einbezogen werden. Prinzipiell besteht an dieser Stelle die Schwierigkeit, überhaupt zu erkennen, welche Kosten kalkulationsrelevant sind.

Tabelle E 2.2: Kosten gemäß DIN 18960:1999-08, die während der Nutzung eines Gebäudes anfallen können

• Fremdkapitalkosten	• Reinigungskosten
• Eigenkapitalkosten	• Bedienungskosten technischer Anlagen
• Personalkosten	• Inspektions- und Wartungskosten
• Sachkosten	• Kosten Sicherheitsdienst
• Verwaltungskosten	• Kosten für Abgaben und Beiträge
• Ver- und Entsorgungskosten	• Instandsetzungskosten

Nur durch eine genaue Analyse können diese Kosten frühzeitig erkannt werden, wobei das Beeinflussbarkeitspotenzial der Kosten im Lebenszyklus eines Gebäudes ebenfalls betrachtet werden muss. Die folgende Grafik (Abb. E 2.2) stellt den zeitlichen Ablauf des Beeinflussbarkeitspotenzials der Kosten im Lebenszyklus dar:

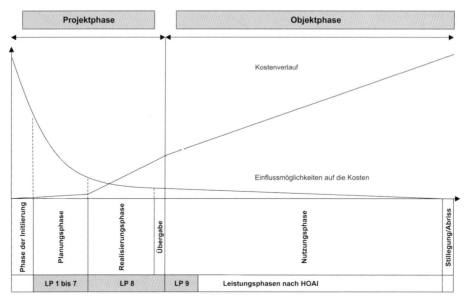

Abb. E 2.2:   Beeinflussbarkeitspotenzial der Kosten im Lebenszyklus eines Gebäudes[1]

Die qualitative Grafik zeigt, dass in der Projektphase (Leistungsphasen 1 bis 8) des Lebenszyklus eines Gebäudes die Einflussmöglichkeiten auf die Gesamtkosten am größten sind. Gerade in diesen ersten Phasen des Lebenszyklus werden Entscheidungen getroffen, welche die Kosten gemäß DIN 276-1:2006-11 als auch die Nutzungskosten maßgebend beeinflussen. Negative Entscheidungen, die der Bauherr in diesen Phasen also trifft, *„führen mitunter zu einer Erstarrung der immobilienbezogenen Kostenstrukturen, mit der Folge, dass die Möglichkeiten zur Beeinflussung der Immobilienkosten in späteren Lebensphasen einer Immobilie immer geringer werden"* (Schäfers, 1997, S. 67 f.).

Werden in den Phasen der Initiierung und der Planung neben den Investitionskosten nach DIN 276-1:2006-11 auch die Nutzungskosten nach DIN 18960:1999-08 betrachtet, so ist es dem Bauherrn möglich, die Gesamtkosten im Lebenszyklus der Immobilie in die wirtschaftliche Analyse mit einzubeziehen und eine kostenoptimale Gesamtentscheidung zu treffen. Mit dem Abschluss der Planungsphase ist nämlich das Beeinflussungspotenzial der Kosten schon zu ca. 80 bis 85 % ausgeschöpft (vgl. Leifert, 1990, S. 120). Nach dieser Phase ist es nur noch mit erheblichen Kosten möglich, die Nutzungskosten nachhaltig zu beeinflussen.

Zielkostenvorgaben für Nutzungskosten können aus verschiedenen Blickrichtungen vorgegeben werden.

---

1   Bei Abb. E 2.2 wurde bewusst darauf verzichtet, die y-Achse quantitativ zu beschriften. Dem Erachten der Autoren nach ist der tatsächliche Verlauf der Kurve nur schwer einzuschätzen und unterliegt zudem den unterschiedlichen Zielsetzungen der Bauherren.

Beispiele

- Eine Wohnungsbaugesellschaft hat bei Gebäuden aus den letzten Jahren Nutzungskosten von 25,00 €/(m² · a) und möchte diese um 10 % absenken.
- Bei klimatisierten Bürogebäuden wird von den Mietern, die langfristige Mietverträge abschließen, ein Nutzungskostendeckel im Vertrag vereinbart (40,00 €/[m² · a]). Liegen die Nutzungskosten darüber, muss der Bauherr und Investor diese Kosten tragen.
- Investoren von Industriegebäuden geben Zielkosten für den Betrieb vor; diese Sicht und diese Zielvorgaben stellen an den Planer die Frage nach Optimierungsansätzen.

Der vereinfachte klassische Kurvenverlauf der zuvor beschriebenen Abb. E 2.2 sollte also im Einzelfall immer hinterfragt werden. Sicherlich werden viele maßgebliche Entscheidungen in der Projektphase getroffen, deren Konsequenzen nur schwer in der Nutzungsphase verändert werden können.

Im Rahmen der Instandhaltung (vgl. Kapitel 1.2) können unterschiedliche flexible Strategien im Umgang mit der Immobilie verwirklicht werden: Da verschiedene verwendete Bauteile verschiedene Lebensdauern haben (ein Teppich ist z.B. eher abgenutzt als ein Fundament), können auch während der Nutzung mit der Wahl der Instandhaltungsstrategie oder der Bündelung von Instandsetzungsmaßnahmen (sog. Pulsgruppenstrategie, vgl. Abb. E 2.3) die Höhe und das Auftreten der Nutzungskosten – hier der Kostengruppe 400 Instandsetzungskosten – beeinflusst werden.

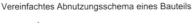

Vereinfachtes Abnutzungsschema eines Bauteils

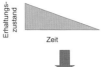

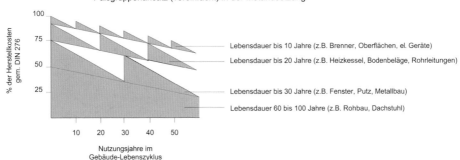

Pulsgruppenansatz (vereinfacht) in der Instandsetzung

Abb. E 2.3:   Schema Pulsgruppenstrategie in Abhängigkeit von der Lebensdauer (vgl. Richter, 2000)

Die sog. **Pulsgruppenstrategie** stellt einen Ansatz zur optimierten Ressourcennutzung dar. Die Wahl der einzelnen Bauteile wird bei der Planung wie folgt getroffen: Die Lebensdauern der Bauteile werden nach Möglichkeit so aufeinander abgestimmt, dass ihre Instandsetzungen zu geplanten Terminen in Kombination mit z.B. Wartungsintervallen in zyklischen Instandhaltungspaketen gebündelt werden können. Ziel ist hierbei die Minimierung des verbleibenden Abnutzungsvorrates. Die ermittelten Instandhaltungszyklen sind dann entsprechend unterschiedlich lang.

2.4   Das ökonomische Wahlproblem zwischen Investitions- und Nutzungskosten

Für den Bauherrn stellt sich im Rahmen der Planungsphase für ein neues Bauobjekt immer wieder die Investitionsentscheidung, ob er eine einfache, kostengünstige oder eine qualitativ hochwertigere Ausführung, die jedoch mit deutlich höheren Investitionskosten verbunden ist, wählen soll. Eine typische Entscheidungssituation ist die Wahl der Wärmedämmung. Der Bauherr muss hier abwägen, inwieweit sich zum einen eine verbesserte Wärmedämmung auf die Heizkosten auswirkt und wie hoch zum anderen die zusätzlichen Investitionskosten sind.

Betrachtet man diese Problematik aus einer ökonomischen Sicht, so stellt man fest, dass es sich hierbei u. a. um ein Zins- und auch Finanzierungsproblem handelt. Die zu treffende Entscheidung, inwieweit Nutzungskosten durch Investitionskosten substituiert werden sollen, hängt im Wesentlichen von dem verwendeten Zinssatz ab, aus dem sich der Barwert errechnet. Der Barwert entspricht dabei dem Wert, den ein zukünftiger Ertrag/Aufwand in der Gegenwart besitzt. Mithilfe des Barwertes werden unterschiedliche zukünftige Zahlungsströme unter Berücksichtigung eines Abzinsungsfaktors auf eine einzige Größe verdichtet, wodurch Investitionsalternativen analysiert und bewertet werden können. Der Barwert S kann wie folgt berechnet werden:

$$S = \frac{S_t}{q^t}$$

mit

t = Anzahl der Perioden, über welche die Zahlungsströme abgezinst werden sollen
q = Zinsfaktor
S = Barwert

$$q = 1 + \frac{p}{100}$$

mit

p = Zinsfuß in %
q = Zinsfaktor

Im Folgenden soll die praktische Vorgehensweise an einem durchgehenden Beispiel illustriert werden.

Beispielrechnung

Situation

Ein Bauherr überlegt sich, durch eine verbesserte Wärmedämmung der Außenfassade den Wärmedurchgangskoeffizienten und damit Wärmeverluste zu reduzieren. Es wird angenommen, dass hierdurch zusätzliche Investitionskosten gemäß DIN 276-1:2006 in Höhe von 40.000,00 € anfallen, wodurch sich Nutzungskosteneinsparungen der Heizkosten von 2.000,00 € pro Jahr errechnen. In der Beispielrechnung werden für das Gebäude eine Nutzungsdauer von 60 Jahren und ein konstanter Zinssatz von 4 % angenommen. Ein eventuell notwendiger Austausch der Wärmedämmung innerhalb der angenommenen Nutzungsdauer wird aufgrund der Lebensdauer nicht berücksichtigt.

Berechnungen

Der Bauherr kann also jährlich konstant 2.000,00 € einsparen, wenn er höhere Investitionskosten akzeptiert. Diese Einsparungen können jährlich zu einem Zinssatz von 4 % fest anlegt werden.

Es stellt sich nun die Frage, wie hoch das eingesparte Kapital nach der angenommenen Lebensdauer ist. Dies kann mit der sog. Sparkassenformel bestimmt werden.

$$S = K_0 \cdot q^n + r \cdot \frac{q^n - 1}{q - 1}$$

mit

K_0 = angelegtes Kapital zum Beginn der Betrachtung

q = $1 + \dfrac{p}{100}$ mit p = Zinsfuß in %

S = Barwert
r = jährlicher Sparbetrag
n = Anzahl der zu betrachtenden Jahre

Für das Beispiel ergibt sich folgende Rechnung:

K_0 = 0,00 €

q = $1 + \dfrac{4}{100} = 1,04$

n = 60 Jahre
r = 2.000,00

$$S_1 = 0,00 \cdot 1,04^{60} + 2.000,00 \cdot \frac{1,04^{60} - 1}{1,04 - 1} = 475.981,00$$

In dem Beispielfall würden sich nach 60 Jahren Heizkosteneinsparungen von ca. 475.981,00 € ergeben. Um diesen Betrag jedoch mit den Investitionskosten vergleichen zu können, wird die Annahme getroffen, dass der Bauherr den Betrag von 40.000,00 € nicht investiert, sondern über 60 Jahre zu einem Zinssatz von 4 % fest angelegt hat.

Nach einer Laufzeit von 60 Jahren ergibt sich für das angelegte Kapital der folgende Wert:

$$S_{1t = 60} = 40.000,00 \cdot 1,04^{60} = 420.785,10$$

Der Barwert beträgt somit gerundet 420.785,00 €. Das bedeutet nun, dass durch die Investition von 40.000,00 € Kosteneinsparungen von 55.196,00 € realisiert werden konnten. Die höheren Investitionskosten hätten sich in diesem Szenario für den Bauherrn „gelohnt" und zu einem entsprechenden Ertrag geführt.

Diese Berechnung hängt jedoch stark von der angesetzten Lebensdauer des Gebäudes, dem angesetzten Einsparungspotenzial sowie dem gewählten Zinssatz ab. Wird für dasselbe Szenario ein Zinssatz von 6 % angesetzt, so ergibt sich die folgende Rechnung.

Barwert der Heizkosteneinsparungen nach 60 Jahren:

$$S_2 = 0{,}00 \cdot 1{,}06^{60} + 2.000{,}00 \cdot \frac{1{,}06^{60} - 1}{1{,}06 - 1} = 1.066.256.36$$

Barwert des angelegten Kapitals nach 60 Jahren:

$$S_{2t = 60} = 40.000{,}00 \cdot 1{,}06^{60} = 1.319.507{,}63$$

Der Barwert des angelegten Kapitals ist in diesem Fall höher als der Barwert der Heizkosteneinsparungen. Unter diesen Umständen hätte sich die Investition für den Bauherrn nicht „gelohnt", sondern zu einem Aufwand von ca. 253.251,00 € geführt.

In der folgenden Tabelle wird der Aufwand/Ertrag der Investition bei unterschiedlichen Zinssätzen und bei unterschiedlich angesetzten Heizkosteneinsparungen aufgezeigt.

Tabelle E 2.3: Aufwand/Ertrag der Investition nach 60 Jahren, gerundet

Zinssatz [%]	Heizkosteneinsparung pro Jahr [€]		
	2.000,00	3.000,00	4.000,00
4	55.196,00	293.187,00	531.178,00
5	− 40.000,00	313.584,00	667.167,00
6	− 253.251,00	279.877,00	813.005,00

Es wird deutlich, dass das Ergebnis der Investitionsrechnung sehr stark in Abhängigkeit von den angenommenen Werten schwankt. Eine Prognose für die Entwicklung des Zinssatzes bzw. der Energiepreise und der damit verbundenen Einsparungsmöglichkeiten durch eine verbesserte Wärmedämmung ist nur schwer möglich.

Aber auch die Auswirkungen der angenommenen Lebensdauer auf die Einsparungsmöglichkeiten dürfen nicht unterschätzt werden. Aus Abb. E 2.4 wird deutlich, dass die Annahme einer Mindestlebensdauer der zusätzlichen Wärmedämmung notwendig ist, damit die Investition letztendlich die Gewinnschwelle überspringt und zu einem Ertrag führt.

Mit einem angenommenen konstanten Zinssatz von 5 % und einer jährlichen Heizkosteneinsparung von 2.500,00 € ist eine Lebensdauer von mindestens 33 Jahren erforderlich, damit sich die zusätzliche Investition rentiert.

Einfluss der angenommenen Nutzungsdauer auf den Ertrag bei einem konstanten Zinssatz von 5 %

Abb. E 2.4:   Einfluss der angenommenen Lebensdauer auf die Investitionsrechnung

Neben diesem „Zinsproblem" müssen bei der Abwägung zwischen Investitions- und Nutzungskosten auch die Einkommens- und Körperschaftsteuern beachtet werden. Eine exakte Analyse hängt somit auch von der Steuergesetzgebung ab, die ebenfalls nur schwer für die nächsten 60 Jahre prognostiziert werden kann.

3   Zusammenfassung

Eine reine Betrachtung der Investitionskosten greift zu kurz. Die einseitige Orientierung an den Investitionskosten kann nicht als Maßstab einer ganzheitlichen Kostenbetrachtung dienen. Ziel des Bauherrn muss es sein, nicht nur die Investitionskosten, sondern auch die Nutzungs-, Modernisierungs- und Umbaukosten mit in die Investitionsentscheidung einzubeziehen, um diese so zu optimieren. Nur so ist es möglich, hohe Lebenszykluskosten zu senken und die Wirtschaftlichkeit von Immobilien zu verbessern.

Das Zusammenspiel der Nutzungskosten und der Kosten gemäß der DIN 276-1:2006-11 im Lebenszyklus eines Gebäudes ist komplex, Teil E des vorliegenden Buches stellt lediglich einen kurzen Abriss und einen Einblick in diese Thematik dar.

Literaturverzeichnis Teil E

Eisenschmid, N.; Rips, F.; Wall, D.: Betriebskosten-Kommentar. Berlin: DMB Verlag, 2004

Institut für Bauforschung e. V. (IFB) (Hrsg.): IFB Bau-Nutzungskosten 2006. Bau-Nutzungskosten-Kennwerte für Wohngebäude. Berlin/Wien/Zürich: Beuth Verlag, 2006

Leifert, W.: Die Kostenplanung als integrativer Bestandteil der Planungsprozesse von Bauvorhaben. Dortmund: Dissertation, 1990

Richter, P.: Die Nutzungskosten des Gebäudebestandes. In: Gerner, M. (Hrsg.): Baudenkmal zwischen moderner Nutzung und Denkmalpflege: Beispiel Bahnhof. Petersberg: Michael Imhof Verlag, 2000

Riegel, G. W.: Ein softwaregestütztes Berechnungsverfahren zur Prognose und Beurteilung der Nutzungskosten von Bürogebäuden. Darmstadt: Dissertation, 2004

Schäfers, W.: Strategisches Management von Unternehmensimmobilien. Köln: Verlagsgesellschaft Rudolf Müller, 1997

Techem AG (Hrsg.): Energie Kennwerte – Hilfen für den Wohnungswirt. Eine Studie der Techem AG. Ausgabe 2005

Teil F: Vertragsrechtliche Aspekte der Baukostenplanung

Autoren: Dr. jur. Karsten Prote, Dipl.-Ing. Matthias Sundermeier

0   Einleitung

Die Kostenplanung zählt zu den wesentlichen Aufgaben der Objekt- und Fachplaner bei der Durchführung von Bauprojekten. Als Bindeglied zwischen den gestalterischen, funktionsorientierten sowie technischen Bauwerkseigenschaften einerseits und den mit der Realisierung dieser Eigenschaften verbundenen Investitionskosten auf der anderen Seite kommt der Baukostenplanung eine Schlüsselfunktion im Planungsprozess zu.[1]

Je nach Art des Projekts und den Präferenzen des Bauherrn bzw. Auftraggebers ergeben sich hierbei völlig unterschiedliche Anforderungen an die Baukostenplanung – insbesondere auch im Hinblick auf die Bedeutung der Baukosten als Kriterium der Projektrealisierung.

Im folgenden Teil F werden vor diesem Hintergrund in Kapitel 1 zunächst die Begriffe und Ziele der Kostenplanung in vertraglicher Hinsicht betrachtet und es wird die Bedeutung der neuen DIN 276-1:2006-11 „Kosten im Bauwesen – Teil 1: Hochbau" für die Leistungspflichten des Planers aufgezeigt.

Kapitel 2 geht anschließend auf die Aspekte der Kostenplanung ein, die nach geltender Rechtslage grundsätzlich für die Gestaltung und Abwicklung von Planungsverträgen von Bedeutung sind. Hierbei liegt ein besonderer Schwerpunkt auf den vertraglichen Folgen von Baukostenüberschreitungen für die betroffenen Parteien.

In Kapitel 3 liegt das Augenmerk auf den Neuerungen, die sich aus den Regelungen der DIN 276-1:2006-11 im Hinblick auf den Planungsvertrag ergeben.

---

1 Nicht zuletzt aufgrund dieser Schlüsselstellung wird die Baukostenplanung häufig auch an Projektsteuerer übertragen, die in dieser Funktion im Regelfall eigene Kostenermittlungen vornehmen, die Kostenermittlungen der einzelnen Planungsdisziplinen zusammenführen, überprüfen und darüber hinaus Aufgaben der Kostensteuerung übernehmen. Im angloamerikanischen Bereich hat sich hierfür das eigenständige Leistungsbild des sog. Quantity Surveying etabliert.

1   Kostenplanung als Element des Planungsvertrags

Mit der DIN 276-1:2006-11 „Kosten im Bauwesen – Teil 1: Hochbau" werden teilweise neue Verfahren, Aufgaben und Schwerpunkte der Baukostenplanung definiert, die bei ihrer Anwendung unmittelbare Konsequenzen für den Planungsvertrag mit sich bringen. Dies betrifft nicht zuletzt sowohl die Leistungspflichten des Planers als auch Mitwirkungsaufgaben des Bauherrn.

Für eine zielgerechte Planungsvertragsgestaltung und eine rechtssichere Vertragsauslegung muss deshalb zunächst Klarheit über die Begriffe und Ziele der Kostenplanung sowie über die Bedeutung der neuen DIN 276-1 für die Leistungspflichten des Planers bestehen.

1.1   Begriffe und Ziele der Kostenplanung

DIN 276-1:2006-11 definiert unter Abschnitt 2 Begriffe der Kostenplanung mit dem Ziel, ein einheitliches terminologisches Verständnis der Planungs- und Projektbeteiligten zu schaffen. Im Wortlaut heißt es bereits in den Erläuterungen zum Anwendungsbereich (Abschnitt 1 der Norm):

„Die Norm legt Begriffe der Kostenplanung im Bauwesen fest; sie legt Unterscheidungsmerkmale von Kosten fest und schafft damit die Voraussetzungen für die Vergleichbarkeit der Ergebnisse von Kostenermittlungen. (…)"

Unter dieser Zielsetzung beschränkt sich die Norm nicht allein darauf, Kosten ihrem Charakter nach im Sinne statischer Kostenbegriffe zu differenzieren. Als technische Regel für die Kostenplanung als solche definiert sie sachlogisch Prozessbegriffe der Kostenplanung und beschreibt darüber hinaus auch die Grundsätze, auf denen die Instrumente und Methoden der insoweit „normierten" Kostenplanung vor dem Hintergrund möglicher Kostenplanungsziele basieren.

1.1.1   Grundsätze der Kostenplanung

In der DIN 276-1:2006-11 werden die Grundsätze der Kostenplanung gegenüber den Vorgängerausgaben neu gefasst. Als Ziel wird in Abschnitt 3.1 formuliert:

„Ziel der Kostenplanung ist es, ein Bauprojekt wirtschaftlich und kostentransparent sowie kostensicher zu realisieren."

1.1.1.1 Wirtschaftlichkeit

Aufgrund der Individualität von Bauvorhaben ist der Begriff der Wirtschaftlichkeit nicht allgemein zu fassen oder gar einer allgemeingültigen Bewertungsgröße zugänglich. Vielmehr intendiert die Norm, ein optimales Verhältnis zwischen dem Planungsergebnis und dem für die entsprechende Baurealisierung erforderlichen Mitteleinsatz zu erreichen. Hierfür wiederum sind die Grundsätze des ökonomischen Minimal- bzw. Maximalprinzips (vgl. hierzu im Detail Teil A, Kapitel A 2.3) als Kriterien heranzuziehen:

- Kosteneinhaltung durch Anpassung von Qualitäten und Quantitäten (**Maximalprinzip**) als Vereinbarung von Zielkosten,
- Kostenminimierung bei definierten Qualitäten und Quantitäten (**Minimalprinzip**) im Sinne einer Kostenobergrenze.

Dieser Optimierungsgedanke als Leistungsverpflichtung des Architekten/Ingenieurs bei der Planung eines Bauwerks ist im Hinblick auf das ökonomische Maximalprinzip unter Anpassung der Qualitäten und Quantitäten nicht völlig unproblematisch. Zwar hat der Bundesgerichtshof (BGH) bereits im Jahr 1998 festgestellt, dass der Planer bei entsprechend expliziter Bauherrenvorgabe auch für eine optimale wirtschaftliche Planung zu sorgen hat. Neben der Einhaltung vorgegebener Baukosten schuldet der Planer für ein mangelfreies Planungswerk bei entsprechender Vorgabe auch die Optimierung der Nutzbarkeit eines Bauobjektes, wie z. B. des Verhältnisses der Nutzfläche (NF) zur Brutto-Grundfläche (BGF).[2] Hierbei muss der Planer ggf. auch die Ausschöpfung des technisch Möglichen und planungsrechtlich Zulässigen leisten (BGH, BauR 1998, 354 [354]). Die DIN 276 formuliert in ihrer jüngsten Fassung somit keine völlig neuen Anforderungen an den Planer.

Dies gilt aber nur für die Fälle, in denen ganz konkret eine Optimierungsverpflichtung für das Bauobjekt als Leistungspflicht des Architekten/Ingenieurs im Vertrag vereinbart ist. Hintergrund für diese Position ist die zutreffende Auffassung, aufgrund des Individualcharakters von Bauobjekten sei regelmäßig objektiv nicht feststellbar, welche von verschiedenen in Betracht kommenden Planungsalternativen „optimal" sei. Ohne entsprechende Optimierungsvereinbarung schuldet der Planer daher lediglich eine den üblichen Anforderungen entsprechende brauchbare und sachgerechte Planung (vgl. etwa OLG Karlsruhe, OLGR 2001, 411).

An diesem Grundsatz ändert auch die neue Fassung der DIN 276-1 zunächst nichts, denn sie gibt den Parteien 2 systematisch verschiedene Möglichkeiten für die Gestaltung der Kostenplanung an die Hand. Die Vertragspartner sind somit auch unter Anwendung der DIN 276-1:2006-11 dazu aufgerufen, etwaige Optimierungsverpflichtungen konkret zu vereinbaren.

1.1.1.2 Kostentransparenz

Die Anforderung der Kostentransparenz lässt sich implizit bereits aus der Tatsache ableiten, dass die DIN 276-1:2006-11 eine einheitliche Begriffswelt für die Kostenplanung definiert und damit die Voraussetzung für die Vergleichbarkeit von Kostenermittlungen schafft. Dennoch wird Transparenz in der Ausgabe 2006 der Norm erstmals explizit genannt und insoweit stärker akzentuiert als in früheren Ausgaben der DIN 276.

Nach dem Sinn, Zweck und der systematischen Struktur der Kostenermittlung gemäß DIN 276-1:2006-11 ist das Gebot der Kostentransparenz zunächst dahingehend auszulegen, dass der Planer zu einer eindeutigen, durch fachkundige Dritte überprüfbaren Kostenermittlung verpflichtet werden soll. Dies umfasst nicht allein eine prüfbare Kostenaufgliederung und Kostenzuordnung, sondern insbesondere auch eine Dokumentation der jeweiligen Kostenermittlung. Entsprechend werden diese Transparenzkriterien in Abschnitt 3.3 der DIN z. B. im Hinblick auf die Kostendifferenzierung, die Gliederungssystematik oder die Darstellung der Kostenermittlungen präzisiert (vgl. im Einzelnen: Kapitel 3.1.4).

---

2 In einer vergleichbaren Entscheidung hat der Bundesgerichtshof entschieden, dass auch die Optimierung des Verhältnisses der Nutzfläche zur Verkehrsfläche vom Planer bei entsprechender Vorgabe des Bauherrn im Rahmen seiner vertraglichen Verpflichtung geschuldet wird (BGH, BauR 1998, 354 [354]).

Ferner fordert die DIN 276-1:2006-11 in Abschnitt 3.1:

„Die Kostenplanung ist (…) kontinuierlich und systematisch über alle Phasen eines Bauprojekts durchzuführen."

Daraus ist zu schlussfolgern, dass das Gebot der Kostentransparenz auch über den Verlauf der Kostenermittlungen in Abhängigkeit von verschiedenen Planungsvarianten und -ereignissen anzuwenden und auch im Sinne einer chronologischen Durchgängigkeit aufeinanderfolgender Kostenermittlungen über die einzelnen Planungsstufen auszulegen ist. Das wiederum heißt, dass Kostenentwicklungen unmittelbar den ursächlichen Planungsentscheidungen oder den fortschreitenden Ermittlungszeitpunkten bzw. -verfahren zuordnungsfähig sein müssen. Die Pflicht des Planers zur laufenden Kosteninformation und -beratung seines Bauherrn, wie sie die Rechtsprechung seit Langem hervorhebt (vgl. BGH, IBR 2005, 100; BGH, BauR 1999, 1319 [1322]; BGH, BauR 1997, 494 [496]; BGH, BauR 1997, 1067 [1068]; OLG Düsseldorf, BauR 2004, 1024 ff.; OLG Naumburg, BauR 1996, 889 [890 f.]), wird auf diese Weise auch in der Norm konkretisiert.

1.1.1.3 Kostensicherheit

Systematische und chronologische Kostentransparenz ist insoweit auch die Basis der Kostenkontrolle und Kostensteuerung, deren Notwendigkeit sich unmittelbar aus der Zielstellung einer kostensicheren Projektrealisierung herleitet. Dieser Zielkostenaspekt der Planung findet sich zwar bereits in den älteren Ausgaben der DIN 276; er erhält durch seine Verankerung als Planungsgrundsatz in der neuen DIN jedoch ein höheres Gewicht.

Durch Verweis auf die Kostensicherheit in Abschnitt 3.1 greift der Normentext implizit die vertragliche Verpflichtung des Architekten/Ingenieurs auf, den Bauherrn über die Kostenentwicklung seines Bauprojekts zu unterrichten, sobald sich im Vergleich zum letzten Kostenstand Veränderungen ergeben (vgl. Leupertz, 2005, Kapitel 10, Teil C, Rdn. 118), um ihm die Möglichkeit zu eröffnen, bei Zielabweichungen Anpassungsmaßnahmen zu treffen. Aufbauend auf diesem Grundsatz legt die DIN 276-1:2006-11 besonderes Gewicht auf die Implementierung dieses Zielkostenansatzes über alle Stufen der Kostenermittlung.

Für die Gestaltung, Durchführung und Auslegung der Planungsverträge ist dabei zu beachten, dass die Anwendung der DIN 276 in neuester Fassung allein noch keine Garantie für Kostensicherheit bietet. Sie gewährt lediglich Hilfestellung bei der Definition und der vertraglichen Vereinbarung von Kostenvorgaben und liefert das Instrumentarium für eine zielorientierte Kostenplanung über den Projektverlauf. Die im Hinblick auf die Zielkostenplanung konkretisierten Aufgaben- und Verfahrensbeschreibungen geben den Planungsbeteiligten allerdings Leitgrößen für die Vertragsgestaltung und -abwicklung.

1.1.2   Statische Kostenbegriffe

Eine Kernaufgabe der DIN 276 liegt seit jeher in der eindeutigen Definition der grundlegenden Kostenbegriffe für den Neubau, den Umbau und die Modernisierung von Bauwerken sowie die damit zusammenhängenden projektbezogenen Kosten (vgl. DIN 276-1:2006-11, Abschnitt 1). Hierzu gehört neben der Beschreibung des Begriffs „Kosten" an sich insbesondere die terminologische Systematisierung aller statischen Kostenbegriffe. Dies sind Begriffe, durch die sich die Ergebnisse und die Ordnungsstruktur von Kostenermittlungen bzw. Kostenvereinbarungen eindeutig beschreiben lassen. Dies ist wiederum Voraussetzung für eine sachgerechte Regelung der Kostenplanung im Planungsvertrag.

1.1.2.1 Kosten

Ausgangspunkt für alle Fragestellungen der Kostenplanung ist ein einheitliches betriebswirtschaftliches Verständnis des Kostenbegriffs an sich. Vor diesem Hintergrund definiert die neue DIN 276-1:2006-11 den von ihr zugrunde gelegten Kostenbegriff unter Abschnitt 2.1 wie folgt:

„2.1
Kosten im Bauwesen
Aufwendungen für Güter, Leistungen, Steuern und Abgaben, die für die Vorbereitung,
Planung und Ausführung von Bauprojekten erforderlich sind"

Die Norm fasst im betriebswirtschaftlichen Sinn also das Bauprojekt als Leistung auf, zu deren Errichtungszweck ein Verbrauch von Gütern und Leistungen stattfindet und zu deren Realisierung aufgrund rechtlicher Vorschriften Steuern und Abgaben erforderlich werden.

Dies bedeutet für die Praxisanwendung, dass die nicht mit dem Projektzweck verbundenen Mittelaufwendungen sachlogisch nicht als Kosten zu betrachten und somit nicht von der Norm erfasst sind. Diese wären im betriebswirtschaftlichen Sinn als Aufwand zu begreifen.[3]

Die in der neuen DIN 276-1 enthaltene terminologische Systematik zur Beschreibung von Kosten übernimmt die Begriffe aus der vorherigen DIN 276 (Ausgabe 1993), ergänzt diese jedoch im Hinblick auf ihre Zielsetzungen.

Die Systematik der Kostengliederung durch Kostenkennwerte, Kostengruppen und ihre Zusammenführung als Gesamtkosten bleibt allerdings im Sinne einer durchgängigen Handhabung in der Praxis unverändert enthalten. Der bislang schon verwendete Begriff der Bauwerkskosten wird nunmehr auch in der DIN 276-1 erfasst und eindeutig als *„Summe der Kostengruppen 300 und 400"* (DIN 276-1:2006-11, Abschnitt 2.11) präzisiert (vgl. Abb. F 1.1). Für die praktische Kostenplanung ist diese Aussage insoweit von Bedeutung, als dass diese Bauwerkskosten bei der Ermittlung und Aufstellung des Kostenrahmens als neu definierte Kostenermittlungsstufe gesondert auszuweisen sind, während eine Kostendifferenzierung nach weiteren Kostengruppen zu diesem Zeitpunkt nicht zwingend vorgeschrieben wird (vgl. DIN 276-1:2006-11, Abschnitt 3.4.1).

---

3 Im betriebswirtschaftlichen Kontext ist die Voraussetzung hierfür, dass der Mittelverzehr einer Periode zurechenbar ist. Eine solche Periode kann z. B. die Projektlaufzeit vom Planungsbeginn bis zur Fertigstellung sein oder für Teilphasen der Projektabwicklung definiert werden. Entscheidend ist lediglich, dass die Periode buchhalterisch abgebildet werden kann.

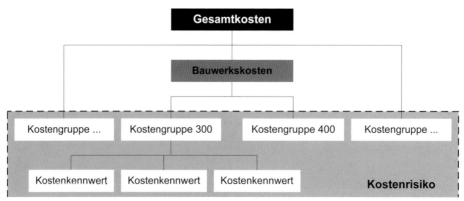

Abb. F 1.1: Kostengliederung nach DIN 276-1:2006-11

1.1.2.2 Risiko

Neu in der DIN 276-1:2006-11 ist der Begriff des Kostenrisikos (Abschnitt 2.13) enthalten, der Unwägbarkeiten und Unsicherheiten bei Kostenermittlungen und Kostenprognosen umfasst. Vor dem Hintergrund einer stärkeren Betonung des Aspekts der Kostenkontrolle und -steuerung durch die neue DIN 276-1 ist dies nicht nur konsequent, sondern auch überfällig.

Abgesehen von der Kostenfeststellung sind alle Maßnahmen der Kostenermittlung, Kostenkontrolle und Kostensteuerung auf den Zeitpunkt der Baufertigstellung ausgerichtet. Es handelt sich – wie der Begriff der Kostenplanung nahelegt – stets um Aussagen über zukünftig noch zu realisierende Baukosten auf der Basis qualifizierter Einschätzungen anhand von Erfahrungswerten bzw. Istkostendaten früherer Bauvorhaben. Ob dabei eine konkrete Kostenprognose auf den Zeitpunkt der Objektfertigstellung gegeben wird oder ob die Baukosten bezogen auf das Preisniveau zum Zeitpunkt der jeweiligen Kostenermittlung dargestellt werden, ist im Hinblick auf die grundsätzliche „Vorhersageproblematik" der Kosten ohne Belang.

Sachlogisch bergen in die Zukunft gerichtete Kostenvoraussagen besondere Risiken. Beispielsweise sind Baupreisentwicklungen über einen längerfristigen Zeitraum nur unvollständig antizipierbar. Darüber hinaus liegen auch im Bereich des Baugrunds und in der Verwertung vorhandener Bausubstanz besondere kostenwirksame Unsicherheiten für die Projektrealisierung, weil die technischen Mittel einer Vorerkundung begrenzt sind bzw. die Kosten hierfür ein angemessenes Verhältnis zum möglichen Nutzen übersteigen.

Risiken sind insofern ein unausweichliches Charakteristikum jeder Kostenprognose – sie müssen zum Zweck einer wirtschaftlichen und kostensicheren Projektrealisierung dementsprechend identifiziert, analysiert, bewertet und gestaltet werden. Die neue DIN 276-1 formuliert hierfür erstmals spezifische Aufgaben, die dem Architekten/ Ingenieur bei der Kostenplanung übertragen werden „*sollten*" (DIN 276-1:2006-11, Abschnitt 3.3.9 „Kostenrisiken"; vgl. hierzu im Detail Kapitel 3.1.2).

1.1.2.3 Kostenvorgabe

Ein neuer Kostenbegriff findet sich schließlich in Abschnitt 2.3 „Kostenvorgabe" der DIN 276-1:2006-11. Dort wird die Kostenvorgabe folgendermaßen definiert:

„Festlegung der Kosten als Obergrenze oder als Zielgröße für die Planung"

Ziel der Norm ist es, auf diesem Weg ein Instrument zu schaffen, das die Vereinbarung der Baukosten als Beschaffenheitsmerkmal des vom Architekten/Ingenieur geschuldeten Planungswerks systematisiert, um damit zu einem einheitlichen Vertragsverständnis der Parteien beizutragen und so Konflikte zu vermeiden (vgl. Kapitel 3.1.1).

Daneben formuliert die DIN 276-1 als Ziel und Zweck der Kostenvorgabe in Abschnitt 3.2.1 explizit auch die Aufgabe, frühzeitige Alternativüberlegungen in der Planung zu fördern. Dies geschieht bei einer Vereinbarung der Baukosten als Beschaffenheitsmerkmal der Planung zwangsläufig, denn bei einer Überschreitung einer Kostenobergrenze oder einer außerhalb von Toleranzen liegenden Zielkostenabweichung wird die Planungsleistung im juristischen Verständnis mangelhaft.

1.1.3 Prozessbegriffe der Kostenplanung

Als Verfahrensnorm für die Kostenplanung beschreibt DIN 276-1:2006-11 Instrumente und Methoden zur **Kostenermittlung, Kostenkontrolle** und **Kostensteuerung** über den Projektverlauf, wobei zwischen diesen 3 Hauptaufgaben der Kostenplanung unterschieden wird.

Gegenüber den 4 Kostenermittlungsarten der früheren Ausgaben wird in diesem Zusammenhang eine zusätzliche Kostenermittlungsstufe eingeführt, der sog. **Kostenrahmen.** Dieser ist systematisch der Leistungsphase 1 (Grundlagenermittlung) der Honorarordnung für Architekten und Ingenieure (HOAI) zuzuordnen und hat gemäß Abschnitt 3.4.1 der DIN 276-1:2006-11 folgende grundlegende Funktion:

„Der Kostenrahmen dient als eine Grundlage für die Entscheidung über die Bedarfsplanung sowie für grundsätzliche Wirtschaftlichkeits- und Finanzierungsüberlegungen und zur Festlegung der Kostenvorgabe."

Als Ausgangspunkt des Kostenrahmens werden qualitative und quantitative Bedarfsangaben genannt, die neben funktionalen und technischen Anforderungen an das zu realisierende Bauobjekt ggf. auch Angaben zum Standort enthalten können. Aus den einzelnen Bedarfsangaben ist im Zuge der Kostenplanung eine erste Kostenaussage zu entwickeln, wobei der Begriff Kostenrahmen nicht allein das Endergebnis beschreibt, sondern mittelbar auch den Kostenermittlungsprozess.

Der Kostenrahmen ist insofern – im Gegensatz zur terminologisch ähnlichen Kostenvorgabe – nicht eine statische Kostengröße, sondern ein Kostenermittlungsverfahren auf Basis der (weitgehend) abgeschlossenen Bedarfsplanung, womit die neue DIN 276-1 systematisch indirekt an die DIN 18205:1996-04 „Bedarfsplanung im Bauwesen" anknüpft. Ein Zweck des Kostenrahmens liegt hierbei etwa in der Unterstützung von Machbarkeitsstudien, mit denen bereits in einer sehr frühen Projektphase anhand von lediglich global definierten Planungseckdaten die finanzielle Realisierbarkeit eines Bauvorhabens untersucht werden kann – ggf. auch im Hinblick auf verschiedene Projektorganisations- und Finanzierungsformen.[4]

---

4 Derartige Machbarkeitsstudien spielen besonders bei Bauprojekten der öffentlichen Hand eine wichtige Rolle.

Die übrigen Stufen (früher: Arten) der Kostenermittlung sind in ihrer Bezeichnung, Struktur und ihrer Zuordnung zu den Leistungsphasen gem. § 15 HOAI mit der DIN 276 (Ausgabe 1993) weitgehend identisch. Eine Abweichung gibt es in der Stufe des Kostenanschlags, der bislang der Leistungsphase 7 zugeordnet war und in der neuen DIN 276 in den Leistungsphasen 5 bis 7 (gemäß § 15 HOAI) durchzuführen ist.

Abb. F 1.2: Ablaufsystematik der Kostenplanung nach DIN 276-1:2006-11

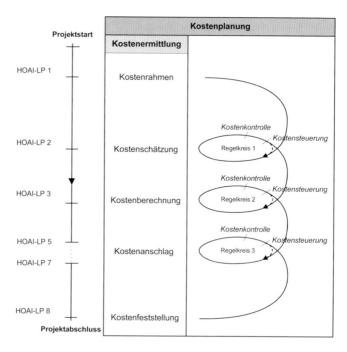

Die Prozessbegriffe der Kostenkontrolle und Kostensteuerung sind als weitere Schlüsselelemente der Kostenplanung in ihrer Definition prinzipiell aus der früheren Ausgabe der DIN 276 aus dem Jahr 1993 übernommen. Mit Blick auf die Vereinbarung einer Kostenvorgabe im Planungsvertrag führt die DIN 276-1:2006-11 jedoch aus, dass neben dem Vergleich aktueller Kostenermittlungen mit früheren Kostenermittlungen auch das Vergleichen mit der (vertraglichen) Kostenvorgabe zu den Aufgaben des Architekten/ Ingenieurs bei der Kostenplanung gehört (vgl. DIN 276-1:2006-11, Abschnitt 2.5). Sofern die Baukosten über eine Kostenvorgabe als vertraglich geschuldete Beschaffenheit des Planungswerks vereinbart sind, ergibt sich diese Verpflichtung bereits aus der Sache heraus.

Analog betont der Normentext, dass die Kostensteuerung erstens durch das Eingreifen in die Planung und zweitens primär mit dem Ziel der Einhaltung von Kostenvorgaben zu erfolgen hat (vgl. DIN 276-1:2006-11, Abschnitt 2.6). Im Gegensatz zur früheren Formulierung *„Eingreifen in die Entwicklung der Kosten"* (DIN 276:1993-06, dort Abschnitt 2.5) wird hiermit systematisch klargestellt, dass die Kostenentwicklung keineswegs für sich zu betrachten ist, sondern stets kausal aus den Planungsergebnissen resultiert, die der Kostenermittlung zugrunde liegen. Weicht die Kostenermittlung von den vorgegebenen Kosten in unzulässiger Weise ab, so ist eine Modifikation der Planung – eine fehlerfreie Kostenermittlung vorausgesetzt – der einzige Weg zur Einhaltung der Kostenvorgabe.[5]

Aus dem bereits ausgeführten Grundsatz einer kontinuierlichen und systematischen Kostenplanung gemäß Abschnitt 3.1 der DIN 276-1:2006-11 erschließt sich, dass die Aufgaben der Kostenkontrolle und -steuerung über den Projektverlauf wiederkehrend im Sinne kybernetischer Regelkreise zu erfüllen sind. Die Durchführung als stufenbezogene Controllingmaßnahmen im Rahmen der jeweiligen Kostenermittlungen gemäß Abb. F 1.2 kann dabei nur als Anhaltspunkt dienen, weil der Architekt/Ingenieur grundsätzlich verpflichtet ist, den Bauherrn über Kostenerhöhungen unverzüglich aufzuklären. Dies gilt insbesondere bei Änderungs- oder Zusatzwünschen des Bauherrn.[6]

Der Planer kann sich insofern bereits nach geltender Rechtsprechung nicht auf eine jeweils einmalige Kostenermittlung gemäß den Stufen der DIN 276-1 beschränken, sondern muss diese Kostenermittlungen bei entsprechender Indikation ggf. den modifizierten Planungsgrundlagen anpassen (vgl. hierzu auch Leupertz, 2005, Kapitel 10, Teil C, Rdn. 117 ff.). Die DIN 276-1 erweitert die Planerpflichten in diesem Kontext nicht, sondern passt sie allein dem aktuellen Stand der Rechtsprechung an. Danach ist der Architekt/Ingenieur gehalten, den Bauherrn im Sinne einer laufenden Kostenkontroll- und Kostenberatungsverpflichtung auf zu erwartende Kostensteigerungen hinzuweisen und zudem über die kostenmäßigen Auswirkungen von Planungsentscheidungen aufzuklären (vgl. Leupertz, 2005, Kapitel 10, Teil C, Rdn.116).

1.2   Bedeutung der DIN 276-1:2006-11 für die Leistungspflichten des Planers

Die DIN 276-1:2006-11 enthält Vorgaben für den Planer aus dem Bereich der Kostenplanung (Kostenermittlung, Kostenkontrolle, Kostensteuerung etc.). Aus diesen Vorgaben können sich nur dann Leistungspflichten des Planers ergeben, wenn die neu gefasste Norm **Bestandteil des Architekten-/Ingenieurvertrages** ist.

1.2.1   DIN 276-1:2006-11 als etwaiger Bestandteil des Architekten-/Ingenieurvertrags

Die DIN 276 ist Bestandteil des Architekten-/Ingenieurvertrags, wenn

- die Vertragsparteien ausdrücklich vereinbaren, dass der Planer im Rahmen der Kostenplanung die Vorgaben der DIN 276 einzuhalten hat oder
- die DIN 276 ein auch ohne vertragliche Vereinbarung vom Planer zu beachtendes Regelwerk darstellt.

Ob die DIN 276 auch ohne eine ausdrückliche Vereinbarung Bestandteil des Planervertrags sein kann, hängt insofern davon ab, welche rechtliche Bedeutung der DIN 276 zuzusprechen ist.

---

5   Als weitere Alternative bleibt lediglich die Anhebung der Kostenvorgabe. Diese Lösung fällt jedoch nicht unter den Ansatz des Kostencontrollings bzw. der Kostensteuerung, der von statischen Sollvorgaben ausgeht.
6   Diese Verpflichtung entfällt ausnahmsweise nur dann, wenn dem Bauherrn die Erhöhung der Kosten bereits positiv bekannt ist (BGH, BauR 1999, 1319 [1322]; vgl. auch Leupertz, 2005, Kapitel 10, Teil C, Rdn. 117).

1.2.2   Fehlende Gesetzeskraft einer DIN-Norm

Bei der DIN 276-1 handelt es sich selbst nicht um ein Gesetz, sondern um eine Regelung des Deutschen Instituts für Normung e. V. (DIN).

Etwaige Gesetze oder Verordnungen, welche die in der DIN 276 beschriebenen Vorgaben zu Leistungspflichten des Planers erklären, gibt es nicht. Dies gilt auch für die HOAI. Die HOAI regelt „lediglich" verbindliches Preisrecht (BGH, BauR 1999, 187; BauR 1997, 154). Sie befasst sich demnach allein mit der vom Auftraggeber geschuldeten Honorarleistung, statuiert jedoch keine Leistungspflichten des Planers. Im Hinblick auf die DIN 276 normiert die HOAI (§ 10 Abs. 2 HOAI), dass der Planer zur Ermittlung der für seine Abrechnung erforderlichen anrechenbaren Kosten die DIN 276 in der Fassung von April 1981 zu verwenden hat. Dies ist als statischer Verweis vom Verordnungsgeber vorgegeben und gilt unabhängig davon, ob zwischenzeitlich aktuellere Fassungen der DIN 276 (1993 oder 2006) erlassen wurden (BGH, BauR 1998, 354).

1.2.3   Allgemein anerkannte Regeln der Technik

Die Vorgaben der DIN 276-1:2006-11 wären im Rahmen der vom Planer zu erbringenden Leistungen auch ohne ausdrückliche Vereinbarung einzuhalten, sofern die DIN 276-1 eine allgemein anerkannte Regel der (Bau-)Technik darstellen würde.

Die Einhaltung der anerkannten Regeln der Technik wird im Werkvertragsrecht auch ohne ausdrückliche gesetzliche oder vertragliche Regelungen als Kriterium einer ordnungsgemäßen Leistungserbringung angesehen (vgl. Palandt, 2007, § 633, Rdn. 6). Der Gesetzgeber hatte im Rahmen der Schuldrechtsreform im Jahre 2002 die Möglichkeit, dies ausdrücklich in das bestehende Werkvertragsrecht aufzunehmen. Darauf hat er verzichtet. Damit sollte die Pflicht zur Einhaltung der anerkannten Regeln der Technik jedoch nicht infrage gestellt werden. Durch die Nichtaufnahme in den Gesetzestext sollte umgekehrt vielmehr dem Missverständnis vorgebeugt werden, der Werkunternehmer (Architekt/Ingenieur) habe seine Leistung bereits allein deswegen ordnungsgemäß erbracht, weil er die anerkannten Regeln der Technik eingehalten hat (vgl. Wirth/Würfele/Broocks, 2004, S. 132). Dies ist nicht zwingend der Fall.

Zum einen können die Vertragsparteien (Bauherr und Planer) im Rahmen der Privatautonomie vereinbaren, dass die Beschaffenheit des Planungswerks nicht mit den anerkannten Regeln der Technik im Einklang stehen muss. Zum anderen kann eine Werkleistung auch mangelbehaftet sein, obwohl die allgemein anerkannten Regeln der Technik eingehalten wurden. Dies ist insbesondere dann möglich, wenn das erschaffene Werk trotz der Einhaltung der allgemein anerkannten Regeln der Technik nicht den vertraglich festgelegten Gebrauch ermöglicht (BGH, ZfBR 2003, 22).

Eine ausdrückliche gesetzliche Regelung zu den allgemein anerkannten Regeln der Technik hätte demnach möglicherweise mehr Fragen aufgeworfen als Unsicherheiten beseitigt.

Es bleibt festzuhalten, dass die Einhaltung der allgemein anerkannten Regeln der Technik grundsätzlich auch ohne ausdrückliche gesetzliche Regelung das vom Planer geschuldete qualitative Mindestmaß der Planungsleistung darstellt (vgl. Sienz, 2002, S. 182; Vorwerk, 2003, S. 3). Soweit es im Vertrag nicht anders geregelt ist, muss daher üblicherweise davon ausgegangen werden, dass der Unternehmer einen Standard seiner Leistung zu erbringen hat, der den anerkannten Regeln der Technik zum Zeitpunkt der Abnahme entspricht.

1.2.3.1 Voraussetzungen einer allgemein anerkannten Regel der Technik

Für das Vorliegen einer anerkannten Regel der Technik müssen nach üblicher Definition folgende Voraussetzungen gegeben sein (vgl. Ingenstau/Korbion, 2003, VOB Teil B, § 4 Nr. 2, Rdn. 47 f.):

- Es muss sich um technische Regeln für den Entwurf und die Ausführung baulicher Anlagen handeln.
- Diese Regeln müssen in der technischen Wissenschaft als theoretisch richtig anerkannt sein.
- Diese Regeln müssen sich außerdem in der Baupraxis durchgesetzt und bewährt haben.

Von den **allgemein anerkannten Regeln der Technik** ist der **Stand der Technik** und der **Stand von Wissenschaft und Technik** abzugrenzen. Dabei handelt es sich um die in der Literatur vorgenommene Abgrenzung, der 3 am häufigsten verwendeten Technikstandards (vgl. Seibel, 2004, S. 266 f.). Diese 3 Technikstandards stehen in einem Stufenverhältnis zueinander, wobei die allgemein anerkannten Regeln der Technik die niedrigste Stufe bilden (vgl. Seibel, 2004, S. 269). Der Stand der Technik ist ein Standard, der sich an dem dynamischen Prozess der Veränderung technischer Verfahren orientiert und nicht allgemein anerkannt sein muss. Der Stand von Wissenschaft und Technik ist der aktuellste Standard, welcher sich an den neuesten wissenschaftlichen Erkenntnissen und technischen Möglichkeiten orientiert (vgl. Würfele/Gralla, 2006, Rdn. 126).

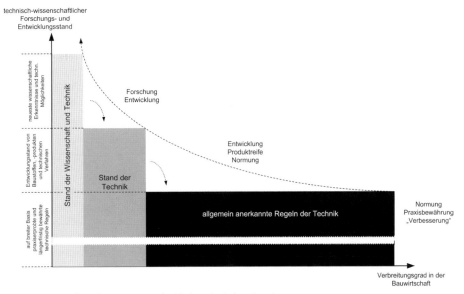

Abb. F 1.3: Stufenschema wissenschaftlich-technischer Regeln

Bei DIN-Normen handelt es sich um kodifizierte technische Normen, die nicht zwingend mit den anerkannten Regeln der Technik übereinstimmen müssen. In der Vergangenheit hat sich gezeigt, dass einige DIN-Normen durch die Praxis bereits überholt wurden und damit nicht mehr den Stand der allgemein anerkannten Regeln der Technik wiedergegeben haben.[7] Der Architekt/Ingenieur ist daher zur Prüfung verpflichtet, ob die erbrachten Leistungen zum Zeitpunkt der Abnahme noch den allgemein anerkannten Regeln der Technik entsprechen. Er hat dabei zu berücksichtigen, dass es sich bei DIN-Normen nur um eine von mehreren Erkenntnisquellen handelt (vgl. Würfele/Gralla, 2006, Rdn. 139).

Unabhängig von dieser Prüfungspflicht des Planers spricht jedoch eine sog. **widerlegliche Vermutung** dafür, dass sich aus DIN-Vorschriften allgemein anerkannte Regeln der Technik ergeben (vgl. Wirth/Würfele/Broocks, 2004, S. 133). Dies bedeutet, dass im konkreten Einzelfall eine Prüfung dahingehend erforderlich ist, ob eine in Bezug genommene DIN-Norm die Voraussetzungen für eine allgemein anerkannte Regel der Technik erfüllt.

1.2.3.2 Anwendung auf die DIN 276-1:2006-11

Erfüllt die DIN 276-1:2006-11 die oben genannten Voraussetzungen einer allgemein anerkannten Regel der (Bau-)Technik, ist der darin enthaltene Mindeststandard vom Architekten/Ingenieur geschuldet. Dies gilt zumindest dann, wenn sich aus dem zwischen den Parteien geschlossenen Planervertrag nichts anderes ergibt.

Wollte man den Charakter der DIN 276 (bzw. einer konkreten Fassung dieser Norm) anhand der oben dargestellten Definition bestimmen, müsste zu diesem Zweck eine empirische Studie darüber erhoben werden, inwieweit diese Norm in der Praxis umgesetzt und als maßgeblich angesehen wird. Eine solch umfangreiche Studie kann nicht Gegenstand des vorliegenden Buches sein. Dennoch kann sich diesem Problem genähert werden, indem einige grundsätzliche Überlegungen angestellt werden und die Haltung von Rechtsprechung und Literatur zur DIN 276 beleuchtet wird.

In einem ersten Schritt ist festzuhalten, dass die DIN 276 lediglich beschreibt, **wie** eine etwaige Kostenplanung auszugestalten ist. Sie setzt daher ihrerseits voraus, dass die Parteien – ausdrücklich oder schlüssig – eine Kostenplanung im Vertrag vereinbart haben.

Haben die Parteien die Erbringung einer Kostenplanung vertraglich vereinbart, besteht in Literatur und Rechtsprechung Uneinigkeit darüber, ob sich der Architekt/Ingenieur dafür zwingend an die DIN 276 (möglicherweise sogar an deren jeweils aktuellste Fassung) halten muss:

- Wenn die Vertragsparteien hinsichtlich der Leistungspflichten des Planers vorbehaltlos Bezug auf die Leistungsphasen des § 15 Abs. 2 HOAI genommen haben, müssen die Kostenermittlungen nach der DIN 276 erfolgen. Dies resultiert daraus, dass die in Bezug genommene HOAI in § 15 Abs. 2 HOAI für eine Kostenermittlung auf die DIN 276 verweist.[8] Dabei bleibt jedoch weiterhin offen, ob die Kostenermittlung zwingend nach der jeweils **aktuellsten Fassung** der DIN 276 erfolgen muss. Die zum Vertragsbestandteil gemachten Passagen der HOAI beziehen sich nur auf die DIN 276 im Allgemeinen und nicht auf eine spezielle Fassung der DIN.

---

7   So verhielt es sich beim viel zitierten Beispiel der Schallschutznormen. Aus diesem Grund werden gemäß einer Selbstverpflichtung des Deutschen Instituts für Normung e. V. die Normen inzwischen alle 5 Jahre überprüft.

8   Davon ist der in § 10 Abs. 2 HOAI angestellte statische Verweis auf die DIN 276 in der Fassung von April 1981 abzugrenzen, der „nur" für die Ermittlung des Planerhonorars maßgeblich ist.

- Oft wird in der Literatur darauf hingewiesen, dass es zur freien Disposition der Vertragsparteien stehe, wie eine Kostenermittlung zu erfolgen habe (vgl. Pott/Dahlhoff/Kniffka/Rath, 2006, § 10, Rdn. 2). Die Einhaltung der DIN 276 sei insoweit nicht erforderlich. Die Vertreter dieser Auffassung scheinen demnach nicht vom Charakter einer allgemein anerkannten Regel der Technik auszugehen.
- In einem anderen Zusammenhang wurde zum Verhältnis der DIN 276 in der Fassung vom April 1981 zur DIN 276 in der Fassung von 1993 ausgeführt, dass es sich bei der aktuelleren Fassung nicht um eine „Regel" handele, die wegen des technischen Fortschritts neu gefasst wurde (vgl. Locher/Koeble/Frik, 2005, § 10, Rdn. 12; Thode/Wirth/Kuffer, 2004, § 24, Rdn. 15). Dieser Auffassung folgend handelt es sich bei der DIN 276 in der Fassung von 1993 nicht um eine allgemein anerkannte Regel der Technik. Ob dies für sämtliche Fassungen der DIN 276 gelten soll, bleibt offen.
- Wiederum andere Stimmen in der Literatur gehen dagegen davon aus, dass die DIN 276 in der jeweils aktuellsten Fassung durchaus die allgemein anerkannten Regeln der Technik widerspiegelt (vgl. Meurer, 2001, S. 1662). Danach wäre der Planer – auch ohne ausdrückliche Vereinbarung – verpflichtet, seiner Kostenplanung die DIN 276 in der jeweils aktuellsten Fassung zugrunde zu legen.
- Die Rechtsprechung knüpft für die Erstellung der Kostenermittlung als zu honorierende Architektenleistung **nicht** an die Vorgaben der DIN 276 an. Der BGH fordert vielmehr allgemein eine Kostenermittlung, die den *„berechtigten Informationsinteressen des Auftraggebers an Umfang und Differenzierung der Angaben"* hinreichend Rechnung trägt (vgl. BGH, BauR 1998, 1108).

1.2.4   Zusammenfassung

Überwiegend wird angenommen, dass die (jeweils aktuellste Fassung der) DIN 276 keinen zwingend vom Planer einzuhaltenden Mindeststandard darstellt. Maßgeblich für eine ordnungsgemäße Kostenplanung ist das jeweilige Informationsinteresse des Bauherrn, das am Einzelfall zu bestimmen ist. Die Vorgaben der (jeweils aktuellsten Fassung der) DIN 276 mögen zwar oftmals sinnvoll sein, können wegen der häufig sehr unterschiedlich gelagerten Fälle jedoch nicht pauschal Auskunft darüber geben, ob dem Informationsinteresse des Bauherrn hinreichend entsprochen wurde und die Leistung des Planers daher ordnungsgemäß oder mangelhaft ist. Im Einzelfall können die Anforderungen der DIN 276 über das konkrete Informationsinteresse hinausgehen oder dahinter zurückbleiben.

Wollen die Vertragsparteien, dass der Architekt/Ingenieur zur Einhaltung einer konkreten Fassung der DIN 276 im Rahmen der Kostenplanung verpflichtet ist, sollte dies ausdrücklich im Vertrag vereinbart werden. Dies gilt insbesondere im Hinblick auf die umfangreich erstellte Neufassung der DIN 276-1:2006-11. In Anbetracht der umfassenden Normenanpassung und des insgesamt deutlich verbesserten Instrumentariums der Norm zur fortlaufenden Kostenermittlung, -kontrolle und -steuerung über den Projektverlauf dürfte sich eine Vereinbarung der DIN 276-1:2006-11 jedoch im Regelfall empfehlen.

2   Baukostenplanung und Baukostenüberschreitung

Für die Gestaltung und Abwicklung der Planungsverträge ist im Hinblick auf die Aufgaben des Architekten/Ingenieurs bei der Kostenplanung insbesondere relevant, ob die Planung bei ihrer Umsetzung zu vorab bestimmten Baukosten führen muss. Dies kann bedeuten, dass eine zuvor bestimmte Kostenobergrenze nicht überschritten werden darf oder dass die tatsächlichen Kosten als sog. Zielkosten innerhalb eines definierten oder rechtlich zulässigen Streubereichs[9] um eine Zielmarke liegen dürfen.

Werden die Kostenziele der Planung durch Baukostenüberschreitungen verfehlt, hat dies nicht selten erhebliche wirtschaftliche Konsequenzen für den Bauherrn, die bis zum Zwang eines sog. Notverkaufs des errichteten Objekts führen können. Naturgemäß ist deshalb das Konfliktpotenzial des Planungsvertrags im Hinblick auf die Baukostenplanung, -kontrolle und -steuerung immens, was sich nicht zuletzt in einer Vielzahl von Zivilprozessen äußert.

Bezüglich der Auslegung des Planungsvertrages bei derartigen Konflikten ist es deshalb primär bedeutsam, ob die Baukosten ein Teil des geschuldeten Planungsergebnisses sind. Sachlogisch sind sie dies im ökonomisch-technischen Sinne ohnehin. Unter architekten- und ingenieurrechtlichen Gesichtspunkten ist jedoch zu prüfen, ob und in welcher Weise die Baukosten als Eigenschaft der Planung zwischen den Parteien konkret vereinbart wurden (vgl. Quack, 2004, S. 315). Oftmals ist dies nicht oder nicht mit der gewünschten Anspruchsfolge der Fall – selbst dann, wenn die Beteiligten fest davon ausgehen, (eindeutige) Kostenvereinbarungen im Planungsvertrag getroffen zu haben.

Basierend auf den unterschiedlichen Möglichkeiten zur Gestaltung von Baukostenvereinbarungen sind hierbei in der Praxis verschiedene Formen von Baukostenüberschreitungen zu unterscheiden, die jeweils unterschiedliche Haftungsfolgen und daraus resultierende ökonomische Konsequenzen nach sich ziehen.

2.1   Formen von Baukostenüberschreitungen

Eine ordnungsgemäße Kostenplanung ist für den Architekten/Ingenieur insbesondere auch im Hinblick auf eine etwaig drohende Baukostenüberschreitung von Bedeutung.

Die Baukosten- bzw. Bausummenüberschreitung setzt bereits begrifflich voraus, dass die Parteien bei Vertragsschluss eine Vorstellung von den etwaigen Kosten des Bauwerks hatten. Anderenfalls gäbe es nichts, was hätte „überschritten" werden können. Eine Kostenvorgabe kann zwischen den Vertragspartnern in rechtlicher Hinsicht unterschiedlich verbindlich ausgestaltet werden. Denkbar ist:

- die Vereinbarung einer Bausummengarantie,
- die Vereinbarung einer Kostenobergrenze,
- die Berücksichtigung eines (zunächst) unverbindlichen Kostenbudgets.

Wann eine Bausummenüberschreitung anzunehmen ist und welche Folgen sich daran anschließen, hängt davon ab, ob überhaupt eine Kostenvorgabe vereinbart wurde, bzw. davon, über welche Art von Kostenvorgabe die Parteien sich im Planungsvertrag geeinigt haben.

---

9 Hier spricht man dementsprechend auch von Toleranzen bei der Kostenprognose.

2.1.1   Bausummengarantie

Die strengste Haftung ergibt sich für den Planer durch die Übernahme einer sog. **Bausummengarantie.**

Inhalt einer solchen Bausummengarantie ist die Zusicherung des Architekten/Ingenieurs, dem Auftraggeber das Bauwerk zu dem versprochenen Preis zu errichten und etwaige Mehrkosten selbst zu übernehmen. Ob der Planer für das Risiko unerwartet hoher Kosten und möglicher Preis- und Lohnsteigerungen haftet, ist von dem vereinbarten Umfang der Garantie abhängig (vgl. Korbion/Mantscheff/Vygen, 2004, Einführung, Rdn. 232). Die Bausummengarantie kann uneingeschränkt oder auf einzelne Tatbestände beschränkt übernommen werden.

Der Wille zur Übernahme einer Bausummengarantie muss dem jeweiligen Vertrag eindeutig zu entnehmen sein. Dafür ist zwar keine ausdrückliche Erklärung notwendig, jedoch muss ohne Zweifel deutlich werden, dass der Planer für die Einhaltung der vereinbarten Bausumme verschuldensunabhängig einstehen will. Wegen der weitreichenden Folgen für den Architekten/Ingenieur ist im Zweifel zu seinen Gunsten anzunehmen, dass er keine Garantie für die Einhaltung der Bausumme übernehmen wollte.

Rechtlich ergibt sich aus der Übernahme der Bausummengarantie ein vertraglicher Erfüllungsanspruch. Dieser entsteht allein aufgrund der Überschreitung der vertraglich vereinbarten Bausumme. Ein Verschulden des Planers ist nicht erforderlich. Der Anspruch kann jedoch aufgrund eigenen schuldhaften Verhaltens des Auftraggebers (Bauherrn) eingeschränkt sein (OLG Düsseldorf, BauR 1995, 411).

In der Praxis muss dem Architekten/Ingenieur von der Übernahme einer Bausummengarantie aufgrund folgender Erwägungen abgeraten werden:

- einschneidende Rechtsfolgen wegen verschuldensunabhängiger Haftung,
- regelmäßiger Verstoß gegen Richtlinien des Standesrechts bei Vereinbarung einer Bausummengarantie (vgl. Korbion/Mantscheff/Vygen, 2004, Einführung, Rdn. 233),
- Ausschluss eines Versicherungsschutzes der Berufshaftpflichtversicherung für aus einer Bausummengarantie etwaig resultierende Ansprüche auf Mehrkostenübernahme (vgl. Wirth/Würfele/Broocks, 2004, S. 173),
- Praxisuntauglichkeit einer solchen Garantie, da eine ganz exakte Prognose der Baukosten unmöglich ist.

2.1.2   Kostenobergrenze

Als Kostenvorgabe kommt neben der Bausummengarantie auch eine sog. Kostenobergrenze in Betracht.

Voraussetzung ist die Vereinbarung eines bestimmten (Höchst-)Betrags für die Gesamtkosten eines Bauobjekts durch die Vertragsparteien. Ob eine derartige Vereinbarung getroffen wurde, ist nach den allgemeinen Grundsätzen über die Auslegung von Verträgen zu ermitteln.

Allein die Angabe eines Betrags im Planungsvertrag genügt nicht zur Annahme einer verbindlichen Kostenobergrenze. Die Parteien können z. B. im Rahmen einer Vereinbarung über die Architekten-/Ingenieurvergütung Angaben hinsichtlich der Baukosten gemacht haben. Hierin mag eine Vorstellung über die zu erwartenden Baukosten gesehen werden (vgl. Werner/Pastor, 2005, Rdn. 1781). Ob die Parteien auf diesem Wege eine verbindliche Kostenobergrenze vereinbaren wollten, dürfte jedoch eher zweifelhaft sein. Gegen die Annahme einer Kostenobergrenze spricht zudem, dass beim Planerhonorar nur die nach § 10 HOAI anrechenbaren Kosten Berücksichtigung finden, sodass die dem Honorar zugrunde liegenden Kosten nicht mit den tatsächlichen Baukosten übereinstimmen müssen.

Ebenso wenig lassen sich aus Kostenangaben im **Bauantrag** Rückschlüsse auf die Vereinbarung einer Kostenobergrenze ziehen. Der BGH führte dazu aus (BGH, BauR 1997, 494 [495]):

„Der Bauantrag schließlich dient anderen Zwecken als der Bestimmung des vom Architekten einzuhaltenden Kostenrahmens, sodass er regelmäßig keinen zuverlässigen Hinweis auf solche Kostenrahmen geben kann."

Gegen die Annahme einer Kostenobergrenze spricht ferner eine Vereinbarung, nach der dem Planer ein Spielraum im Bezug auf die Baukosten zustehen soll (vgl. Werner/Pastor, 2005, Rdn. 1786). Haben die Vertragsparteien eine feste Kostenobergrenze vereinbart, ist kein Raum für einen derartigen Toleranzrahmen (BGH, BauR 2003, 1061).

Soweit die Vertragsparteien eine feste Kostenobergrenze vereinbart haben, muss der Planer diese im Rahmen einer ordnungsgemäßen Leistungserbringung einhalten. Der BGH sieht in der Bestimmung einer solchen (festen) Kostenobergrenze die Vereinbarung einer vertraglich geschuldeten Beschaffenheit des Planungswerks (BGH, BauR 2003, 1061). Überschreitet der Architekt/Ingenieur während der Planung, Bauausführung oder bei der Kostenfeststellung diese Kostenobergrenze, stellt dies einen **Mangel seines (Planungs-)Werkes** dar, der zu Mängelhaftungsansprüchen des Bauherrn gegen den Architekten/Ingenieur führen kann.

2.1.3   (Zunächst) unverbindliche Kostenvorgaben

Bausummenüberschreitungen kommen auch dann in Betracht, wenn zwischen den Vertragsparteien (zunächst) lediglich unverbindliche Kostenvorgaben als Zielgrößen vereinbart wurden. Eine Haftung des Planers ist dabei möglich, wenn er die Kostenvorstellungen des Bauherrn nicht hinreichend berücksichtigt oder Kostenermittlungen unrichtig erstellt hat.

2.1.3.1 Verletzung von Aufklärungspflichten

Im Rahmen der Baukostenplanung kann sich eine Haftung des Architekten/Ingenieurs aus der Verletzung von Aufklärungspflichten ergeben. Der Planer ist zu einer zutreffenden Beratung über die voraussichtlichen Baukosten verpflichtet (OLG Rostock, BauR 2005, 400). Dabei hat er auch den finanziellen Rahmen des Auftraggebers zu berücksichtigen (BGH, BauR 1996, 570).

Wenn der Bauherr im Rahmen der Vertragsverhandlungen Kostenvorstellungen geäußert hat, kann es für den Planer unklar sein, ob die Kostenvorstellung eine Kostenobergrenze darstellen soll. In diesem Fall ist der Architekt/Ingenieur verpflichtet, beim Bauherrn nachzufragen (vgl. Korbion/Mantscheff/Vygen, 2004, Einführung, Rdn. 237). Darüber hinaus kann eine Vielzahl weiterer Anhaltspunkte auf den Willen des Bauherrn hindeuten, eine bestimmte Kostenobergrenze nicht zu überschreiten. Auch hierbei ergibt sich für den Planer die Pflicht, diesen Sachverhalt mit dem Bauherrn aufzuklären. Ignoriert der Architekt/Ingenieur eindeutige Anhaltspunkte für das Vorliegen einer vom Auftraggeber gewünschten Kostenobergrenze, kann sich im Einzelfall – trotz fehlender vertraglicher Vereinbarung – eine auf Erstattung der diese Grenze überschreitenden Kosten gerichtete Haftung des Planers ergeben (vgl. Korbion/Mantscheff/Vygen, 2004, Einführung, Rdn. 237).

2.1.3.2 Unrichtige Kostenermittlung

In Betracht kommt auch eine Haftung des Planers wegen der Erstellung einer unrichtigen Kostenermittlung. Zu klären ist dabei, wann eine Kostenermittlung unrichtig ist.

Die Unwägbarkeiten bei der Kostenermittlung sind zu Beginn des Bauvorhabens am größten und nehmen mit dem Fortschritt des Bauvorhabens ab. Es kommt für eine richtige Kostenermittlung daher nicht darauf an, inwieweit z. B. die Kostenschätzung (Leistungsphase 2) mit den tatsächlichen Baukosten übereinstimmt. Maßstab für die Richtigkeit der Kostenermittlung ist nicht der Vergleich zwischen den ermittelten und den tatsächlichen Kosten. Entscheidend ist vielmehr, ob der Planer den Anforderungen an die Kostenermittlung zum jeweils maßgeblichen Zeitpunkt gerecht wurde (vgl. BGH, BauR 1997, 62 [66]). Richtig ist die Kostenermittlung demnach, wenn alle Faktoren berücksichtigt wurden, die zum Zeitpunkt ihrer Erstellung bekannt waren oder bekannt sein mussten.

Eine mangelhafte Kostenermittlung liegt dagegen vor, wenn der Planer pflichtwidrig wesentliche Faktoren außer Acht gelassen hat. Dafür kommt insbesondere die fehlende Berücksichtigung von erheblichen Mengenmehrungen oder abgeänderten bzw. zusätzlichen Leistungen in Betracht, soweit diese für den Architekten/Ingenieur erkennbar waren. In einem solchen Fall drohen einem Planer auch ohne verbindliche Kostenvorgaben Mängelhaftungs- und/oder Schadensersatzansprüche.

2.1.3.3 Toleranzen

Wegen der oftmals bestehenden Prognose- und Kalkulationsrisiken müssen dem Planer bei der Erstellung seiner Kostenermittlung gelegentlich sog. Sicherheitszuschläge zugestanden werden. Bei diesen Sicherheitszuschlägen handelt es sich um die häufig zitierten Toleranzen.

Da diese Toleranzen lediglich die oben bezeichneten Risiken abdecken sollen, können damit keine Fehler des Architekten ausgeglichen werden. Die Gewährung von etwaigen Toleranzen kommt daher allenfalls in Betracht, soweit der Architekt/Ingenieur die Kostenermittlung ordnungsgemäß – also mangelfrei – erstellt hat. Der Planer muss insoweit sämtliche zum Zeitpunkt der jeweiligen Kostenermittlung maßgeblichen Faktoren vollständig berücksichtigt haben (BGH, BauR 1997, 335). Sollte die Kostenermittlung Mängel aufweisen, können etwaige Toleranzen allein bei solchen Kostensteigerungen berücksichtigt werden, die nicht auf diesen Mängeln beruhen. Die auf einer mangelhaft erstellten Kostenermittlung beruhenden Kostensteigerungen müssen demnach vollumfänglich herausgerechnet werden, bevor etwaige Toleranzen Berücksichtigung finden können.

Auch bei der Höhe etwaiger Toleranzen ist restriktiv zu verfahren. Toleranzen können nicht anhand von festen Prozentsätzen allgemein bestimmt werden. Derartigen Versuchen in der Literatur hat der BGH regelmäßig eine Absage erteilt (BGH, BauR 1994, 268; BGH, BauR 1988, 734 [736]). Die Unwägbarkeiten der Kostenentwicklung eines Bauvorhabens sind von verschiedenen Einzelfaktoren abhängig. Die dem Architekten/Ingenieur zuzugestehende Toleranz ist daher für jeden Einzelfall gesondert zu bilden. Eine absolute, von den Einzelheiten des Falles unabhängige Grenze gibt es nicht (BGH, NJW 1994, 856 [857]).

Hält sich die Abweichung der (ordnungsgemäß) ermittelten Kosten gegenüber den tatsächlichen Kosten innerhalb des Toleranzrahmens, ist keine Pflichtverletzung des Planers anzunehmen (BGH, BauR 1988, 734 [736]; vgl. auch Werner/Pastor, 2005, Rdn. 1786).

2.2   Haftungsfolgen einer Baukostenüberschreitung

Die Folgen der Überschreitung einer Bausumme unterscheiden sich nach der Art der vereinbarten Kostenvorgabe.

2.2.1   Haftung wegen mangelhafter Kostenplanung

Eine mangelhafte Kostenplanung des Architekten/Ingenieurs liegt vor, wenn er gegen eine vereinbarte Kostenobergrenze verstößt, Aufklärungspflichten verletzt, die Kostenermittlung unrichtig erstellt oder – bei ordnungsgemäßer Kostenermittlung – etwaige Toleranzen überschreitet (vgl. zur Einstufung der kostenmäßigen Beratung des Planers als werkvertragliche Hauptleistungspflicht: BGH, BauR 1998, 354; IBR 2003, 203; IBR 2003, 315).

2.2.1.1 Nachbesserung, Minderung, Kündigung

Leistet der Architekt/Ingenieur mangelhaft, muss ihm der Auftraggeber die Möglichkeit geben, den Mangel innerhalb einer angemessenen Frist zu beheben (§§ 633, 634 Nr. 1 BGB). Eine Fristsetzung ist entbehrlich, wenn die Nachbesserung unmöglich ist oder der Planer die Nachbesserung verweigert (BGH, BauR 2002, 978; BauR 1994, 133). Ist die Frist fruchtlos verstrichen, kann der Bauherr das Honorar mindern. Steht die Nichterreichbarkeit der vereinbarten Baukosten bereits vor Baubeginn fest, kann sich daraus ein Recht des Auftraggebers zur Kündigung des Planungsvertrags aus wichtigem Grund ergeben (BGH, BauR 2002, 1722).

2.2.1.2 Schadensersatz

Darüber hinaus kommen gemäß §§ 634 Nr. 4, 280, 281 BGB Schadensersatzansprüche in Betracht. Anders als die Ansprüche aus der Bausummengarantie sind Schadensersatzansprüche allerdings verschuldensabhängig. Der Planer muss die Bausummenüberschreitung insofern zu vertreten haben. Dabei gilt gemäß § 280 Abs. 1 Satz 2 BGB eine Beweislastumkehr. Der Architekt/Ingenieur hat demnach darzulegen und zu beweisen, dass er die Mangelhaftigkeit weder fahrlässig noch vorsätzlich herbeigeführt hat.

Resultiert aus der verschuldeten Pflichtverletzung (Baukostenüberschreitung) ein Schaden für den Bauherrn, steht diesem ein Schadensersatzanspruch gegen den Planer zu.

Die Berechnung der Anspruchshöhe richtet sich nach dem allgemeinen Schadensersatzrecht. Grundsätzlich ist der Bauherr so zu stellen, wie er stünde, wenn der Architekt/Ingenieur seine Pflichten im Rahmen der Baukostenplanung ordnungsgemäß wahrgenommen hätte (vgl. Miegel, 1997, S. 926). Dabei handelt es sich um den Ersatz des sog. positiven Interesses – dies ist der Schaden, der entstanden ist, obwohl der Bauherr trotz der Baukostenüberschreitung sein grundsätzliches Interesse an der Projektdurchführung nicht verloren hätte.

Im Einzelfall kommt auch ein Anspruch auf Ersatz des sog. negativen Interesses in Betracht. Dies ist immer dann denkbar, wenn der Planer bei Vertragsschluss eine Pflichtverletzung begangen hat und der Bauherr bei einem ordnungsgemäßen Verhalten des

Architekten/Ingenieurs den Entschluss zur Bauausführung nicht gefasst bzw. das Bauvorhaben abgebrochen hätte. Der Bauherr ist dann so zu stellen, wie er stünde, wenn das Bauvorhaben nicht durchgeführt worden wäre (vgl. Miegel, 1997, S. 926). Der Schadensersatz dient in diesem Fall also dazu, das – bei vertragsgerechtem Verhalten des Planers vorauszusetzende – Interesse des Bauherrn an einer Nichtdurchführung des Projektes durchzusetzen. Dementsprechend liegt hierbei der Schaden systematisch nicht in der grundsätzlichen Überschreitung einer Baukostensumme, sondern überspitzt gesagt darin, dass überhaupt Baukosten entstanden sind.

Bei der Vereinbarung einer Kostenobergrenze liegt der Schaden grundsätzlich in der Differenz zwischen den vereinbarten Baukosten und den tatsächlich angefallenen Kosten (vgl. Werner/Pastor, 2005, Rdn. 1786).

Eine Reduzierung des Schadens kann sich in den vorstehenden Fallgruppen aus dem Gedanken der **Vorteilsausgleichung** ergeben. Diese findet statt, wenn ein schadenbringendes Ereignis gleichzeitig mit einem Vorteil für den Geschädigten verbunden ist (vgl. Palandt, 2007, § 249, Rdn. 119). Der errechnete Schaden ist dann um diesen Vorteil zu reduzieren. In der Literatur wird daher in solchen Fällen teilweise von einer **unechten Bausummenüberschreitung** gesprochen (vgl. BauR 2004, 916 [918]; BauR 1997, 62 [71]).

Wenn sich die Baukosten erhöhen, ist damit häufig auch eine Werterhöhung des Bauobjekts verbunden. Diese schmälert den erlittenen Schaden des Bauherrn. Allerdings können mit der Bausummenüberschreitung mittelbare Schäden verbunden sein, die nicht durch den Mehrwert des Objekts gedeckt sind. So sind höhere Baukosten in der Regel mit höheren Finanzierungskosten für den Bauherrn verbunden. Diese erhöhen den Schaden des Bauherrn. In einem solchen Fall müssen allerdings erneut etwaige Vorteile berücksichtigt werden. Zu denken wäre hierbei an Steuervorteile (BGH, NJW 1994, 856).

Vereinzelt können Ausnahmen vom Grundsatz der Vorteilsausgleichung gemacht werden.

Dies gilt z. B. bei der Eigennutzung des Bauherrn. Verkauft er das Objekt nicht, so realisiert sich für ihn die Werterhöhung zwar im Sinne seiner Vermögensbewertung, nicht aber durch einen entsprechenden Kapitalrückfluss. Als Verkehrswert des Gebäudes ist in diesen Fällen der Sachwert anzusetzen (BGH, BauR 1997, 74). Anders ist es bei gewerblich genutzten oder vermieteten Gebäuden. Bei diesen ist der Ertragswert als Verkehrswert anzusetzen (OLG Düsseldorf, BauR 1974, 354).

Ein niedriger Verkehrswert eines an sich sehr hochwertigen Gebäudes kann auch aus einem vom Bauherrn schlecht gewählten Bauplatz resultieren. Lässt sich aufgrund der Lage des Bauplatzes der Wert des Gebäudes nicht realisieren, ist dies nicht dem Planer vorzuwerfen. Dieser Umstand muss im Rahmen der Schadensberechnung berücksichtigt werden.

Ausnahmsweise kann auch aus „Treu und Glauben" (§ 242 BGB) vom Grundsatz der Vorteilsausgleichung abgewichen werden. Voraussetzung dafür ist, dass die mit dem Mehrwert einhergehenden Mehraufwendungen für den Bauherrn untragbar sind. Dies kann allerdings nur in Extremfällen gelten. Nach dem Oberlandesgericht Hamm muss der Bauherr hierfür durch die finanziellen Mehraufwendungen in einer die *„Opfergrenze übersteigenden Weise persönlich eingeschränkt"* sein (OLG Hamm, BauR 1993, 626 [629]). Dies kann angenommen werden, wenn er die Mehraufwendungen finanziell nicht tragen kann. Dasselbe muss allerdings gelten, wenn die Finanzierung möglich ist, den Bauherrn aber völlig überlastet. Eine solche Überlastung liegt vor, wenn er sein regelmäßiges Aufkommen und die Lebenshaltungskosten nicht mehr bestreiten kann.

2.2.2 Verstoß gegen Bausummengarantie

Vereinbaren die Vertragsparteien eine Bausummengarantie, haftet der Planer grundsätzlich für die gegenüber den ursprünglich vereinbarten Kosten entstehenden Mehrkosten.

Einschränkungen bei der Haftung aus der Garantie können sich aus dem Verhalten des Bauherrn ergeben. Denkbar sind beispielsweise kostenrelevante Änderungswünsche des Bauherrn. Diese sind für den Architekten/Ingenieur bei Übernahme der Garantie regelmäßig nicht absehbar und werden daher nicht von der Garantie erfasst. Dem Architekten/Ingenieur kann bei Abschluss der Bausummengarantie nicht unterstellt werden, er habe für derartige Mehrkosten einstehen wollen.

Eine **Vorteilsausgleichung** gibt es im Rahmen der Bausummengarantie nicht. Der Anspruch auf Ersatz der über die vereinbarte Bausumme hinausgehenden Kosten stellt einen vertraglichen Erfüllungsanspruch dar. Der Grundsatz der Vorteilsausgleichung gilt hingegen nur für Schadensersatzansprüche. Er kann demnach keine Anwendung bei dem Anspruch aus der Bausummengarantie finden. Dieser Anspruch kann durch den zusätzlich erlangten Vorteil nicht geschmälert werden (vgl. Motzke/Wolff, 2004, S. 57).

2.3 Ökonomische Konsequenzen aus Bausummenüberschreitungen

Eine wirtschaftlich effiziente Realisierung von Bauprojekten wird nicht zuletzt dadurch bestimmt, dass die ökonomischen Konsequenzen aus Bausummenüberschreitungen minimiert werden. Zu diesem Zweck müssen Überschreitungen der prognostizierten bzw. vereinbarten Baukosten entweder durch geeignete Planungs- und Steuerungsinstrumente zuverlässig verhindert oder aber bei ihrem Eintreten gegenüber dem Verursacher sanktionierbar gemacht werden können.

Die Rechtslage zu den Leistungspflichten des Architekten/Ingenieurs bei der Baukostenplanung und die Behandlung von Bausummenüberschreitungen führen insofern zu unmittelbaren ökonomischen Konsequenzen, die sich im Wesentlichen durch die nachfolgend skizzierten Aspekte beschreiben lassen.

2.3.1 Probleme des juristischen Schadensbegriffs

Sofern kein Erfüllungsanspruch aus einer vertraglich vereinbarten Bausummengarantie greift, kommt als Sanktionsmittel von Baukostenüberschreitungen ein Schadensersatzanspruch in Betracht, den der Bauherr gegenüber seinem Planer geltend machen kann.

Wie bereits in Kapitel 2.2.1.2 aufgezeigt wurde, ist hierbei die Vermögenslage des Bauherrn infolge der durch Verschulden des Architekten/Ingenieurs verursachten Bausummenüberschreitung mit seiner (hypothetischen) Vermögenssituation bei vertragsgemäßer Ausführung der Planungsleistung zu vergleichen. Die Differenz beider Vermögenslagen definiert den Schaden des Bauherrn. Bei der Bewertung des Vermögens ergeben sich allerdings Schwierigkeiten durch das Rechtsinstitut der sog. Vorteilsausgleichung und daneben aus der Rechtsprechung zum maßgeblichen Berechnungszeitpunkt des Schadens.

2.3.1.1 Kritikpunkte der Vorteilsausgleichung

Zum Vermögen des Bauherrn zählen im Hinblick auf die Schadensfeststellung nicht allein finanzielle Mittel, sondern insbesondere auch Sachkapital wie etwa das realisierte Bauobjekt selbst. Dies erklärt, dass sich der Bauherr auch Vermögenszuwächse durch Wertsteigerung des Objekts als schadenmindernde Vorteile anrechnen lassen muss.

Diese sog. Vorteilsausgleichung (vgl. BGH, BauR 1979, 74; Löffelmann/Fleischmann, 2000, Rdn. 1716 ff.; Locher/Koeble/Frik, 2005, Einleitung, Rdn. 100) führt in ihrer Systematik bei der Praxisanwendung nicht selten zu Problemen, weil sie die verschiedenen Bauherrentypen im Hinblick auf ihre individuellen Baukostenziele ungleich behandelt.

Die Ursache liegt in der Tatsache, dass ein Vermögenszuwachs des Bauherrn durch Wertsteigerung des Objektes grundsätzlich als Vorteil bei der Schadensfeststellung zu berücksichtigen ist. Als Wertmaßstab ist folgender Verkehrswert des Bauobjektes anzusetzen:

- bei eigengenutzten Gebäuden der Sachwert (vgl. Locher/Koeble/Frik, 2005, Einleitung, Rdn. 100; BGH, NJW 1970, 2018; BGH, BauR 1979, 74; OLG Celle, BauR 1998, 1030; OLG Düsseldorf, BauR 1974, 354 [356]),
- bei gewerblich genutzten Gebäuden der Ertragswert (OLG Stuttgart, BauR 2000, 1893),
- bei gemischt genutzten Gebäuden eine Mischung aus Sach- und Ertragswert (vgl. Locher/Koeble/Frik, 2005, Einleitung, Rdn. 100).

Greifbar wird die ökonomische Problematik dieser Vorgehensweise etwa an dem Beispiel, dass bei eigengenutzten Betriebsgebäuden der Sachwert für die Vorteilsberechnung zugrunde zu legen ist (BGH, BauR 1979, 74).

In diesem Fall muss sich z. B. ein Produktionsunternehmen eine Wertsteigerung des Sachwerts seiner neu errichteten Fabrikationshalle als Vermögensvorteil auf die Baukostenüberschreitung anrechnen lassen. De facto ist aber diese Verkehrswertsteigerung für das Unternehmen nicht von Interesse, denn das Objekt dient einzig und allein der Fabrikation von Waren. Es wird insofern Kapital des Unternehmens unproduktiv gebunden, wenn das Objekt seine Funktion bei der Produktherstellung (Witterungsschutz der Fabrikationseinrichtungen, Materiallagerung etc.) in gleicher Weise auch zu geringeren Baukosten – ggf. mit niedrigerem Objektstandard – erfüllen könnte. Insofern sinkt mit steigender Bausumme allein die Rentabilität der Produktion (vgl. hierzu auch Blecken, 2001, S. 22; Blecken/Sundermeier/Nister, 2004, S. 918).

Eine Veräußerung des Objektes (hier durch das Produktionsunternehmen) zum höheren Verkehrswert auf dem Immobilienmarkt scheidet überdies häufig bereits deshalb aus, weil es funktional bzw. technisch nur unzureichend von übrigen Betriebsteilen zu trennen ist oder ein späterer Verkauf aus anderen Gründen für den Bauherrn schlichtweg keinen Sinn machen würde (z. B. wenn das Grundstück für eine spätere Entwicklung des Betriebs im Bestand gehalten werden soll). Überdies werden eigengenutzte Gebäude ihrer Bestimmung nach eben gerade nicht für ein unverzügliches „In-Verkehr-Bringen" am Immobilienmarkt errichtet; sie verkörpern deshalb im engeren Sinne keinen realen bzw. kurzfristig liquidierbaren Vermögenswert (vgl. dazu Lauer, 1991, S. 410; Schwenker, 2003, S. 117). Dies gilt in besonderem Maße für solche Bauobjekte, die über hoch nutzerspezifische Eigenschaften verfügen und für die der ermittelte Verkehrswert aufgrund eines strukturellen Nachfragemangels kaum realisierbar ist.

Es leuchtet ein, dass der Bauherr in derartigen Fällen – kausal bedingt durch die Bausummenüberschreitung – einen Vermögensnachteil erleidet, der nach der geltenden juristischen Definition jedoch einer Schadensfeststellung unzugänglich ist.

Analog verhält es sich in zahlreichen anderen Praxisfällen einer erwerbswirtschaftlich orientierten Bauprojektrealisierung.

Beispiele

- Wenn Bauträger Eigentumswohnungen oder Eigenheime – was unter ökonomischen Gesichtspunkten oftmals zwingend ist – schon vor ihrer Fertigstellung veräußern, so können sie Verkehrswertsteigerungen im Allgemeinen nicht über einen höheren Verkaufspreis an die Erwerber durchstellen.
- Lässt ein Investor ein Mietobjekt (Mehrfamilienhaus, Bürogebäude) errichten, so kann er einen höheren Ertragswert des Gebäudes ggf. nicht mehr realisieren, wenn er vor Fertigstellung des Objekts bereits langfristige Mietverträge mit den späteren Nutzern geschlossen hat.

Diese grob skizzierten Beispielsituationen bilden in der Praxis eher die Regel als die Ausnahme. Der juristische Vorteilsbegriff mag insofern zwar rechtsdogmatisch ohne Zweifel sein. Unter immobilienökonomischen Gesichtspunkten birgt die geltende Rechtspraxis zu der Vorteilsausgleichung jedoch die Gefahr, dass die wirtschaftlichen Belange und Planungsziele eines Bauherrn bei der Schadensfeststellung nur unzureichend gewürdigt bzw. geschützt werden.

Hierzu trägt auch der Umstand bei, dass neben den beschriebenen einzelwirtschaftlichen Aspekten bislang unberücksichtigt bleibt, welche Auswirkungen die Situation auf dem Immobilienmarkt auf die Schadensberechnung hat. So hat sich das Oberlandesgericht Celle beispielsweise gegen die Berücksichtigung konjunktur- und ortsabhängiger Marktgegebenheiten gewandt (OLG Celle, BauR 1998, 1030; vgl. auch Schwenker, 2003, S. 117).

Der Ausweg, den Schaden nach den Grundsätzen von Treu und Glauben (§ 242 BGB) abweichend ohne Vorteilsausgleichung festzustellen, ist nach geltender Rechtsprechung auf äußerst eng begrenzte Ausnahmen beschränkt und wird deshalb in der überwiegenden Mehrzahl der hier beschriebenen Fälle nicht greifen. Der juristische Vorteilsbegriff spiegelt die Bedürfnisse bzw. Verhältnisse der Immobilienpraxis folglich nicht vollständig adäquat wider und bedarf daher einer Neujustierung.

Eine grundsätzliche Abkehr vom geltenden Vorteilsbegriff bei Bausummenüberschreitungen erscheint in diesem Kontext jedoch nicht angemessen, weil es auf der anderen Seite unbillig erscheint, den Planer für eine vom Bauherrn nicht gewünschte Wertverbesserung voll in Haftung zu nehmen, sofern der Bauherr letztendlich von dieser Verkehrswertsteigerung profitiert.

2.3.1.2 Zeitpunkt der Schadensberechnung

Ein weiteres Problemfeld eröffnet sich mit der Frage nach dem maßgeblichen Zeitpunkt der Schadensberechnung.

Im Rahmen zivilgerichtlicher Rechtsstreitigkeiten ist nach herrschender Meinung auf den Schluss der letzten mündlichen Tatsachenverhandlung abzustellen (BGH, BauR 1997, 335; OLG Hamm, BauR 1993, 628; vgl. auch Locher/Koeble/Frik, 2005, Einleitung, Rdn. 100; Miegel, 1995, S. 79 f.). Dies eröffnet den Parteien zwangsläufig Spielräume für ein opportunistisches Verzögern des Prozesses. Steigen die Immobilienpreise, so reduziert sich die Chance des Bauherrn auf Schadensersatz bereits durch den Zeitablauf des Prozesses und der Architekt/Ingenieur würde bevorteilt. Sinken die Preise am Immobilienmarkt, verhält es sich umgekehrt und der Bauherr würde von einer Verzögerung des Klageverfahrens profitieren.

Nicht zuletzt in Erkenntnis dieser Problematik werden in der juristischen Literatur auch andere Auffassungen vertreten. Diese Autoren stellen auf den Zeitpunkt ab, an dem die Baukostenentwicklung abgeschlossen ist, und verweisen auf den Abschluss der Bauwerkserrichtung (vgl. Löffelmann/Fleischmann, 2000, Rdn. 1719) bzw. die Fälligkeit der Bauunternehmer- und Lieferantenrechnungen (vgl. Lauer, 1993, S. 52). Die Betrachtung orientiert sich vor diesem Hintergrund am Zeitpunkt der Liquiditätseinbuße aufseiten des Bauherrn durch Realisierung der höheren Kosten[10] und klammert die (spätere) Entwicklung des Immobilienmarktes insoweit aus der Schadensbetrachtung aus. Allerdings hat diese Sichtweise bisher keinen Eingang in die höchstrichterliche Rechtsprechung gefunden. Der BGH hat diese Sichtweise vielmehr explizit abgelehnt (BGH, BauR 1997, 335).

2.3.2 Hohe Anforderungen an den Schadensnachweis

Die Realisierung von Bauvorhaben ist ökonomisch dadurch charakterisiert, dass sie für die Durchführung der Planung und die Erstellung der Bauleistungen langfristige Austauschbeziehungen zwischen einer Vielzahl von Projektbeteiligten erfordert. Deren einzelne Leistungsanteile sind dabei auf unterschiedlichsten Ebenen miteinander verflochten. Als interdisziplinärer Zielfindungs- und Problemlösungsprozess ist die Objekt- und Fachplanung von Bauwerken zudem stark von einer begrenzten Vorhersehbarkeit aller projektrelevanten Einflüsse geprägt – Planungsmodifikationen sind daher im Regelfall unvermeidbar. Mit der Zahl der Schnittstellen steigt schließlich auch das Risiko, dass entscheidungsrelevante Informationen nicht oder nicht richtig aufgenommen und verarbeitet werden.[11]

Die Ursachen für Baukostenüberschreitungen sind in der Praxis insofern vielfältig. Sie können nicht allein aus den verschiedenen Leistungsbeiträgen der Beteiligten an sich resultieren, sondern insbesondere auch aus dem Umstand, wann und wie die jeweilige Teilleistung erbracht wird.

Die Anforderungen an den Schadensnachweis bei Bausummenüberschreitungen sind entsprechend hoch (vgl. Locher/Koeble/Frik, 2005, Einleitung, Rdn. 95):

Zunächst muss die Anspruchsgrundlage dahingehend dargelegt werden, dass der Architekt/Ingenieur bei der Kostenplanung (einen) Fehler gemacht hat. Weiter muss geprüft und ggf. ausgeschlossen werden, ob und inwiefern dem Planer bei seinen Kostenprognosen ein Toleranzbereich zur Verfügung stand.

---

10 Locher/Koeble/Frik bezeichnen dies als „Liquiditätsbeengung" (Locher/Koeble/Frik, 2005, Einleitung, Rdn. 100).
11 Gemeinsam mit der mangelnden Vorhersehbarkeit wird dieses Phänomen im ökonomischen Sinne auch als sog. eingeschränkte Rationalität verstanden.

Weiterhin kommt ein Schadensersatz nur in Betracht, wenn tatsächlich ein Schaden entstanden ist, für den der betroffene Bauherr darlegungs- und beweispflichtig ist. Dieser Schaden muss zudem kausal durch den Fehler des Architekten/Ingenieurs hervorgerufen worden sein.

Sind diese Voraussetzungen erfüllt, muss schließlich ein Verschulden des Planers vorliegen, d.h., der Planer darf sich – soll ein Anspruch durchgesetzt werden – von seinem Fehler nicht entlasten können. Als weitere Voraussetzung ist zu beachten, dass dem Architekten/Ingenieur grundsätzlich ein Nacherfüllungsrecht zusteht, um eine vertragsgemäße Leistung herbeizuführen. Erst nach Verwirkung dieses Rechts sind formal die Voraussetzungen für einen Schadensersatzanspruch gegeben.

2.3.2.1 Nachweis der anspruchsbegründenden Tatsachen

Für den Nachweis der anspruchsbegründenden Tatsachen bei Bausummenüberschreitungen gilt abweichend von technischen Mängeln nicht die sog. Symptomrechtsprechung des BGH, nach welcher der Vortrag genügen würde, dass die tatsächlichen Kosten sich gegenüber der Kostenermittlung des Planers unzulässig erhöht hätten (vgl. Locher/Koeble/Frik, 2005, Einleitung, Rdn. 97). Der Bauherr trägt die Darlegungs- und Beweislast für Fehler des Architekten/Ingenieurs bei der Kostenplanung (BGH, BauR 1988, 734; NJW-RR 1988, 1361).

Voraussetzung für die Durchsetzung von Schadensersatzansprüchen ist demnach, die Bausummenüberschreitung nicht nur als solche zu erkennen, sondern sie auch gegenüber Dritten zu verifizieren. Hierbei ist Folgendes zu berücksichtigen:

Kostenüberschreitungen werden im Allgemeinen erkennbar, wenn eine vom Planer vorgelegte Kostenermittlung gegenüber den vorausgehenden Berechnungen unzulässig nach oben abweicht, indem die Bausumme etwa die vereinbarte Kostenobergrenze überschreitet. Dies kann bereits im Zuge der Planungs- und Bauabwicklung sein; häufiger aber wird die Bausummenüberschreitung erst mit der Kostenfeststellung nach Abschluss der Bauausführung offenbar.

In diesem Fall kommen verschiedene Kategorien einer Pflichtverletzung des Planers in Betracht, die dem Grunde nach zu Schadensersatzansprüchen führen:

- unrichtige Kostenermittlungen (BGH, BauR 1997, 335; ZfBR 1997, 145; OLG Köln, NJW-RR 1994, 981),
- vergessene Kostenermittlungen (OLG Stuttgart, BauR 2000, 1893),
- verspätete Vorlage von Kostenermittlungen (BGH, BauR 2005, 400; NZBau 2005, 158),
- fehlerhafte Kostenfortschreibung (OLG Stuttgart, BauR 1987, 462; NJW-RR 1987, 913).

Dabei muss nicht zwingend die letzte Kostenermittlung vor Eintritt der Bausummenüberschreitung fehlerhaft sein. Vielmehr sind grundsätzlich alle vorausgehenden Kostenermittlungen auf Fehler des Architekten/Ingenieurs zu überprüfen. In diesem Kontext muss außerdem ausgeschlossen werden, dass Planungs- oder Terminänderungen auf Veranlassung des Bauherrn oder unvermeidbare Unwägbarkeiten und Unsicherheiten (Toleranzen) bei der Kostenermittlung ursächlich für die Bausummenüberschreitung sind.

Besonders bei Kostenermittlungen aus frühen Projektphasen sind Fehler unter Umständen schwer nachweisbar, weil der Planer hier ggf. zur Verwendung globaler Kostenkennwerte gezwungen ist und dementsprechend große Bewertungsspielräume der Kosten bestehen.[12]

Von späteren, präziseren Planungsständen kann überdies kaum auf Fehler bei früheren Kostenermittlungen rückgeschlossen werden, weil der Architekt/Ingenieur bei diesen Ermittlungen nicht gezwungen ist, im Vorgriff auf spätere Planungsentscheidungen detaillierte Annahmen über die Ausführung zu treffen – z.B. über die Art und die Ausführung der Außenfassade. Solche Detailannahmen wären ihm regelmäßig kaum zuzumuten, denn dies würde Planungsergebnisse erfordern, deren Herbeiführung der Architekt/Ingenieur erst in späteren Planungsphasen schuldet.

Spielräume bzw. Unwägbarkeiten liegen – oft bis zur Ausführung der Bauleistung – auch in der Bewertung des Baugrunds oder vorhandener Bausubstanz, sodass Kostenüberschreitungen in diesen Bereichen nicht zwangsläufig auf eine falsche Kostenermittlung bzw. unzureichende Vorerkundung zurückzuführen sind. Der Planer kann sich hier z.B. darauf berufen, er habe Kostensteigerungen infolge einer aufwendigeren Gründung nicht vorhersehen können, weil jede Baugrunduntersuchung nur eine Stichprobe darstelle.

Die systembedingt grobe Struktur von Kostenermittlungen in frühen Projektphasen erschwert zudem einen Nachweis darüber, ob ggf. falsche Kostenansätze in einzelnen Kostengruppen durch nachträgliche Planungsänderungen kompensiert wurden. Nachträglich lässt sich hier kaum noch sicher feststellen, welche Kostenbestandteile in den ersten Kostenermittlungen korrekt erfasst waren und welche ggf. vergessen oder zu niedrig bewertet wurden.

Oft ist deshalb im Nachhinein bereits die Frage streitig, welche Planungsentscheidungen als Konkretisierungen des Planungsrahmens und welche Entscheidungen als Planungsmodifikationen zu bewerten sind. Während Bauherren bei Kostenüberschreitungen dazu neigen, die getroffenen Planungsentscheidungen als Konkretisierungen des vereinbarten Planungsrahmens aufzufassen, wird der Architekt/Ingenieur eher mit kostenwirksamen Planungsmodifikationen auf Veranlassung des Bauherrn argumentieren. Die Ursache hierfür liegt darin, dass manche Objektfunktionen auf grundsätzlich verschiedenen Wegen erfüllt werden können. So bedarf es z.B. zur Realisierung eines Büroobjekts mit hohem Standard keineswegs zwingend einer aufwendigen gebäudetechnischen Ausrüstung. Der kausale Nachweis wird deshalb in vielen Fällen nicht zu führen sein – auch weil es in der Praxis oft an hinreichender Dokumentation des Planungsverlaufs mangelt.[13] Als besonders kritisch ist in diesem Kontext der Umstand zu bewerten, dass bis zum Erscheinen der DIN 276-1:2006-11 keine Dokumentationspflichten an die Kostenermittlung und -kontrolle in der DIN 276 formuliert waren.

Nach geltender Rechtslage ist es für den Nachweis der anspruchsbegründenden Tatsachen ausreichend, wenn der Bauherr erklärt, dass die vom Planer im Zuge der Kosten-

---

12 Hier bestehen nicht allein Spielräume bei der Verwendung globaler Kostenkennwerte (z. B. €/m³ BRI; €/m² BGF oder €/m² NF), sondern bereits die Einordnung der Planung in eine Objektkategorie ist wegen globaler Differenzierungsmerkmale (einfacher/mittlerer/hoher Standard) zwangsläufig einer großen Streuungsbreite unterworfen und insofern interpretierbar (vgl. hierzu z. B. die Kostendatensystematik des Baukosteninformationszentrums Deutscher Architektenkammern [BKI]).

13 An diesem Faktum ändert auch die Warnpflicht des Planers gegenüber dem Bauherrn bei Kostensteigerungen infolge von Sonderwünschen zunächst nichts, weil hierbei eine gemeinsame Auffassung der Beteiligten darüber unterstellt wird, welche Planungsleistungen „Sonderwünsche" seien.

planung genannten Baukosten zum Zeitpunkt ihrer Ermittlung unrealistisch niedrig waren. Der Bauherr muss seine Behauptung allerdings durch die Nennung realistischer Zahlen substanziieren, die wiederum durch ein Sachverständigengutachten zu belegen sind (vgl. Locher/Koeble/Frik, 2005, Einleitung, Rdn. 97). Problematisch gestaltet sich dieses Vorgehen jedoch, wenn die zum Zeitpunkt der streitigen Kostenermittlung gültigen Planungsinformationen mangels Dokumentation nachträglich nicht mehr eindeutig verifizierbar sind. Die daraus resultierenden Ermittlungsspielräume gehen dann zulasten des Bauherrn.

Ein Beispiel für die systemimmanenten Bewertungsspielräume bei Kostenermittlungen zeigt die nachstehende Abb. F 2.1. Insbesondere in frühen Projektphasen basieren Kostenermittlungen (zumindest der Bauwerkskosten aus den Kostengruppen 300 und 400) im Regelfall vollständig auf Kostendaten realisierter Vergleichsobjekte, die naturgemäß stets eine Bandbreite widerspiegeln. Trotz der zunehmenden Konkretisierung der Planung und der damit einhergehenden stärkeren Aufgliederung der Kostenermittlungen in Kostengruppen ergeben sich ggf. erhebliche Streubereiche der verfügbaren Kostendaten, die den Architekten/Ingenieur zu individuellen Bewertungen zwingen.

Zwangsläufig unterliegen die getroffenen Annahmen umso stärker einer subjektiven Einschätzung, je geringer die zugrunde liegenden Planungsinformationen sind. Eine sichere Bewertung der „Richtigkeit" solcher Kosteneinschätzungen ist auf dieser Grundlage auch für sachverständige Dritte problematisch. Für den Bauherrn wie für den Planer ergeben sich deshalb erhebliche Chancen und Risiken aus einer nachträglichen Überprüfung der Kostenermittlungen früherer Projektphasen im Hinblick auf das Prüfungsergebnis. Es ist insofern leicht nachvollziehbar, dass bei strittigen Kostenermittlungen nicht selten für die individuellen Sichtweisen beider Parteien eine gutachterliche Bestätigung erlangt werden kann.

Abb. F 2.1: Beispiele für Bewertungsspielräume bei Kostenermittlungen; Basis: BKI-Kostendaten, hier am Beispiel der Kostenkennwerte für Gebäude 2002 (Ein- und Zweifamilienhäuser, einfacher Standard, vgl. BKI, 2002, S. 150 f.)

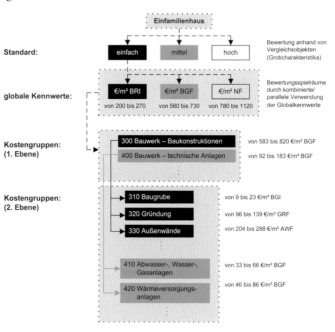

Doch nicht allein der Nachweis einer falschen Kostenermittlung gestaltet sich komplex, sondern auch der Nachweis einer fehlerhaften Kostenfortschreibung über die einzelnen Planungsphasen und Kostenermittlungsstufen. Hierbei besteht das Problem, dass für die einzelnen Stufen der Kostenplanung im Allgemeinen kein durchgängiger Bezugsrahmen existiert.

Zunächst fällt der Kostenanschlag gemäß § 15 HOAI in die Leistungsphase 7; er wird im Regelfall in Form einer ausführungsbezogenen Kostengliederung erstellt. Dies ist fast zwingend, weil der Kostenanschlag entsprechend dem Wortlaut des § 15 HOAI *„nach DIN 276 aus Einheits- und Pauschalpreisen der Angebote"* zu erstellen ist. Dieser Systembruch von einer planungsorientierten Kostengliederung hin zu einer gewerke- bzw. ausführungsorientierten Struktur erschwert die Kostenfortschreibung und -kontrolle.

So teilen sich Kostenkennwerte aus den Kostengruppen der zuvor erstellten Kostenermittlungen im Kostenanschlag zumeist in Preisbestandteile verschiedener Gewerke auf, die ihrerseits wiederum Kosten verschiedener Kostengruppen der DIN 276 enthalten (können). Auf diese Weise entstehen **komplexe Zuordnungsstrukturen,** die sich bereits bei Bauvorhaben geringen Umfangs ohne EDV-basierte AVA- (AVA = **A**usschreibung, **V**ergabe und **A**brechnung) bzw. Kostenplanungsprogramme kaum noch handhaben lassen (vgl. Abb. F 2.2).

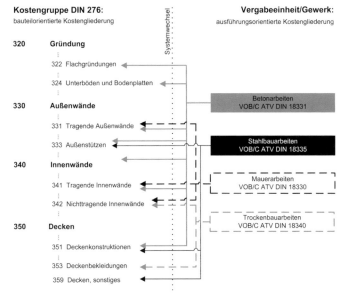

Abb. F 2.2: Zuordnungsprobleme planungs- und ausführungsorientierter Kostengliederungen

Weiterhin ist zu beachten, dass der Kostenanschlag gemäß § 15 HOAI zwar Angebote für alle Gewerke zu umfassen hat, aber seinem Zweck entsprechend schon vor Baubeginn vorliegen soll. In der Praxis sind beide Forderungen nur in den seltensten Fällen übereinzubringen, weil die Bauaufträge im Allgemeinen mit dem Fortschritt der Leistungserstellung bis ggf. kurz vor Fertigstellung des Objekts vergeben werden. In diesem Fall ist der Planer gezwungen, entweder Eigenkalkulationen (vgl. Winkler, 1994, S. 38) vorzunehmen oder aber Angebotslücken durch Einsetzen ortsüblicher Preise zu schließen (vgl. Löffelmann/Fleischmann, 2000, Rdn. 370; Korbion/Mantscheff/Vygen, 2004, § 15, Rdn. 147; Jochem, 1998, § 15, Rdn. 56; Locher/Koeble/Frik, 2005, § 15, Rdn. 164).

Da beide Varianten zulässig sind, lässt sich der Schluss ziehen, dass auch gegen eine Kombination einer objekt- und ausführungsorientierten Kostengliederung grundsätzlich keine Einwendungen bestehen.

Eine systematisch durchgängige und eindeutig zuordnungsfähige Kostenfortschreibung wird auf diese Weise allerdings in den wenigsten Fällen erreichbar sein. Dies wiederum eröffnet Interpretationsspielräume und schafft hohe Hürden für den Fehlernachweis bei der Kostenfortschreibung und -kontrolle. Gefördert wird diese Problematik durch die bisher gültigen Regelungen der DIN 276 zum Kostenanschlag, die Vorgaben zur Strukturierung lediglich als „Soll"-Bestimmung vorsahen und überdies keine klaren Anforderungen formulierten, auf welche Weise die Durchgängigkeit bzw. Nachvollziehbarkeit trotz des in der Praxis zumeist vollzogenen Systemwechsels von der bauteilorientierten zu einer ausführungsbezogenen Kostengliederung sicherzustellen sei.

Zusammenfassend ist somit zu konstatieren, dass der Nachweis der anspruchsbegründenden Tatsachen eines Schadensersatzes aus Baukostenüberschreitung in vielen Fällen Probleme aufwirft. Dies ist nicht allein der originären Komplexität des Planungsprozesses geschuldet, sondern nicht zuletzt auch auf unzureichende Regelungen der Leistungs-, Mitwirkungs- und Dokumentationspflichten der Beteiligten im Rahmen der Kostenplanung zurückzuführen.

2.3.2.2 Nachweis der kausalen Schadenshöhe

Sofern dem Bauherrn dem Grunde nach ein Schadensersatzanspruch aus Bausummenüberschreitung zusteht, muss dieser den erlittenen Schaden der Höhe nach beziffern. Hierbei ist bedeutsam, dass nur solche Baukostenüberschreitungen zum Schaden zählen, die kausal auf Fehlverhalten des Architekten/Ingenieurs bei der Kostenplanung zurückzuführen sind (vgl. Abb. F 2.3).

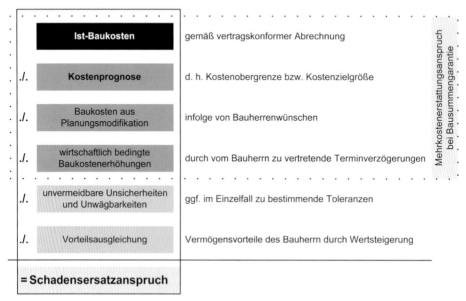

Abb. F 2.3: Bestandteile des materiellen Schadensersatzanspruchs

Als Ist-Baukosten sind in diesem Berechnungsschema die Kosten heranzuziehen, die sich aus der ordnungsgemäßen Kostenfeststellung des Architekten/Ingenieurs ergeben. Ob der Bauherr diese Kosten tatsächlich an die am Bauvorhaben beteiligten Leistungsträger und Lieferanten gezahlt hat, ist in diesem Kontext unerheblich – Maßstab bleibt die Baukostensumme, die der Bauherr nach korrekter Kostenfeststellung geschuldet hat, und nicht die Summe, die er aufgrund von Nebenabreden, Skontierungen etc. tatsächlich an seine Vertragspartner gezahlt hat (BGH, BauR 2005, 400; NJW-RR 2005, 318; NZBau 2005, 158; ZfBR 2005, 178).

Dies bedeutet allerdings, dass der Bauherr so lange seinen Schaden nicht vollständig beziffern kann, bis auch strittige Werklohnansprüche abschließend festgestellt sind.[14] Wenn die strittige Werklohnsumme hoch ist und/oder die Feststellung des Werklohnanspruchs lange Zeit in Anspruch nimmt, kann der Bauherr seinen Schadensersatzanspruch aus Baukostenüberschreitung ggf. erst mit großer Verzögerung geltend machen.

Die Differenz zwischen der fehlerhaften Kostenprognose und den festgestellten Ist-Baukosten muss zur Schadensfeststellung um die Kostensteigerungen bereinigt werden, die auf zwischenzeitliche Planungsmodifikationen auf Veranlassung des Bauherrn zurückzuführen sind, wie z.B. zusätzlich beauftragte Planungsleistungen oder Erhöhungen des Objektstandards. Denn Gegenstand des Schadensersatzanspruchs können nur Mehrkosten sein, die bei korrekter Kostenermittlung nicht entstanden wären (vgl. Löffelmann/Fleischmann, 2000, Rdn. 1715).

Alternativ muss der Bauherr schlüssig darlegen, dass er von diesen Leistungen bzw. Standarderhöhungen abgesehen oder sonstige Einsparungen vorgenommen hätte, wäre ihm die Kostenentwicklung zutreffend aufgezeigt worden (vgl. Locher/Koeble/Frik, 2005, Einleitung, Rdn. 102; Löffelmann/Fleischmann, 2000, Rdn. 1715). Auch wenn der Bauherr trotz Kenntnis von der Kostenüberschreitung die Baumaßnahme unverändert weitergeführt hat, lässt sich hieraus keine Unterbrechung des Kausalzusammenhangs herleiten, wenn der Bauherr schlüssig wirtschaftliche Zwänge als Gründe für die Projektfortsetzung darlegen kann (BGH, BauR 2005, 400; NZBau 2005, 158; ZfBR 2005, 178). Ein Beispiel wäre etwa, dass das Objekt wegen bereits geschlossener Mietverträge zwingend zum vorgesehenen Fertigstellungstermin bezugsfähig sein muss, um Schadensersatz- bzw. Vertragsstrafenansprüche der Mieter oder kostenwirksame Nutzungsausfälle zu vermeiden.

Liegt eine Projektverzögerung in der Sphäre des Bauherrn begründet – beispielsweise durch Finanzierungsengpässe (OLG Hamm, BauR 1991, 246) oder angeordnete Planungsmodifikationen –, so zählen die daraus resultierenden Kosten nicht zum Schaden. In diesem Fall muss die Kostenermittlung des Planers mit den zum Zeitpunkt ihrer Ermittlung realistischen Baukosten verglichen werden (OLG Köln, NJW-RR 1993, 986). Handelt es sich dagegen um Verzögerungen aufgrund von verspäteter Planungsfertigstellung, verspäteter Vergabe oder mangelnder Bauüberwachung, so ist nicht selten von einer Pflichtverletzung des Architekten/Ingenieurs auszugehen.

Schwierigkeiten bereitet bei den zuletzt genannten Aspekten die Tatsache, dass sich die einzelnen Verursachungsanteile wegen der intensiven Mitwirkungsaufgaben des Bau-

---

14 Die Alternative wäre nur, streitbehaftete Abrechnungspositionen aus der Schadensberechnung herauszunehmen.

herrn im Planungsprozess ggf. nicht hinreichend oder nur mit hohem Aufwand differenzieren lassen. So fehlt es bereits häufig an Terminplänen, die einen zeitlichen Sollablauf der Planung ausweisen und insofern eine Messgröße für Terminüberschreitungen liefern. Auch der Planungsverlauf an sich wird in der Praxis häufig nicht hinreichend dokumentiert, etwa im Hinblick auf Planungsmodifikationen oder Mitwirkungsbeiträge des Bauherrn.

Sofern der Architekt/Ingenieur bei der Baukostenermittlung Toleranzen in Anspruch nehmen kann, sind diese an den Rahmenbedingungen des konkreten Einzelfalls zu bestimmen. Dies verhindert jedoch nicht, dass insbesondere Toleranzen für Kostenermittlungen in frühen Projektphasen stark von einer subjektiven Einschätzung abhängig sind, die sich bei der Schadensfeststellung als besonderes Risiko niederschlägt. Ein Beleg hierfür ist die große Streuungsbreite der Toleranzgrenzen, die als globale „Faustwerte" in der Literatur genannt werden:

Gegenüber der abschließenden Kostenfeststellung werden dort die Toleranzen für die Kostenschätzung mit 30 bis 40 %, für die Kostenberechnung mit 20 bis 25 % und für den Kostenanschlag mit 10 bis 15 % beziffert (vgl. z. B. Locher/Koeble/Frik, 2005, Einleitung, Rdn. 99; geringfügig abweichende Werte etwa bei Löffelmann/Fleischmann, 2000, Rdn. 1707).[15] Grundsätzlich gilt allerdings, dass mögliche Toleranzgrenzen stets nach den Umständen des Einzelfalls zu bestimmen sind – die Bildung von Orientierungsgrößen, wie sie hier aufgeführt sind, widerspricht insofern dem Rechtsgedanken einer solchen völlig unabhängigen Bewertung. Die Tatsache, dass sich derartige Anhaltswerte dennoch in der Vorstellung vieler Baubeteiligter etabliert haben, unterstreicht die Problematik von vermeintlichen „Messgrößen" in einer ordnungsgemäßen Kostenplanung nachdrücklich.

Schließlich ist auch mit einer vollständig zu dokumentierenden bzw. zu verifizierenden Schadenshöhe das für einige Fallkonstellationen grundsätzliche Problem des juristischen Schadensbegriffs (vgl. Kapitel 2.3.1) nicht gelöst, das sich aus dem Rechtsinstitut der Vorteilsausgleichung und dem Zeitpunkt der Schadensberechnung ergibt.

Dies bedeutet zusammenfassend, dass es dem Bauherrn auch bei einem begründeten Schadensersatzanspruch nicht in jedem Fall möglich sein wird, die Schadenshöhe hinreichend detailliert darzulegen. Eine verbesserte Dokumentation der einzelnen Kostenermittlungen und -kontrollen über den Projektverlauf, wie sie nunmehr von der neuen DIN 276-1:2006-11 gefordert wird, dürfte hier ein Instrument der Kostenplanung sein, das neben einer unter wirtschaftlichen Gesichtspunkten verbesserten Projektabwicklung auch zu einer erhöhten Rechtssicherheit bei der Durchsetzung bzw. Abwehr von Schadensersatzansprüchen beiträgt.

2.3.2.3 Nacherfüllung durch den Planer

Sofern die Planung infolge einer Bausummenüberschreitung mangelhaft ist, steht dem Planer grundsätzlich das Recht der Nachbesserung zu (OLG Düsseldorf, BauR 1988, 237; OLG Düsseldorf, IBR 2001, 377; vgl. auch Löffelmann/Fleischmann, 2000, Rdn.

---

15 Hierbei ist zu beachten, dass sich Toleranzen allein auf unvermeidbare Unsicherheiten und Unwägbarkeiten beziehen (vgl. Kapitel 2.1.3.3), die den Verfahren der Kostenermittlung als Prognoserisiken systemimmanent sind. Es geht bei der Gewährung von Toleranzen also keineswegs darum, Fehler des Architekten/Ingenieurs bei der Kostenermittlung – etwa infolge „vergessener Leistungen" – zu kompensieren. Grundsätzlich gilt die einzelfallbezogene Auslegung der Toleranzgrenzen.

1712m). Eine solche Nacherfüllung ist jedoch problematisch, wenn die Überschreitung der prognostizierten Baukosten erst zum Ende der Bauzeit erkennbar wird und insofern keine „rettenden" Maßnahmen wie z. B. Umplanungen mehr möglich sind.[16]

2.3.3   Mangelnde ökonomische Sanktionierbarkeit von Kostenüberschreitungen

Der ökonomische Sinn von Bausummengarantien wird in der Planungsvertragspraxis primär dadurch bestimmt, welche Möglichkeiten Bauherren bei Kostenüberschreitungen haben, ihren vertraglichen Erfüllungs- bzw. finanziellen Ausgleichsanspruch der Mehrkosten durchzusetzen.

Analoges gilt im Hinblick auf vertragliche Schadensersatzansprüche: Gelingt es dem Bauherrn, den juristischen Nachweis eines solchen Anspruchs bei Kostenüberschreitungen zu führen, so hängt die Wirksamkeit dieses Rechtsinstituts als sog. Governancestrategie[17] der Vertragsabwicklung nicht zuletzt davon ab, inwieweit der festgestellte Anspruch vom Bauherrn auch monetär – d. h. zahlungswirksam – gegenüber dem Planer durchgesetzt werden kann.

Daneben existieren mit der Kündigung aus wichtigem Grund und dem Honorareinbehalt prinzipiell weitere Optionen zur Sanktionierung von Bausummenüberschreitungen, deren ökonomischer Schutzzweck nach gleichem Maßstab differenziert zu betrachten ist.

2.3.3.1 Mehrkostenausgleich bzw. Schadensersatz

Um einen Ausgleich des durch Kostenüberschreitungen entstandenen Schadens bzw. der Mehrkosten herbeizuführen, genügt es aus ökonomischer Sicht nicht, ein rechtskräftiges Urteil herbeizuführen. Vielmehr muss der Anspruch monetär durchsetzbar sein. Hier liegt häufig der Kern des Problems.

Ansprüche aus Kostenüberschreitungen erreichen – insbesondere bei komplexen Projekten – nicht selten so erhebliche Dimensionen, dass sie durch die betroffenen Planungsbüros aufgrund ihrer wirtschaftlichen Situation kaum in wesentlichen Teilen oder gar vollumfänglich ersetzt werden können. Hierzu trägt nicht allein die überwiegend kleinbetriebliche Struktur der Planungsbranche bei, sondern insbesondere die traditionell schwache Kapitalbasis und die derzeit oft ohnehin angeschlagene wirtschaftliche Lage von Architektur- und Ingenieurbüros. Hieraus erklärt sich auch die Tatsache, dass Architekten- und Ingenieurkammern die Übernahme von Bausummengarantien in Anbetracht der enormen wirtschaftlichen Risiken zum Teil für standeswidrig erachten (vgl. Leupertz, 2005, Kapitel 10, Teil C, Rdn. 156).

Besondere Haftpflichtversicherungen für die in der Praxis nicht selten drohenden Schadenshöhen sind weder gesetzlich noch standesrechtlich verpflichtend (vgl. Dittert, 1997, S. 142; Budnick, 1998, S. 173) bzw. entsprechende Policen sind gemessen am Planungshonorar unwirtschaftlich. Die Abgeltung von Schadensersatzansprüchen durch die Be-

---

16 Das grundsätzlich bestehende Nachbesserungsrecht des Planers macht jedoch für einen Schadensersatzanspruch eine Fristsetzung mit Ablehnungsandrohung gemäß § 634 BGB erforderlich. Hiervon kann nur abgesehen werden, wenn der Bauherr das Interesse an der Leistung deshalb verloren hat, weil das Planungswerk den vertraglich vorgesehenen Zweck nicht mehr erfüllen kann (vgl. Löffelmann/ Fleischmann, 2000, Rdn. 1712m; Locher/Koeble/Frik, 2005, Einleitung, Rdn. 104; BGH, BauR 2005, 400; NZBau 2005, 158; ZfBR 2005, 178).

17 Als Governancestrategie werden im ökonomischen Sinn alle Überwachungs- und Durchsetzungssysteme zur Vertragserfüllung verstanden (vgl. hierzu etwa Richter/Furubotn, 2003).

rufshaftpflichtversicherungen scheitert zudem im Allgemeinen bereits daran, dass diese eine Deckung von Schäden aus Bausummenüberschreitungen über die Besonderen Bedingungen und Risikobeschreibungen für die Berufshaftpflichtversicherung der Architekten und Ingenieure (BBR/Arch)[18] ausschließen (vgl. Werner, 1993, S. 40; Langen, 1993, S. 61 f.; Niestrate, 2000, S. 150 ff.).

Die Realisierung von Kostenausgleichs- oder Schadensersatzansprüchen beschränkt sich vor diesem Hintergrund meist auf kleinere Bauvorhaben bzw. Schadenshöhen. Oft sind es daher private bzw. eigenbedarfsorientierte Bauherren mit geringen Investitionsvolumina, die Schadensersatzklagen anstrengen.

2.3.3.2 Kündigung aus wichtigem Grund

Hat der Planer eine Baukostenüberschreitung zu vertreten, so kann der Bauherr nach entsprechender Fristsetzung den Planungsvertrag kündigen (vgl. Palandt, 2007, § 649, Rdn. 10). Der Architekt/Ingenieur hat nur Anspruch auf Vergütung für die bis zur Kündigung erbrachten Leistungen, soweit diese mangelfrei und für den Bauherrn in zumutbarer Weise verwertbar sind (u.a. BGH, BauR 1997, 1060 [1061 f.]; BGH, BauR 1999, 1319 [1322]; OLG Hamm, BauR 1987, 464 [465]; OLG Düsseldorf, BauR 1988, 237 [239]). Dieser Honoraranspruch ist hierbei auf Basis der vorgegebenen bzw. prognostizierten Baukosten zu bemessen, um zu verhindern, dass der Planer aus einer mangelhaften Leistung Honorarvorteile zieht (vgl. Prote, 2006, Rdn. 2129 ff.; Leupertz, 2005, Kapitel 10, Teil C, Rdn. 137, 146, 156; Löffelmann/Fleischmann, 2000, Rdn. 1727).

Voraussetzung für die Kündigung aus wichtigem Grund ist allerdings, dass die Pflichtverletzung des Planers „gerichtsfest" nachgewiesen werden kann. Vor dem Hintergrund der beschriebenen Problematik beim Nachweis der anspruchsbegründenden Tatsachen muss der Bauherr sorgfältig prüfen, ob die eher strengen rechtlichen Anforderungen einer Kündigung aus wichtigem Grund zu erfüllen sind. Ist dies nicht der Fall, kann ggf. eine sog. freie Kündigung vorliegen, welche die Folgen des § 649 BGB nach sich zieht. Hiernach kann der Architekt/Ingenieur seinen vollen Honoraranspruch für die insgesamt beauftragte Planungsleistung abzüglich seiner ersparten Aufwendungen sowie seines anderweitigen bzw. böswillig unterlassenen Erwerbs geltend machen.

Zu Problemen führt nicht selten auch die Tatsache, dass der Bauherr den Planer bei laufendem Projekt im Regelfall nur unter erheblichen Zeit- und Schnittstellenverlusten wechseln kann. Er ist insofern ökonomisch an seinen Architekten/Ingenieur gebunden.[19]

Das Instrument der Kündigung ist vor diesem Hintergrund als ökonomisch weitgehend „begrenzt wirksam" zu beurteilen.

2.3.3.3 Honoraraufrechnung

Besteht seitens des Bauherrn ein Schadensersatzanspruch oder ein Anspruch aus einer Bausummengarantie gegen den Architekten/Ingenieur, so kann er damit gegenüber einem noch ausstehenden Honoraranspruch des Planers die Aufrechnung erklären.

---

18 Die BBR/Arch existieren als gemeinsam von der Bundesarchitektenkammer und dem HUK-Verband der Haftpflichtversicherer, Unfallversicherer, Autoversicherer und Rechtsschutzversicherer entwickelte Versicherungsbedingungen und wurden 1977 erstmals herausgegeben.

19 Dies wird als ökonomischer „Lock-in-Effekt" bezeichnet, der hier eine gleichsam vorhandene „Einsperrung" des Bauherrn im Vertrag mit dem Architekten/Ingenieur beschreibt.

Die ökonomische Durchschlagskraft der Honoraraufrechnung ist allerdings zwangsläufig limitiert: Im Regelfall werden Kostenüberschreitungen erst in späten Bauphasen und damit zu einem Zeitpunkt offenbar, wenn bereits ein Großteil des Honorars für vorausgehende Planungsphasen in Form von Abschlagszahlungen vom Bauherrn geleistet wurde. Das Mittel der Honoraraufrechnung taugt somit nur eingeschränkt bzw. im Verbund mit anderen Maßnahmen zur wirtschaftlichen Kompensation von Bausummenüberschreitungen.

Zudem ist zu beachten, dass der Bauherr die Darlegungs- und Beweislast für Baukostenüberschreitungen infolge Pflichtverletzungen des Architekten/Ingenieurs trägt. Wird ggf. in einem späteren Rechtsstreit festgestellt, dass der Bauherr zu Unrecht eine Aufrechnung vorgenommen hat, muss er das fällige Resthonorar an den Planer nachzahlen (hierbei ist im Einzelfall auch ein Verzinsungsanspruch des Planers zu prüfen).

2.3.3.4 Honorareinbehalt

Neben der Aufrechnung besteht die Möglichkeit, im Fall von Pflichtverletzungen des Planers bei der Kostenplanung das noch nicht gezahlte Honorar zunächst so lange einzubehalten, bis die Leistung mangelfrei erbracht ist. Dieses Zurückbehaltungsrecht setzt allerdings voraus, dass die Baukosten als Beschaffenheit des Planungswerkes vereinbart sind.

Von der Option der Honoraraufrechnung unterscheidet sich der Einbehalt dadurch, dass die Honorarsumme lediglich als „Sicherheit" für die vertragsgemäße Planung dient, die bei mangelfreier Leistung ausbezahlt wird. Sachlogisch setzt dies voraus, dass der mangelfreie Zustand der Planung auch tatsächlich herbeiführbar ist – beispielsweise durch eine entsprechende Umplanung des Objekts.

Freilich reduzieren sich die Möglichkeiten einer solchen Umplanung mit fortschreitender Projektdauer – treten Bausummenüberschreitungen erst während der Bauausführung zutage, ist daher häufig keine Nachbesserung mehr möglich und das Mittel des Honorareinbehalts greift nicht. In dieser Situation fällt der Bauherr zurück auf das ökonomisch nur eingeschränkt wirksame Rechtsmittel der Honoraraufrechnung.

2.3.3.5 Minderung

Neben dem Honorareinbehalt und einer Aufrechnung des Schadens gegen einen noch ausstehenden Honoraranspruch kommt ggf. auch eine Minderung des Planerhonorars nach § 634 Nr. 3 BGB i. V. m. § 638 BGB in Betracht. Voraussetzung ist hierfür im Allgemeinen, dass dem Architekten/Ingenieur zuvor eine Frist zur Beseitigung des Mangels (hier der fehlerhaften Kostenermittlung oder der Kostenüberschreitung selbst) an seiner Leistung gesetzt wurde. Entbehrlich ist die Fristsetzung nur, wenn eine Nachbesserung objektiv nicht möglich ist. Dies ist etwa dann anzunehmen, wenn sich die Baukostenüberschreitung bereits realisiert hat (BGH, BauR 1981, 396; vgl. auch Löffelmann/Fleischmann, 2000, Rdn. 697, 1499). Liegt dagegen „nur" eine fehlerhafte Kostenermittlung vor, so wird dieser Mangel ggf. vor der Bauausführung durch eine entsprechende Neuberechnung und ggf. Umplanung des Objekts behebbar sein.

Die Berechnung der Minderung orientiert sich am Verhältnis zwischen dem Wert der mangelhaft erbrachten Planungsleistung zu dem hypothetischen Wert, der bei einer etwaig mangelfrei erbrachten Architektenleistung anzusetzen gewesen wäre (vgl. hierzu Locher/Koeble/Frik, 2005, Einleitung, Rdn. 85; Löffelmann/Fleischmann, 2000, Rdn. 696). Die Kosten der Mängelbeseitigung am Bauobjekt können vom Bauherrn nicht im

Wege der Minderung gegenüber dem Architekten geltend gemacht werden. Sind solche Mängel auf eine mangelhafte Architektenleistung zurückzuführen, handelt es sich vielmehr um einen nach Maßgabe des Schadensersatzrechts geltend zu machenden Folgeschaden.

Da das Architekten-/Ingenieurhonorar stets jedoch nur einen geringen Anteil an den Baukosten ausmacht, führt die Minderung besonders bei Baukostenüberschreitungen im Zuge der Bauausführung nicht zu einem befriedigenden finanziellen Ergebnis für den betroffenen Bauherrn. Die Sanktionswirkung bleibt auch hier eng begrenzt.

2.3.4   Erfordernis verbesserter Zielkostenplanungsmethoden

Zusammenfassend lässt sich feststellen, dass der Weg zum Nachweis und zur Sanktionierung einer vom Planer verschuldeten Baukostenüberschreitung in der Praxis nicht selten lang und „steinig" ist. Die Klärung und Durchsetzung von Schadensersatzansprüchen wegen Pflichtverletzungen des Architekten/Ingenieurs bei der Kostenplanung gestaltet sich nicht allein zeit- und kostenaufwendig; sie ist oft auch mit einer erheblichen Prognoseunsicherheit der Parteien über den möglichen (wirtschaftlichen) Prozesserfolg behaftet.

Das Hauptübel liegt hier weniger im Schadensbegriff an sich als vielmehr in der Tatsache, dass sowohl der Nachweis der Anspruchsgrundlage als auch der Nachweis der Schadenshöhe komplexe Anforderungen an die Betroffenen stellen. Nicht selten scheitert die Anspruchsdurchsetzung bereits an einer mangelnden Dokumentation des Planungsprozesses im Hinblick auf die Einflussfaktoren von Bausummenüberschreitungen und deren Verursacher. Selbst wenn dieser Nachweis gelingt, ist damit der monetäre Anspruch noch keineswegs durchgesetzt, weil Planer besonders bei hohen Kostenüberschreitungen aufgrund ihrer wirtschaftlichen Situation zumeist nicht in der Lage sind, vollständigen Schadensersatz zu leisten.

Im Sinne einer wirtschaftlich effizienten Planung und Ausführung von Bauvorhaben muss deshalb ein stärkeres Gewicht auf die Schadensvermeidung durch den Einsatz verbesserter Zielkostenplanungsmethoden gelegt werden. Damit wird nicht allein den Interessen der Auftraggeber von Planungsleistungen entsprochen, sondern auch die Planer selbst werden auf diese Weise von Haftungsrisiken entlastet.

3   Zielkostenplanung nach DIN 276-1:2006-11

Die nun erschienene DIN 276-1:2006-11 „Kosten im Bauwesen – Teil 1: Hochbau" fokussiert im Vergleich zu ihren Vorgängerausgaben deutlich stärker die Kostenkontrolle und Kostensteuerung, indem sie mit der neu eingeführten Kostenvorgabe bessere Möglichkeiten einer frühzeitigen Kostenvereinbarung für den Planungsprozess vorsieht und die Methodik der Zielkostenplanung unmittelbar als einen Grundsatz der Kostenplanung festschreibt.

Die gemeinsame Aufgabe der Planungsbeteiligten ist es insofern, die Regelungen der DIN 276-1:2006-11 zweckgerichtet in der Planungspraxis umzusetzen und die neu gegebenen Möglichkeiten für eine optimale Planungsdurchführung zu nutzen. Vor diesem Hintergrund werden die überarbeiteten und neu geschaffenen Inhalte der DIN 276-1 nachfolgend unter vertraglichen Gesichtspunkten näher beleuchtet.

3.1   Neuregelungen der DIN 276-1:2006-11

Mit ihrer Neufassung 2006 geht die DIN 276 in ihrer Grundkonzeption auf die ökonomischen Belange des Planungsverfahrens ein. Neben der Festlegung einer Kostenvorgabe finden sich als weitere Neuerung grundlegende Bestimmungen zum Umgang mit Kostenrisiken. Weiterhin sind in der DIN 276-1:2006-11 die Stufen der Kostenplanung um den sog. Kostenrahmen erweitert worden und es finden sich in der Norm modifizierte Bestimmungen zum Aufbau der Kostenermittlungen.

Die hieraus resultierenden Konsequenzen für die Planungsvertragsgestaltung und Vertragsabwicklung werden nachfolgend vorgestellt. Hierbei liegt ein besonderes Augenmerk darauf, den Nutzen der Regelungen für eine optimierte Zielkostenplanung bzw. im Hinblick auf die Zielstellung einer wirtschaftlichen, kostentransparenten und kostensicheren Bauprojektabwicklung zu bewerten.

3.1.1   Festlegung einer Kostenvorgabe

Die Kostenvorgabe soll Ausgangspunkt für die vom Architekten/Ingenieur zu erbringende Kostenplanung sein. Sie bildet damit gleichsam den Ursprung für sämtliche nachfolgenden Maßnahmen der Kostenermittlung, der Kostenkontrolle und der Kostensteuerung.

3.1.1.1 Systematisierung von Kostenvorgaben

Der Bundesgerichtshof hat in einem Grundsatzurteil 1998 entschieden, dass der Architekt/Ingenieur die ihm bekannten Kostenvorstellungen des Bauherrn bei seiner Planung berücksichtigen muss – dies auch dann, wenn im Planungsvertrag keine Baukostengarantie oder Baukostenobergrenze vereinbart wurde. Demnach muss der Planer neben expliziten Kostenvorgaben auch ihm sonst bekannte oder aus dem Investitionszweck des Bauvorhabens (z.B. bei wirtschaftlich motivierter Projektrealisierung) resultierende Kostenvorstellungen des Bauherrn hinreichend berücksichtigen (BGH, BauR 1998, 354 [355]; BGH, BauR 1999, 1319 [1322]).

In der Praxis des Architekten- und Ingenieurvertrags hat sich bisher jedoch gerade die rechtssichere Festlegung derartiger Kostenvorgaben als problematisch erwiesen, weil sie vielgestaltig und zudem oft unzureichend dokumentiert waren. Entsprechend umfangreich gestalteten sich die Interpretationsmöglichkeiten bei der Vertragsauslegung.

Die neue DIN 276 unternimmt nun einen Versuch, Kostenvorgaben als Beschaffenheit der Planungsleistung zu systematisieren. Hierbei differenziert die DIN 276-1:2006-11 in Abschnitt 3.2.2 „Festlegung der Kostenvorgabe" wie folgt:

„Eine Kostenvorgabe kann auf der Grundlage von Budget- oder Kostenermittlungen festgelegt werden."

Während Kostenermittlungen sachlogisch – und entsprechend der Systematik der DIN 276 – konkrete Planungsergebnisse für das zu realisierende Bauobjekt zum Ursprung haben, ist der Begriff der Budgetermittlung so auszulegen, dass eine Kostenvorgabe auch aus einem für ein Bauprojekt verfügbaren Finanzvolumen ohne Bezug zu einer konkreten Planung abgeleitet werden kann. Diese Unterscheidung korrespondiert unmittelbar mit den Grundsätzen des Minimal- bzw. Maximalprinzips bei der Kostenplanung, die in der neuen DIN 276 in Abschnitt 3.1 definiert werden (vgl. hierzu auch Kapitel A 2.3). Die beiden prinzipiellen Vorgehensweisen bei der Festlegung einer Kostenvorgabe sind in Abb. F 3.1 dargestellt.

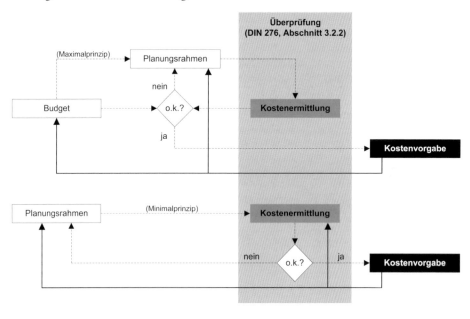

Abb. F 3.1: Ablaufschema und Bezugsgrößen bei der Vereinbarung von Kostenvorgaben

Allerdings ist zu beachten, dass vor allem ein Investitionsbudget – wie die DIN richtigerweise betont – nur die **Grundlage** einer Kostenvorgabe im rechtsgeschäftlichen Sinne sein kann. Denn die Benennung eines Finanzmittelvolumens zur Realisierung eines Bauprojekts allein schafft noch keinen Bewertungsmaßstab für die Frage, Beschaffenheitsmerkmal welcher Planungsleistung die Kostenvorgabe konkret sein soll. Eine eindeutige Zuordnung zwischen Baukosten und Planungswerk – dem insofern verbindlichen Planungsrahmen (BGH, BauR 2003, 566) – ist jedoch für die Beurteilung der Vertragserfüllung unabdingbar. Dementsprechend fordert die DIN 276-1:2006-11 in Abschnitt 3.2.2:

„Vor der Festlegung der Kostenvorgabe ist ihre Realisierbarkeit im Hinblick auf die weiteren Planungsziele zu überprüfen. (…)"

Auf diese Weise wird auch einer budgetbasierten Kostenvorgabe eine konkrete Planung als Referenzmaßstab gegenübergestellt. Stellt man bei der Überprüfung z. B. fest, dass das vorgegebene Baukostenbudget für ein zunächst nicht näher spezifiziertes Bürogebäude ein Objekt mit maximal 3.500 m² BGF zulässt, so wird dieser Flächenparameter Teil des entsprechenden Planungsrahmens.

Die Budgetüberprüfung bedeutet nämlich nichts anderes, als dass der Planer vor Vereinbarung einer Kostenvorgabe zunächst eine (überprüfende) Kostenermittlung durchzuführen hat, für die er wiederum von bestimmten Planungsgrundlagen – und seien es qualitative und quantitative Annahmen – auszugehen hat. Nach DIN 276-1 sind diese Planungsgrundlagen zu dokumentieren und insoweit als korrespondierender Planungsrahmen des Budgets zu begreifen. Beide Parameter zusammen – das Investitionsbudget und der zugehörige Planungsrahmen – bilden dann den Bewertungsmaßstab für die Kostenvorgabe (vgl. Abb. F 3.1).

Der primäre Ansatz der budgetbasierten Kostenvorgabe liegt darin, nach dem Maximalprinzip die Qualitäten und Quantitäten (z. B. Flächen) bei der Überprüfung ggf. so lange zu variieren, bis die Budgeteinhaltung auf Basis der verwendeten Kostenermittlungsmethode hinreichend sicher prognostizierbar ist. Die Kostenvorgabe entsteht sozusagen aus dem Budget heraus.

Bei der Kostenvorgabe auf Grundlage einer Kostenermittlung liegen die Dinge umgekehrt: Hier bedarf es zunächst eines Planungsrahmens, dessen prognostizierte Baukosten anschließend ermittelt und daraufhin überprüft werden, ob sie als Kostenvorgabe für die Beteiligten akzeptabel sind. Im positiven Fall definiert sich hieraus die Kostenvorgabe. Diese entsteht also nach dem ökonomischen Minimalprinzip gewissermaßen aus dem (feststehenden) Planungsziel heraus.[20] Im Fall eines negativen Prüfergebnisses muss der Planungsrahmen so lange variiert werden, bis die dafür ermittelten Baukosten als Kostenvorgabe akzeptabel sind (vgl. Abb. F 3.1). Bei dieser Variante bildet die Kombination aus dem (festgelegten) Planungsrahmen und der korrespondierenden Kostenermittlung den Bewertungsmaßstab der Kostenvorgabe.

Die Überprüfung der Kosten als Planungsgrundlage ist vor diesem Hintergrund kein Selbstzweck, sondern führt im Ergebnis zu einer gegenüber Dritten verifizierbaren vertraglichen Vereinbarung einer Kostenvorgabe. Die Kopplung von Planungsrahmen und (prognostizierten) Baukosten dient dabei nicht allein der späteren Feststellung eines insoweit mangelfreien Planungswerkes, sondern insbesondere auch als Grundlage für denkbare Anpassungen der Kostenvorgabe im Verlauf des Planungsprozesses.

Aus vertragsrechtlicher Sicht wäre es zu diesem Zweck allerdings ausreichend, den Baukosten auch ohne vorausgehende Prüfung einen verbindlichen Planungsrahmen gegenüberzustellen. Die überprüfende Kostenermittlung dient somit auch dem Schutz des planenden Architekten/Ingenieurs, der sich auf diesem Wege der Realisierbarkeit der Kostenvorgabe vergewissern und seine Haftungsrisiken aus Baukostenüberschreitungen minimieren kann. Sind die Baukosten als Beschaffenheit des geschuldeten Planungswerkes vereinbart und wird diese Summe bei der Bauausführung überschritten,

---

20 Naturgemäß kann es aber auch erforderlich werden, das Planungsziel des Bauherrn bei Überschreitung einer Budgetgrenze zu modifizieren, um die Kostenvorgabe zu treffen. Die Kostenvorgabe wird damit aber zu einer budgetbasierten Festlegung.

so ist die Planung nämlich auch dann mangelhaft, wenn sich der vorgegebene Standard zu den vereinbarten Kosten nicht realisieren lässt (BGH, BauR 2003, 566).

Auch für die Gestaltung und Abwicklung von Architekten- und Ingenieurverträgen haben die Ausführungen der DIN 276-1 eine praktische Bedeutung. Denn sachlogisch führt die Koppelung der vertraglichen Kostenvorgabe an verbindliche Planungsvorgaben dazu, dass Baukosten als Beschaffenheit der Planungsleistung nicht beim frühestmöglichen Vertragsschluss vor Beginn der Grundlagenermittlung vereinbart werden können, sondern erst im Verlauf des Planungsprozesses.

Darüber hinaus ist noch ein weiterer Aspekt der Kostenvorgaberegelung nach DIN 276-1: 2006-11 interessant: Offenbar um spätere Auslegungsrisiken der Kostenvorgabe zu eliminieren, fordert die DIN 276-1:2006-11 in Abschnitt 3.2.2 die Parteien dazu auf, bei der Festlegung den rechtlichen Charakter der Kostenvorgabe entweder als *„Kostenobergrenze"* oder als *„Zielgröße für die Planung"* (Zielkosten) zu bestimmen. In dieser Aufzählung fehlt jedoch die Option der Bausummengarantie, die in der Praxis ebenfalls (punktuell) Anwendung findet. Ob hierfür die standesrechtlichen Bedenken der Architekten- und Ingenieurverbände ursächlich waren, kann nur vermutet werden.

Weiter ist zu klären, was unter dem Begriff der Kostenvorgabe als Zielgröße zu verstehen ist, denn in der juristischen Literatur zum Planungsvertrag existiert kein derartiger Terminus. Aus der Negativabgrenzung gegenüber der Bausummengarantie und der Kostenobergrenze lässt sich allerdings ableiten, dass der Zielkostenbegriff im Sinne einer „bloßen Orientierung"[21] zu verstehen ist, bei deren Umsetzung der Planer einen bestimmten Toleranzrahmen in Anspruch nehmen kann. Dieser ist nach geltender Rechtsprechung an den Besonderheiten des jeweiligen Einzelfalls auszulegen (BGH, BauR 1988, 734 [736]; BGH, BauR 1994, 268 [269]; BGH, BauR 1997, 494 [496]; vgl. auch Miegel, 1995, S. 98 ff.; Locher/Koeble/Frik, 2005, Einleitung, Rdn. 99).

3.1.1.2 Festlegung einer Kostenvorgabe als „Kann-Vorschrift"

Aus der DIN 276-1:2006-11 allein wird nicht zweifelsfrei ersichtlich, ob die Festlegung einer Kostenvorgabe für die Vertragsparteien verpflichtend ist.

In Abschnitt 3.2.2 der Norm heißt es, dass die Kostenvorgabe auf der Grundlage von Budget- oder Kostenermittlungen festgelegt werden **kann.** Daraus darf geschlossen werden, dass die Festlegung nicht verpflichtend ist. Andererseits kann diese Regelung auch dahingehend verstanden werden, dass eine Kostenvorgabe durchaus verpflichtend ist und sich das Wort „kann" lediglich auf die unterschiedlichen Grundlagen der Kostenvorgaben bezieht. Aus dieser Passage der DIN 276 ergibt sich die Verpflichtung zur Festlegung einer Kostenvorgabe demnach nicht eindeutig.

Weitere Zweifel an einer Verpflichtung zur Festlegung einer Kostenvorgabe ergeben sich aus der Formulierung in Abschnitt 3.1 der DIN 276-1:2006-11. Dort heißt es:

„Die Kostenplanung ist auf der Grundlage von Planungsvorgaben (Quantitäten und Qualitäten) oder von Kostenvorgaben kontinuierlich und systematisch über alle Phasen eines Bauprojekts durchzuführen."

Die erste Alternative setzt dabei eine Konstellation voraus, in der zwischen den Parteien **keine Kostenvorgabe** festgelegt wurde. Hätten die Parteien nämlich eine Kostenvorgabe festgelegt, müsste sich die Kostenplanung zwingend und sachlogisch an dieser

---

21 Vergleichbar hat der BGH in einem Urteil aus dem Jahr 1997 entschieden (vgl. BGH, BauR 1997, 494).

Kostenvorgabe ausrichten. Anderenfalls wäre die Festlegung einer Kostenvorgabe sinnlos. Wenn die DIN 276-1 jedoch eine Konstellation vorsieht, in der keine Kostenvorgabe festgelegt wurde, spricht dies gegen die Pflicht zur Festlegung einer solchen.

Dem könnte entgegengehalten werden, dass die Festlegung einer Kostenvorgabe durchaus verpflichtend sein soll und die erste Alternative der oben zitierten Textpassage lediglich dann greife, wenn die Kostenvorgabe erst später – im Verlauf der Planung – festgelegt wird. Da die Festlegung einer Kostenvorgabe auch später in der Planung erfolgen kann, bedarf der Planer **bis** zu diesem Zeitpunkt einer (anderen) Grundlage für seine Kostenplanung. Für diesen Zeitraum könnten die in Abschnitt 3.1 der Norm erwähnten Planungsvorgaben herangezogen werden. **Ab** dem Zeitpunkt der Festlegung einer Kostenvorgabe müsste die Kostenplanung wiederum allein auf der Grundlage der Kostenvorgabe erfolgen. Ein solches – zeitlich abgestuftes – Verständnis der oben zitierten Textpassage wäre nachvollziehbar. Dagegen spricht jedoch, dass der Wortlaut der DIN 276-1 keine Anhaltspunkte für eine solche Auslegung aufweist.

Da sich die Pflicht zur Festlegung einer Kostenvorgabe nicht zweifelsfrei aus dem Wortlaut der DIN 276-1 ergibt, sollten die Vertragsparteien zur Klarstellung eine entsprechende Regelung in den Vertrag aufnehmen. Dabei könnte eine Regelung im Sinne eines zeitlich abgestuften Verständnisses sinnvoll sein (vgl. hierzu auch Kapitel A 2.5).

3.1.1.3 Pflichten im Rahmen der Festlegung einer Kostenvorgabe

Welche Leistungspflichten sich im Zusammenhang mit einer etwaig festzulegenden Kostenvorgabe ergeben, muss (insbesondere) anhand des Wortlauts der DIN 276-1: 2006-11 untersucht werden. In Abschnitt 2.3 der Norm heißt es dazu:

„2.3
Kostenvorgabe
Festlegung der Kosten als Obergrenze oder als Zielgröße für die Planung"

Weiter ist in Abschnitt 3.2.2 der DIN geregelt:

„3.2.2 Festlegung der Kostenvorgabe
Eine Kostenvorgabe kann auf der Grundlage von Budget- oder Kostenermittlungen festgelegt werden.

Vor der Festlegung einer Kostenvorgabe ist ihre Realisierbarkeit im Hinblick auf die weiteren Planungsziele zu überprüfen. Bei Festlegung einer Kostenvorgabe ist zu bestimmen, ob sie als Kostenobergrenze oder als Zielgröße für die Planung gilt. Diese Vorgehensweise ist auch für eine Fortschreibung der Kostenvorgabe – insbesondere aufgrund von Planungsänderungen – anzuwenden."

Im Ergebnis orientiert sich die neue DIN 276-1 mit diesen Formulierungen an der bereits bestehenden Rechtslage.

Den Parteien des Architekten-/Ingenieurvertrags stand es bereits vor Verabschiedung der neuen DIN 276-1 frei, eine verbindliche Kostenobergrenze vertraglich zu vereinbaren. Werden die derart festgelegten Kosten überschritten, ist das Planungswerk mangelhaft.

Auch wenn eine Kostenobergrenze nicht vereinbart wurde, hat der Bauherr in aller Regel eine Vorstellung über die Baukosten. Diese muss der Planer berücksichtigen, soweit sie ihm bekannt war. In Einzelfällen können Aufklärungs- und Nachfragepflichten des Architekten/Ingenieurs dahingehend bestehen, ob Äußerungen des Bauherrn eine

Kostenvorstellung oder sogar eine Kostenobergrenze darstellen. Selbst eine zunächst unverbindliche Kostenvorstellung erlangt im Zusammenhang mit vom Planer erstellten Kostenermittlungen eine Verbindlichkeit, wobei allerdings der Prognosecharakter der Kostenermittlung Berücksichtigung finden muss (vgl. Kapitel 2.2 zu den Haftungsfolgen einer unrichtig erstellten Kostenermittlung).

Diese Überlegungen hat die neue DIN 276-1 festgeschrieben.

DIN 276-1:2006-11 bestimmt darüber hinaus die genaue Vorgehensweise, wie eine solche Kostenvorgabe festzulegen ist. Aus Abschnitt 3.2.2 der Norm ergibt sich, dass eine etwaige Kostenvorgabe zunächst auf ihre Realisierbarkeit überprüft und im Anschluss daran festgelegt werden muss. Dies setzt wiederum voraus, dass im Vorfeld ein Planungsrahmen definiert und eine konkrete Kostenvorstellung geäußert wurden, die gemeinsam einer Überprüfung zugänglich sind. Die Ermittlung einer Kostenvorstellung ist daher kein Zufallsprodukt, sondern soll jeweils aktiv herbeigeführt werden.

Daraus ergibt sich folgende dreistufige Vorgehensweise:

- Ermittlung einer Kostenvorstellung auf der Grundlage von Budget- oder Kostenermittlungen,
- Überprüfung dieser Kostenvorstellung auf ihre Realisierbarkeit durch den Planer,
- (gemeinsame) Festlegung der Kostenvorgabe unter Bestimmung, ob diese als Kostenobergrenze oder Zielgröße verstanden werden soll.

Die Festlegung einer Kostenvorgabe kann nur von beiden Vertragsparteien gemeinsam vorgenommen werden und begründet demnach eine Mitwirkungsverpflichtung des Bauherrn. Sämtliche Schritte sollten schriftlich dokumentiert werden, damit ein Nachweis der erbrachten Leistungen geführt werden kann.

3.1.1.4 Zeitpunkt der Festlegung einer Kostenvorgabe

Die neue DIN 276-1 regelt nicht, **wann** die Festlegung der Kostenvorgabe erfolgen soll. Insoweit kommen hierfür 2 grundsätzliche Optionen infrage:

Festlegung bei Abschluss des Architekten-/Ingenieurvertrags

Die Festlegung der Kostenvorgabe kann bereits bei Abschluss des Architekten-/Ingenieurvertrags erfolgen. Dies entspricht insbesondere im Fall der Festlegung einer unverbindlichen Zielgröße einer bisher weitverbreiteten Praxis. Der Planer hat die Kostenvorstellungen des Bauherrn ohnehin von Anfang an zu berücksichtigen. Zudem benötigt der Architekt/Ingenieur zur Erstellung seiner Planung konkrete Vorgaben des Bauherrn (Qualitäten, Quantitäten, Bauzeit etc.), aus denen sich ebenfalls kostenrelevante Informationen herleiten, wobei diese Vorgaben im Rahmen der Erbringung der Grundlagenermittlung und Vorplanung näher konkretisiert werden.

Festlegung im Verlauf der Planung

Aus Abschnitt 3.2.2 (Absatz 1) der DIN 276-1:2006-11 wird deutlich, dass die **Festlegung der Kostenvorgabe** auch noch **nach Abschluss des Planungsvertrags – also im Verlauf der Planung – möglich** ist.

Dies ist der Fall, wenn sich die Vertragsparteien für eine Kostenobergrenze (als Kostenvorgabe) entscheiden, die auf der Grundlage von Kostenermittlungen festgelegt werden soll. Kostenermittlungen sind Bestandteil der vom Planer vertraglich zu erbringenden

Leistungen und erfolgen daher regelmäßig erst nach Abschluss eines (möglicherweise mündlichen oder auf schlüssigem Verhalten beruhenden) Architekten-/Ingenieurvertrags.

Die nachträgliche Vereinbarung einer Kostenobergrenze ergibt vor dem Hintergrund der oben geschilderten Systematik einer Zielkostenplanung nach der neuen DIN 276-1 durchaus Sinn: Zwar ist die Vereinbarung einer Kostenobergrenze jederzeit möglich. Je konkreter der jeweilige Planungsstand ist, desto eher wird der Planer jedoch bereit sein, eine Kostenobergrenze zu vereinbaren.

Soll die Kostenobergrenze erst im Verlauf der Planung festgelegt werden, entbindet dies den Planer allerdings nicht von der Pflicht, bereits im Vorfeld die Wünsche und Kostenvorstellungen des Bauherrn zu berücksichtigen.

3.1.2   Umgang mit Kostenrisiken

Die DIN 276-1:2006-11 verlangt vom Planer, dass er den Bauherrn über vorhersehbare Kostenrisiken in Kenntnis setzen und ihm Wege für das Risikomanagement aufzeigen soll. Unter Kostenrisiken werden nach Abschnitt 2.13 der Norm *„Unwägbarkeiten und Unsicherheiten bei der Kostenermittlung und Kostenprognose"* verstanden.

Konkret heißt es zum Risikomanagement in Abschnitt 3.3.9 der DIN 276-1:2006-11:

„In Kostenermittlungen sollten vorhersehbare Kostenrisiken nach ihrer Art, ihrem Umfang und ihrer Eintrittswahrscheinlichkeit benannt werden. Es sollten geeignete Maßnahmen zur Reduzierung, Vermeidung, Überwälzung und Steuerung von Kostenrisiken aufgezeigt werden."

Der Ansatz der DIN liegt an dieser Stelle offenkundig darin, bereits in frühen Planungsphasen einen umfassenden Controllingansatz zu formulieren und im Planungsprozess zu implementieren. Auf diesem Weg soll u. a. dem vorläufigen Charakter von Kostenermittlungen Rechnung getragen werden. Für den Bauherrn ergeben sich auf dieser Basis verbesserte Möglichkeiten, drohenden Kostensteigerungen bereits im Vorfeld entgegenzuwirken.

Der Planer wiederum kann die Risikoanalyse als Mittel zur Selbstkontrolle für eine ordnungsgemäße Kostenermittlung nutzen und potenzielle Baukostensteigerungen bereits frühzeitig in Form eines Risikobudgets in die Kostenplanung einfließen lassen.

In der bisherigen Rechtspraxis haben sich Planer in den Fällen des Eintritts von Risiken nicht selten auf die sog. Toleranzgrenzen berufen, wobei sich regelmäßig die Frage stellte, ob die jeweilige Entwicklung nicht vorhersehbar und damit im Rahmen einer Planung zu berücksichtigen war.

Dementsprechend sind die nunmehr aus der DIN 276-1 erwachsenden Leistungsanforderungen an den Architekten/Ingenieur im Detail zu betrachten.

3.1.2.1   Risikoanalyse als „Sollte-Vorschrift"

Aus dem Wortlaut des Abschnitts 3.3.9 der DIN 276-1:2006-11 wird nicht unmittelbar deutlich, ob die Erstellung eines Risikomanagements zwingend vom Planer geschuldet ist.

Der Wortlaut der DIN 276-1:2006-11 lässt an den meisten Stellen keinen Zweifel darüber, dass die dort formulierten Vorgaben zu erfüllen sind („ist", „muss" etc.). Im Rahmen des in Abschnitt 3.3.9 beschriebenen Risikomanagements wird hingegen das Wort „sollte" gewählt.

Eine Differenzierung der Begrifflichkeit von „muss" und „soll" ist in rechtlicher Hinsicht häufig vorzunehmen. Das Wort „muss" spricht dabei grundsätzlich für eine zwingende Verpflichtung zur Leistung der geschuldeten Tätigkeit. Zu unterscheiden ist hiervon, wenn der Schuldner eine Tätigkeit lediglich ausführen „soll". Es handelt sich dann um eine sog. „Soll-Vorschrift", die ein Tun oder Unterlassen zwar für den Regelfall, aber nicht zwingend vorschreibt.

In Abschnitt 3.3.9 der Norm wird demgegenüber noch nicht einmal das Wort „soll", sondern lediglich „sollte" benutzt. Diese Formulierung enthält eine weitere Abminderung in der Verbindlichkeit. Es wird lediglich eine Empfehlung zur Vornahme einer Tätigkeit im Regelfall ausgedrückt.

Liegt es im Interesse des Bauherrn, die nach DIN 276-1 vorgegebenen Leistungen des Planers zur Risikoidentifizierung und -bewertung zum Gegenstand des Planungsvertrags zu machen, so ist vor diesem Hintergrund eine detaillierte Vereinbarung über die geschuldeten Leistungen dringend angeraten. Hierbei ist ggf. zu berücksichtigen, dass es sich bei der Risikoanalyse um Besondere Leistungen gemäß HOAI handeln dürfte, aus denen sich ein entsprechender Honoraranspruch des Planers ergibt.

3.1.2.2 Leistungspflichten des Planers bei der Risikoanalyse

Die Anforderungen der DIN 276-1:2006-11 an den Architekten/Ingenieur bei der Feststellung und Dokumentation von Kostenrisiken gestalten sich bereits nach dem Wortlaut vielschichtig (vgl. Abschnitt 3.3.9 der Norm). Es wird von ihm eine umfassende Analyse der erkennbaren Risiken unter folgenden Kriterien verlangt:

- identifizierte Risikoarten,
- möglicher Risikoumfang,
- Eintrittswahrscheinlichkeit,
- geeignete Maßnahmen für das Risikomanagement.

Für die Planungsvertragspraxis steht dabei zu erwarten, dass durch diese Präzisierung bzw. Kategorisierung der Planeraufgaben verstärktes Augenmerk auf die Risikoanalyse gelenkt wird. Dies gilt zwangsläufig nicht allein für den positiven Fall einer ordnungsgemäßen Kostenermittlung, -kontrolle und -steuerung. Konfliktpotenziale dürften in dem Fall entstehen, dass Baukostenüberschreitungen kausal auf den Eintritt nicht erkannter oder – zumindest nach Ansicht des Bauherrn – falsch bewerteter Risiken zurückzuführen sind. Mögliche Streitursachen liegen auch in der Bewertung der Maßnahmen für das Risikomanagement, über die der Architekt/Ingenieur den Bauherrn informieren soll.

In der konkreten Handhabung – und besonders in der Auslegung der vertraglichen Planerpflichten im Konfliktfall – sind daher zahlreiche Fragen zu beantworten.

Zunächst ist zu klären, ob bestimmte Risiken vorhersehbar waren und vom Architekt/ Ingenieur dementsprechend aufgezeigt hätten werden müssen. Dass es hierbei auf die Verhältnisse des individuellen Einzelfalls ankommen wird, ist sehr nahe liegend. Eine Präzisierung (bzw. geeignetes kautelarjuristisches Material) wird insofern erst durch Richterrecht entstehen.

Der zweite Fragenkomplex betrifft das Instrumentarium der Risikoidentifizierung und -bewertung: Bei streng wörtlicher Auslegung der DIN-Vorgaben könnte man aus dem Text eine Verpflichtung des Planers herauslesen, sowohl alle Risikoarten, sämtliche Risikoumfänge als auch die Eintrittswahrscheinlichkeiten aller Einzelrisiken jeweils für sich genommen korrekt zu ermitteln. Dass dies nicht das Regelungsziel der Norm sein kann, erschließt sich rasch aus einer näheren Betrachtung der Eintrittswahrscheinlichkeit. Realisiert sich ein Kostenrisiko bei der Bauausführung, so müsste man für dessen korrekte Beurteilung im Hinblick auf seine Eintrittswahrscheinlichkeit mehrere identische Bauvorhaben miteinander vergleichen und die Wahrscheinlichkeit des Risikoeintritts unter gleichen Bedingungen statistisch ermitteln. Wegen des Projektcharakters von Bauvorhaben wird dies schlechterdings unmöglich sein. Die Frage der ordnungsgemäßen Risikoanalyse ließe sich deshalb nicht klären.

Es ist allerdings zu beachten, dass die DIN 276-1 ihrer Zielsetzung nach eine technische Regel ist, die hier Methoden und Werkzeuge für das Risikomanagement im Planungsprozess definiert und deren Anwendung fördern will. Die Verpflichtung des Planers zu einer umfassenden Analyse von Baukostenrisiken ist deshalb ihrem Sinn und Zweck nach zu beurteilen, wonach potenzielle Kostensteigerungen nach ihrer Art, ihrem Umfang und ihrer Eintrittswahrscheinlichkeit so zu bewerten sind, dass der Bauherr bei Durchführung geeigneter Maßnahmen zur Risikogestaltung seine Planungs- und Kostenziele erreichen kann.

Hierbei ist zu beachten, dass eine bloße Mehrkostenvorhersage gerade nicht in der Kernzielsetzung der Risikoidentifizierung und -bewertung liegt. Vielmehr geht es im Idealfall darum, den Risikoeintritt überhaupt zu verhindern bzw. die Folgen eines Risikoeintritts durch geeignete Maßnahmen zu minimieren. Es spricht insofern keineswegs für eine unzureichende Risikoidentifizierung und -bewertung, wenn potenzielle Kostensteigerungen nach Art und Umfang im Projektverlauf nicht eintreten. Die Umsetzung der Maßnahmen für das Risikomanagement ist allerdings eine originäre Bauherrenaufgabe, auf deren Erfüllung der Architekt/Ingenieur in der Praxis nur begrenzten Einfluss hat.[22]

Weiterhin liegt es in der Natur unterschiedlicher Risiken, dass eine Addition sämtlicher Einzelrisiken, multipliziert mit ihrer individuellen Eintrittswahrscheinlichkeit, nicht zu einer korrekten Bewertung des projektspezifischen Gesamtrisikos führt, weil sich zwischen den Einzelrisiken ein Risikoausgleich ergibt. Das Gesamtrisiko liegt vor diesem Hintergrund stets niedriger als die Addition der Einzelrisiken. Dies bedeutet folglich, dass eine Risikoidentifikation und -bewertung nicht bereits dann fehlerhaft ist, wenn Einzelrisiken die jeweils angesetzte Einzelrisikohöhe übersteigen.

Eine fehlerhafte Risikoidentifikation und -bewertung des Planers kann auf dieser Basis erst festgestellt werden, wenn mindestens eine der folgenden Voraussetzungen gegeben ist:

a) Eintritt eines vorhersehbaren, jedoch nicht benannten Risikos,
b) Durchführung von Maßnahmen zum Risikomanagement auf Anraten des Planers, die sich später als untauglich erweisen,
c) Kostenüberschreitung bzw. Überschreitung der genannten Gesamtrisikosumme nach Durchführung sämtlicher vorgeschlagenen Maßnahmen zum Risikomanagement.

---

22 Dies betrifft etwa den Abschluss von Versicherungen gegen Risikoeintritte oder vertragliche Vereinbarungen mit den bauausführenden Firmen (vgl. Will, 1983, S. 201 ff.).

So klar und nachvollziehbar diese Fälle erscheinen, so komplex dürfte sich jedoch die Anspruchsdurchsetzung infolge von Fehlern des Planers bei der Risikoanalyse in der Praxis gestalten – die nachfolgenden Punkte stehen deshalb nur exemplarisch für die möglichen Anforderungen bei der Anspruchsdurchsetzung:

In Fall a) müsste etwa vom Bauherrn nachgewiesen werden, dass das Risiko in seiner Art tatsächlich vorhersehbar war. In Fall b) müsste der Planer zu seiner Entlastung belegen, dass der Bauherr die vorgeschlagenen Maßnahmen des Risikomanagements nicht vollends wie angeraten durchgeführt hat. In Fall c) schließlich müsste der Planer dies für sämtliche vorgeschlagenen Maßnahmen leisten. Der Bauherr wiederum müsste ggf. nachweisen, dass nicht Einflüsse aus seiner Risikosphäre zu dem Risikoeintritt geführt haben (z. B. Planungsänderungen, Bauverzögerungen, Finanzierungsschwierigkeiten etc.).

Zusammenfassend ist deshalb festzustellen, dass die DIN 276-1:2006-11 mit der Aufnahme von Leistungspflichten des Planers primär auf eine dem aktuellen Stand der Risikomanagement-Techniken entsprechende Durchführung einer Risikoanalyse abstellt. Konkrete Handlungsvorgaben hierfür lassen sich insofern allein durch Auslegung anhand der in Abschnitt 3.3.9 der DIN 276-1:2006-11 enthaltenen Begriffe des Risikomanagements und eine daran anknüpfende Wahl geeigneter Risikomanagement-Techniken herleiten.

Wollen die Vertragsparteien eine Risikoidentifikation und -bewertung als Leistungspflicht des Planers geschuldet wissen, so empfiehlt sich eine detaillierte Regelung der geforderten Leistung. Hierfür sei auf das in Teil A (Kapitel A 5) vorgestellte Verfahren zur Risikoanalyse verwiesen.

Auch ohne konkrete Vereinbarung zur Durchführung einer Risikoanalyse im Planungsvertrag wird allerdings der Architekt/Ingenieur nicht von der grundsätzlichen Verpflichtung zur Feststellung möglicher Kostensteigerungsrisiken entbunden. Als Sachwalter des Bauherrn ist der Planer zu einer laufenden Kostenberatung seines Auftraggebers verpflichtet. Danach muss der Architekt/Ingenieur so früh wie möglich auf potenzielle bzw. erwartete Kostensteigerungen hinweisen und den Bauherrn über die Kostenauswirkungen seiner Planungsentscheidungen hinreichend aufklären (u. a. BGH, IBR 2005, 100; BGH, BauR 1999, 1319 [1322]; BGH, BauR 1997, 494 [496]; BGH, BauR 1997, 1067 [1068]). Es liegt hier nahe, die Benennung von Kostenrisiken als einen Teilaspekt dieser Kostenberatungspflicht aufzufassen.

3.1.2.3 Auswirkungen auf Toleranzgrenzen

Die Berücksichtigung eines Toleranzrahmens bei der Kostenplanung setzt nach geltender Rechtslage wie bereits beschrieben eine ordnungsgemäße Kostenermittlung voraus. Im Hinblick auf die Anwendung solcher Toleranzen hat der Bundesgerichtshof in einem Urteil 1997 festgestellt (BGH, BauR 1997, 494):

„Diese reichen jedoch nur so weit, als die in den Ermittlungen enthaltenen Prognosen von unvermeidbaren Unsicherheiten und Unwägbarkeiten abhängen."

Die Gewährung von Toleranzen bei der Kostenermittlung stellt insofern auf die verfahrensbedingten, gleichsam systemimmanenten Prognoserisiken der Kostenermittlung ab, die vom Kostenrahmen bis zum Kostenanschlag abnehmen. Der Bundesgerichtshof weist folgerichtig darauf hin, dass Toleranzen zur Berücksichtigung *„unvermeidbarer Unsicherheiten"* und *„Unwägbarkeiten"* dienen. Der Architekt/Ingenieur muss insofern sämtliche zum Zeitpunkt der jeweiligen Kostenermittlung maßgeblichen Faktoren vollständig und ordnungsgemäß berücksichtigt haben (BGH, BauR 1997, 335), um ggf. einen Toleranzrahmen beanspruchen zu können.

Die Verpflichtung des Planers zur Risikoanalyse zielt dagegen darauf ab, vorhersehbare potenzielle Kostensteigerungen im Vorfeld zu identifizieren und Maßnahmen vorzuschlagen, damit Kostenerhöhungen entweder vermieden oder minimiert werden können. Folglich sind diese Risiken dadurch charakterisiert, dass sie gerade **nicht** unvermeidbar sind. Dies gilt selbst für solche Risikoarten, deren Eintritt zwar nicht verhindert werden kann, die aber gegen eine entsprechende Risikoprämie versichert oder aber an Dritte übertragen werden können – etwa durch geeignete Bauvertragswahl und -gestaltung.

Toleranzen setzen nach höchstrichterlicher Rechtsprechung weiterhin voraus, dass Kostensteigerungen auf Unwägbarkeiten beruhen – auf Faktoren also, die im Wortsinn nicht zu quantifizieren bzw. monetär zu bewerten sind. Im Hinblick auf vorhersehbare Risiken wird insoweit nicht von einer fehlenden Wägbarkeit auszugehen sein, weil die Mehrkostenhöhe infolge eines Risikoeintritts auf Basis der zum Zeitpunkt der Risikoanalyse gültigen Planungsinformationen quantifiziert werden kann.

Toleranzen besitzen demnach systematisch keine Überschneidungen mit der Feststellung und Bewertung von Kostenrisiken an sich. Die Höhe von Toleranzgrenzen kann damit nicht von den Aussagen des Planers zum monetären Umfang des Baukostenrisikos abhängig gemacht werden. Das heißt, ein Toleranzrahmen für die Kostenermittlung ist nicht deshalb zu reduzieren, weil der Planer ein hohes Risikovolumen bzw. Risikobudget in seiner Kostenermittlung ausgewiesen hat.

Begreift man Toleranzen systemgerecht im Sinne einer Kompensation verfahrensbedingter Unsicherheiten, so kommt ihre Anwendung jedoch auch für das Verfahren der Risikoanalyse selbst in Betracht. Auch hierbei handelt es sich um ein Prognoseinstrument (potenzieller) zukünftiger Kostenentwicklungen, dem naturgemäß prognosebedingte Unsicherheiten inhärent sind. Zudem ist die Risikoanalyse ein inhaltlicher Bestandteil der Kostenermittlungsverfahren. Es lässt sich insofern kein Grund erkennen, weshalb sich die Gewährung eines Toleranzrahmens nicht auch auf verfahrensbedingte unvermeidbare Unsicherheiten bzw. Unwägbarkeiten erstrecken sollte. Sachlogisch setzt dies voraus, dass die Risikoidentifikation und -bewertung ordnungsgemäß durchgeführt wurde und dass weiterhin die Voraussetzung für die Toleranzgewährung dem Grunde nach gegeben ist.

Im Fall einer Baukostengarantie oder bei Vereinbarung einer Kostenobergrenze wird nach geltender Rechtslage somit ein Toleranzrahmen auch für die Risikoanalyse nicht in Betracht kommen.

3.1.3   Stufen und Phasenzuordnung der Kostenermittlung

Ein Kernpunkt der DIN 276-1 bleibt weiterhin die Festlegung stufenweise über den Planungsverlauf einzusetzender Verfahren zur Kostenermittlung.

Im Verhältnis zu den älteren Ausgaben der DIN 276 nimmt die aktuelle Fassung jedoch an verschiedenen Stellen grundlegende Änderungen vor, aus denen erweiterte Leistungspflichten des Architekten/Ingenieurs resultieren und die im Hinblick auf die Planungsvertragsgestaltung besonders zu beachten sind. Dies gilt insbesondere, weil sich die Zuordnung der einzelnen Kostenermittlungsstufen zu den HOAI-Leistungsphasen mit der DIN 276-1:2006-11 verschiedentlich ändert.

3.1.3.1 Einführung des Kostenrahmens

Mit dem Kostenrahmen wird eine weitere Stufe der Kostenermittlung aufgenommen. In Abschnitt 3.4.1 der DIN 276-1:2006-11 heißt es dazu:

„Der Kostenrahmen dient als eine Grundlage für die Entscheidung über die Bedarfsplanung sowie für grundsätzliche Wirtschaftlichkeits- und Finanzierungsüberlegungen und zur Feststellung der Kostenvorgabe."

Daraus wird deutlich, dass der Kostenrahmen zeitlich in der Leistungsphase der Grundlagenermittlung (§ 15 Abs. 2 Ziffer 1 HOAI) angesiedelt wird. Diesen Kostenrahmen sieht die HOAI bisher allerdings (noch) gar nicht vor. Ist im Planungsvertrag die Erarbeitung des Kostenrahmens bzw. eine Kostenplanung gemäß DIN 276-1:2006-11 nicht explizit vereinbart, kann es daher zu Konflikten darüber kommen, ob der Kostenrahmen als Teil der Kostenplanung tatsächlich geschuldet ist. Soll die Erarbeitung des Kostenrahmens geschuldet sein, empfiehlt sich deshalb eine entsprechende konkrete vertragliche Vereinbarung.

3.1.3.2 Änderungen hinsichtlich des Kostenanschlags

In Abschnitt 3.4.4 der DIN 276-1:2006-11 heißt es zum Kostenanschlag:

„Der Kostenanschlag dient als eine Grundlage für die Entscheidung über die Ausführungsplanung und die Vorbereitung der Vergabe."

Hierin besteht zunächst noch keine Abweichung vom Text der bisher geltenden DIN 276 (Ausgabe 1993). Wörtlich gesehen soll auf Basis des Kostenanschlags somit eine Entscheidung über die Vorbereitung der Vergabe getroffen werden; also eine Entscheidung über die eingegangenen Angebote für die zu erbringenden Bauleistungen. Diese kann nach bisher verbreiteter Auffassung nur in der Beauftragung (oder Nichtbeauftragung) der Leistungen münden. Die HOAI sieht folglich den Kostenanschlag dementsprechend nach § 15 Abs. 2 HOAI erst in der Leistungsphase 7 geschuldet.

In Abschnitt 3.4.4 der DIN 276-1:2006-11 wird allerdings zur Erstellung des Kostenanschlags konkretisiert:

„(…) Der Kostenanschlag kann entsprechend dem Projektverlauf in einem oder mehreren Schritten aufgestellt werden."

In Verbindung mit der Zielsetzung, dass der Kostenanschlag nicht zuletzt auch für die Entscheidung über die Ausführungsplanung herangezogen werden und dabei eine durchgängige Kostenfortschreibung und -kontrolle ermöglichen soll, erscheint die bisherige (alleinige) Zuordnung des Kostenanschlags zur HOAI-Leistungsphase 7 als nicht praxisgerecht.

Bei enger Auslegung der Kostenplanungsverpflichtung nach HOAI würde die bisherige Regelung nämlich bedeuten, dass der Planer erst nach Eingang der Angebote für alle Vergabeeinheiten den Kostenanschlag zu erstellen hat. In der Praxis wird dies (bei Fachlos- oder Gewerkegruppenvergabe) regelmäßig erst dann der Fall sein, wenn die Bauleistung und damit der tatsächliche Kostenanfall bereits weit fortgeschritten sind. Dass der Kostenanschlag zu diesem Zeitpunkt jedoch für den Bauherrn im Sinne der

Kostenkontrolle- und -steuerung nahezu wertlos ist, bedarf keiner weiteren Erörterung.

Die bisherige Regelung zum Kostenanschlag greift im Sinne des Kostencontrollings nur dann effektiv, wenn die Vergabe der Bauleistungen aller Vergabeeinheiten nahezu zeitgleich und auf Basis einer zu diesem Zeitpunkt bereits abgeschlossenen Ausführungsplanung erfolgt. Die Erfahrungen der Praxis zeigen allerdings, dass dies aus organisatorischen, terminlichen und wirtschaftlichen Zwängen heraus weder auf breiter Front geschieht noch von den Beteiligten angestrebt wird.

Die mit der neuen Regelung gegebenen Optionen zur Aufstellung des Kostenanschlags kommen den Erfordernissen der Zielkostenplanung bzw. einer durchgängigen Kostenfortschreibung, -kontrolle und -steuerung vor diesem Hintergrund weit näher: Soll der Kostenanschlag zur Entscheidung über die Projektfortführung im Anschluss an die Ausführungsplanung herangezogen werden, so muss er zwangsläufig vor dem Abschluss des ersten Bauvertrags – besser vor Versendung der Verdingungsunterlagen für den erstzuvergebenden Leistungsteil – erstellt werden. Dies bedingt wiederum, dass der Kostenanschlag auf Basis der Ausführungsplanung erstellt und im Hinblick auf die Kosteneinhaltung geprüft wird.

Zum Zweck der fortlaufenden Kostenermittlung, -kontrolle und -steuerung muss der Kostenanschlag auf dieser Grundlage über den Zeitverlauf der Vergaben fortgeschrieben werden, indem sukzessive die Kostenansätze mit Stand der abgeschlossenen Ausführungsplanung durch (die ggf. beauftragten) Angebote der Baufirmen ergänzt bzw. ersetzt werden. So ist die schrittweise Aufstellung des Kostenanschlags vom Abschluss der Ausführungsplanung bis zum Ende der HOAI-Leistungsphase 7 die logische Folge. Dies ergibt sich explizit aus Abschnitt 3.5.4 der DIN 276-1:2006-11:

„Bei der Vergabe und der Ausführung sind die Angebote, Aufträge und Abrechnungen (einschließlich Nachträgen) in der für das Bauprojekt festgelegten Struktur aktuell zusammenzustellen und durch Vergleiche mit vorherigen Ergebnissen zu kontrollieren."

Die **Aufstellung des Kostenanschlags** erstreckt sich nach DIN 276-1:2006-11 damit bereits aus ihrem Sachzweck heraus über die Leistungsphasen **5 bis 7.** Die Aufstellung eines Kostenanschlags in einem Schritt wird in diesem Zusammenhang der Vergabe der Bauleistung an einen Komplettleistungsträger (Generalunter- oder -übernehmer o. Ä.) vorbehalten bleiben.

Die neu gefassten Regelungen der DIN 276-1 zur Aufstellung des Kostenanschlags tragen den Bedürfnissen der Praxis im Hinblick auf die Baukostenplanung vor diesem Hintergrund weit mehr Rechnung als die bislang gültigen Vorgaben. Probleme können sich jedoch ergeben, wenn die Vertragsparteien – wie in der Praxis häufig beobachtet – die Leistungsphasen des § 15 Abs. 2 HOAI zum Vertragsbestandteil machen und keine näheren Vereinbarungen zur genauen Aufstellung des Kostenanschlags treffen. Hier hilft auch die explizite Einbeziehung der DIN 276-1 in die Leistungspflichten des Planers nur begrenzt weiter, denn dies allein regelt noch nicht die konkrete Durchführung des Kostenanschlags.

Die Frage, ob der Kostenanschlag in einem oder in mehreren Schritten zu erstellen ist, müsste im Fall fehlender Detailvereinbarungen insofern anhand der Verpflichtung des Planers zur laufenden Baukostenberatung und -überwachung für den Einzelfall beurteilt werden. Es empfiehlt sich daher eine konkrete Regelung dieses Punktes im Planungsvertrag.

Im Hinblick auf die in § 15 Abs. 1 HOAI normierte (honorarrechtliche) Wertigkeit der jeweiligen Leistungsphase ergeben sich ggf. keine Probleme, wenn die Erstellung des Kostenanschlags in der Phase 7 abgeschlossen und daher dieser Leistungsphase zugeschrieben wird. Dies dürfte unter dem Gesichtspunkt der Kostenfortschreibung und -kontrolle üblicherweise der Fall sein, denn eine Fertigstellung des Kostenanschlags in der HOAI-Phase 5 vermag dies nicht zu leisten.

3.1.4　Aufbau der Kostenermittlungen

Neben der Phasenorganisation der einzelnen Kostenplanungsstufen liefert die DIN 276-1: 2006-11 auch detaillierte Vorgaben zum Aufbau der einzelnen Kostenermittlungen. Ziel ist es, eine hinreichende bzw. den Bedürfnissen der Projektbeteiligten gerecht werdende Nachvollziehbarkeit, Prüfbarkeit und Vergleichbarkeit der Kostenermittlungen zu garantieren.

3.1.4.1 Kostenstand und Kostenprognose

Die Kosten der Erstellung von Bauwerken sind wie die Kosten in allen übrigen Bereichen des Wirtschaftsgeschehens über den Zeitverlauf einer dynamischen Entwicklung unterworfen, die durch die Inflationsrate, konjunkturelle Einflüsse und andere Faktoren bestimmt wird. Insofern ist bei einer späteren Kostenkontrolle zu differenzieren, ob bzw. in welchem Umfang Kostensteigerungen des Bauobjektes auch auf „normale" Baupreissteigerungen zurückzuführen sind.

Insbesondere bei langfristigen Bauvorhaben und stark progressiver Preisentwicklung – wie z. B. im Energiebereich oder bei Baustahlerzeugnissen in der jüngeren Vergangenheit – kann es im Hinblick auf eine Minimierung der Kostenrisiken jedoch erforderlich werden, Prognosen über die Kostenentwicklung bis zum Fertigstellungszeitpunkt in die Baukostenermittlung einfließen zu lassen.

In diesem Zusammenhang legt die DIN 276-1:2006-11 in Abschnitt 3.3.10 fest:

„Bei Kostenermittlungen ist vom Kostenstand zum Zeitpunkt der Ermittlung auszugehen; dieser Kostenstand ist durch die Angabe des Zeitpunktes zu dokumentieren. Sofern Kosten auf den Zeitpunkt der Fertigstellung prognostiziert werden, sind sie gesondert auszuweisen."

Der Wortlaut der DIN 276:1993-06 (dort Abschnitt 3.1.6) wurde somit identisch beibehalten. Der Regelungstext lässt allerdings an verschiedenen Stellen Raum für Interpretationen und bedarf daher der Kommentierung.

Zunächst kann der Begriff Kostenstand einerseits dahingehend ausgelegt werden, dass in einer Kostenermittlung grundsätzlich alle zum Zeitpunkt der Ermittlung bekannten Kosten in qualitativer und quantitativer Hinsicht erfasst werden müssen. Dies leitet sich aus der Zielsetzung bzw. der Aufgabe der DIN 276 im Hinblick auf die Kostenplanung unmittelbar ab.

Zum anderen kann der Terminus so aufgefasst werden, dass allen Kostenermittlungen grundsätzlich die Kosten zugrunde zu legen sind, die entstehen würden, wenn das Bauobjekt am selben Tag errichtet würde. Dies bedeutet nichts anderes, als dass die ermittelten Kosten stets das jeweils aktuelle Kosten- bzw. Marktpreisniveau zu repräsentieren haben. Dem berechtigten Informationsinteresse des Bauherrn über die Kostenentwicklung trägt dieses Verfahren Rechnung – für ihn werden kaum die Kosten von Belang sein, die sein Bauvorhaben in der Vergangenheit verursacht hätte. Auf der anderen Seite bewirkt die Regelung, dass der Planer nicht gezwungen wird, zukünftige Preisentwicklungen „vorauszusagen", über deren Verlauf oftmals keine hinreichend klare Aussage möglich ist.

Die Vorgabe ist weiterhin sinnvoll und notwendig, um für spätere Kontrollen der Baukosten einen eindeutigen Bezugsrahmen zu schaffen, an dem die Richtigkeit der Kostenermittlung überprüft werden kann. Sachlogisch kann das ermittelte Kostenniveau nur dann nachträglich verifiziert werden, wenn es auf den jeweiligen Ermittlungszeitpunkt bezogen werden kann. Die Forderung einer Angabe des Ermittlungszeitpunktes ist somit folgerichtig.

Bei einer Kostenprognose auf den (geplanten) Fertigstellungszeitpunkt gibt die Regelung vor, dass die Kosten gesondert auszuweisen sind. Eine separate Aufstellung aller Kosten, die auf den Zeitpunkt der Fertigstellung geschätzt sind, würde jedoch ggf. dazu führen, dass die Systematik einer jeweils „vollständigen" Kostenerfassung auf Basis einer DIN-konformen Kostengliederung durchbrochen würde. Zumindest würde die Handhabung der Kostenermittlung durch separate Kostenaufstellungen erschwert.

Für einen ggf. später auftretenden Prüfungsbedarf der Kostenermittlung auf ihre Richtigkeit (auch der Prognose) genügt es, wenn die Prognoseanteile der ausgewiesenen Kosten nachvollziehbar dokumentiert werden. Die Kosten lassen sich daher sinnvoll über den zum Ermittlungszeitpunkt aktuellen Kostenstand ermitteln, der um einen globalen bzw. detaillierten Prognosefaktor ergänzt wird. Hierbei sollte sowohl der jeweilige Prognosefaktor als auch der daraus resultierende Mehr- oder Minderkostenanteil dokumentiert werden. Ebenfalls ist es von Bedeutung, den zeitlichen Prognosehorizont im Einzelnen auszuweisen – also den Zeitpunkt des Kostenanfalls, wie z. B. den Fertigstellungszeitpunkt des Bauwerks oder den Abrechnungszeitpunkt einzelner Bauleistungsteile (Gewerke, Bauteile etc.).

Zeitverlaufsbedingte Bausummenentwicklungen lassen sich in diesem Kontext auch als besondere Kostenrisiken (Preissteigerungsrisiken) auffassen. Insoweit handelt es sich bei Kostenprognosen in der Sache um nichts anderes als die Identifikation und Quantifizierung zukünftiger Preisentwicklungen im Sinne vorhersehbarer Kostenrisiken. In diesem Kontext stellt sich die Frage, ob der Planer bei der Kostenermittlung nicht ohnehin gehalten ist, erwartete Kostensteigerungen bis zur Fertigstellung des Bauobjekts in seinen Kostenermittlungen auszuweisen.

Dies wird zu bejahen sein, wenn der Planer entsprechend seinem Vertrag explizit zum Risikomanagement verpflichtet ist und die zu erwartenden zeitverlaufsbedingten Baupreisentwicklungen vom Zeitpunkt der Kostenermittlung bis zum Fertigstellungszeitpunkt des Bauwerks eine signifikante Höhe erreichen.

3.1.4.2 Ausweis der Umsatzsteuer

Für die Festlegung einer Kostenvorgabe ist es von besonderer Bedeutung, die auf die Bausumme entfallende Umsatzsteuer in die Kostenbetrachtung entweder mit einzubeziehen oder im Bedarfsfall – je nach Bauherren- und Projekttyp – aus den Kostenangaben zu eliminieren.

In der neuen DIN 276 wird auf dieser Grundlage das bislang etablierte System zur Berücksichtigung der Umsatzsteuer weitergeführt. Nach Abschnitt 3.3.11 der DIN 276-1: 2006-11 ist die Umsatzsteuer entweder in sämtliche Kostenansätze durchgängig einzubeziehen (Bruttoangabe) oder die Umsatzsteuer ist bei der Kostenermittlung durchgängig auszuklammern (Nettoangabe). Alternativ gestattet die DIN 276-1:2006-11 auch Mischformen, bei denen die Umsatzsteuer lediglich für übergeordnete Kostengruppen ausgewiesen wird.

Letzteres kann etwa der Fall sein, wenn Kostenansätze auf der nächsthöheren Kostengruppenebene als Teilsummen zusammengefasst werden. Bei einer ausführungsorientierten Kostengliederung kann z. B. eine Nennung der Netto- und Bruttoangebots- bzw. -auftragssummen einzelner Vergabeeinheiten erfolgen.

Die Option einer teilweisen Berücksichtigung der Umsatzsteuer beinhaltet allerdings keineswegs die Vermischung von Brutto- und Nettoangaben innerhalb der Kostengliederung. Zugunsten einer vereinfachten Handhabung der Kostenermittlungen ist vielmehr sicherzustellen, dass auf gleicher Gliederungsebene stets eine identische Systematik der Umsatzsteuerbehandlung zur Anwendung kommt.

Hervorzuheben ist weiterhin, dass im Sinne einer durchgängigen Systematik bei der Kostenermittlung und der Kostenfortschreibung über den Projektverlauf nicht zwischen den einzelnen Varianten der Umsatzsteuerbehandlung gewechselt werden sollte. In jedem Fall muss nach DIN 276-1:2006-11 bei der Kostenermittlung dokumentiert werden, ob und in welcher Weise die Umsatzsteuer in den Kostenansätzen erfasst ist.

3.1.4.3 Strukturierung der Kostenermittlungen

Im Vergleich mit den vorausgegangenen Ausgaben modifiziert die DIN 276-1:2006-11 ihre Vorgaben zur Strukturierung der einzelnen Kostenermittlungen.

Kostenrahmen

Für die Strukturierung des Kostenrahmens als neu eingeführte Kostenermittlungsstufe findet sich sachlogisch in den früheren Ausgaben der DIN 276 kein Vergleich. Die Vorgaben zur Strukturierung des Kostenrahmens orientieren sich demnach an der Zielrichtung und Phasenzuordnung dieses Kostenermittlungsverfahrens im Planungsprozess (DIN 276-1:2006-11, Abschnitt 3.4.1):

„Der Kostenrahmen dient als eine Grundlage für die Entscheidung über die Bedarfsplanung sowie für grundsätzliche Wirtschaftlichkeits- und Finanzierungsüberlegungen und zur Festlegung der Kostenvorgabe."

Er ist somit nach Abschluss der Grundlagenermittlung (HOAI-Leistungsphase 1), zu erstellen. Neben quantitativen Bedarfsangaben (Raumprogramm, Nutz- und Funktionseinheiten, Flächenangaben) und qualitativen Bedarfsangaben (im Wesentlichen bautechnische und funktionale Anforderungen) zählen insbesondere Angaben zum Standort zu den Planungsgrundlagen für den Kostenrahmen.

Eine detaillierte Strukturvorgabe für die Kostendokumentation lässt sich naturgemäß hieraus nicht entwickeln. Eine Orientierung an DIN 18205:1996-04 „Bedarfsplanung im Bauwesen" liegt jedoch für die Erstellung des Kostenrahmens nahe.

Mit Blick auf die späteren Anforderungen an die Zielkostenplanung oder die Verifizierung der auf Basis des Kostenrahmens bestimmten Kostenvorgabe ist es allerdings notwendig, einen grundlegenden Bewertungsmaßstab der Bauwerkskosten zu schaffen, unter denen sich die Kostengruppen 300 und 400 der DIN 276-1 subsumieren. Die für den Kostenrahmen definierte Forderung nach einem gesonderten Ausweis der Bauwerkskosten als Mindeststandard ist vor diesem Hintergrund folgerichtig.

Kostenschätzung

Auch in der neuen DIN 276-1 bleibt die Zuordnung der Kostenschätzung zum Abschluss der HOAI-Leistungsphase 2 weiterhin bestehen. Es heißt in Abschnitt 3.4.2 der DIN 276-1:2006-11:

„Die Kostenschätzung dient als eine Grundlage für die Entscheidung über die Vorplanung."

Konkret soll dem Bauherrn die Möglichkeit eröffnet werden, anhand des kostenmäßig bewerteten Ergebnisses der Vorentwurfsplanung über eine unveränderte Fortführung, eine Modifizierung oder einen Abbruch der Planung zu entscheiden. Sachlogisch bedeutet dies, dass alle relevanten Ergebnisse der Leistungsphase 2 Eingang in die Kostenschätzung finden und als Grundlagen der Kostenermittlung dokumentiert werden müssen.

Im Wesentlichen übernimmt die neue Norm unter dieser Zielstellung die Planungsinformationen der Vorgängerausgaben, präzisiert diese jedoch an einer Stelle: Die DIN fordert nunmehr explizit, die Berechnung der Mengen von Bezugseinheiten der Kostengruppen nach DIN 277 (Ausgabe 2005) „Grundflächen und Rauminhalte von Bauwerken im Hochbau" durchzuführen. Bislang wurde auf diese Norm lediglich beispielhaft im Hinblick auf die Ermittlung von Grundflächen und Rauminhalten verwiesen.

Die korrekte Ermittlung dieser Bezugseinheiten und damit die Richtigkeit der Kostenschätzung kann jedoch nur überprüft werden, wenn sie nach einer allgemein eingeführten technischen Regel erfolgt – insbesondere im Hinblick auf den Einbezug, die Übermessung oder die geometrische Bewertung von Bauelementen des geplanten Objektes ergeben sich ansonsten erhebliche Auslegungsspielräume. Die DIN 277 liefert dagegen für die Raum- und Flächenermittlung ein hinreichendes und in der Praxis etabliertes Instrumentarium.

Die zwingende Anwendung der DIN 277 als Berechnungsmaßstab trägt somit unmittelbar zu einer Verbesserung der Nachvollziehbarkeit und Prüfbarkeit der Kostenschätzung bei. Außerdem erleichtert sie dem Planer die Eigenkontrolle seiner Kostenermittlung.

Ähnlich ist auch die Tatsache zu bewerten, dass nunmehr verschärfte Anforderungen an die Kostenaufschlüsselung gestellt werden, die nach DIN 276-1:2006-11 zwingend mindestens bis zur ersten Ebene der Kostengliederung zu ermitteln sind. Bislang war diese Forderung lediglich als Sollvorgabe enthalten.

Kostenberechnung

Die Kostenberechnung bleibt auch in der DIN 276-1:2006-11 der HOAI-Leistungsphase 3 zugeordnet – es gilt unverändert (DIN 276-1:2006-11, Abschnitt 3.4.3):

„Die Kostenberechnung dient als eine Grundlage für die Entscheidung über die Entwurfsplanung."

Die Anforderungen an den bei der Kostenermittlung zu berücksichtigenden Planungsstand werden jedoch modifiziert. War dem Architekt/Ingenieur bislang die Wahl zwischen der Verwendung von *„vollständigen Vorentwurfs- und/oder Entwurfszeichnungen"*

(DIN 276:1993-06, dort Abschnitt 3.2.2) ermöglicht, so werden in DIN 276-1:2006-11 allein Entwurfzeichnungen als Referenzunterlagen aufgeführt. Vom Gebot der Vollständigkeit dieser Unterlagen nimmt die DIN jedoch Abstand.

Diese Entwicklung ist insofern erklärbar, als dass in frühen Planungsphasen bei der Beurteilung der „Vollständigkeit" eines Planungsstandes durchaus eine gewisse Bandbreite besteht. Entscheidend für die Kostenermittlung ist insofern weniger die Vollständigkeit im Sinne einer bestimmten Zahl von Plänen, sondern vielmehr die vollständige Erfassung und Dokumentation aller kostenrelevanten Planungsinformationen. Dies lässt sich implizit auch aus der Forderung herleiten, dass es sich bei den Grundlagen der Kostenberechnung um *durchgearbeitete* Planungsunterlagen handeln muss (DIN 276:1993-06, dort Abschnitt 3.2.2). Zudem müssen eine eindeutige Zuordnung der Planung zur Kostenberechnung und insoweit auch eine nachträgliche Überprüfung der Berechnungen umfassend möglich sein.

Unter dieser Zielsetzung ist es folgerichtig, dass Kostenberechnungen nunmehr zwingend bis zur zweiten Ebene der Kostengliederung aufzuschlüsseln sind – die Sollvorgabe der früheren DIN-276-Ausgaben wurde somit verschärft. Um dieser Vorgabe gerecht zu werden, wird der Architekt/Ingenieur in der Praxis ohnehin auf eine „vollständige" Entwurfsplanung des Objektes zurückgreifen müssen.

Kostenanschlag

Neben der bereits angesprochenen modifizierten Phasenzuordnung und der nun explizit gegebenen Option einer ein- oder mehrschrittigen Aufstellung des Kostenanschlags formuliert die DIN 276-1 auch neue Vorgaben zur Strukturierung der Kostenermittlung in dieser Stufe. In Abschnitt 3.4.4 der DIN 276-1:2006-11 wird festgelegt:

„Im Kostenanschlag müssen die Gesamtkosten nach Kostengruppen mindestens bis zur 3. Ebene der Kostengliederung ermittelt und nach den vorgesehenen Vergabeeinheiten geordnet werden. (…)"

Die Verschärfung der Anforderungen an die Kostenaufgliederung wird hier – wie bei den übrigen Ermittlungsverfahren – fortgeführt.

Darüber hinaus fordert die neue Norm vom Planer bei genauem Hinsehen eine zweifache Kostenaufstellung: So ist der Architekt/Ingenieur aufgerufen, die Kosten einerseits bis zur dritten Ebene der Kostengliederung gemäß DIN 276-1 und damit bauteilorientiert aufzuschlüsseln. Darüber hinaus hat der Planer die Kosten zusätzlich – das Wort „und" zeigt es an – nach den vorgesehenen Vergabeeinheiten zu ordnen und damit ausführungsorientiert zu dokumentieren.

Die DIN intendiert damit allerdings keineswegs eine voneinander inhaltlich unabhängige Erstellung des Kostenanschlags auf zweifache Weise. Vielmehr bedarf es im Sinne einer durchgängigen Kostenermittlung und -fortschreibung über sämtliche Planungsphasen eines Instrumentariums, anhand dessen der bereits beschriebene Systemwechsel von einer bauteilorientierten Kostenermittlung hin zu der für die Bauausführung erforderlichen, an Vergabeeinheiten orientierten Kostenermittlung nachprüfbar vollzogen werden kann. Die marktüblichen EDV-Kostenplanungsprogramme leisten dieses vielfach problemlos. Die Anforderungen der DIN spiegeln insofern den Stand des technisch Möglichen und Verbreiteten wider.

Für die Kostenkontrolle und -steuerung über den Bauablauf ist es von besonderer Bedeutung, dass der Kostenanschlag nach den für das konkrete Bauvorhaben vorgesehenen Fachlosen (Gewerke bzw. Gewerkegruppen) gegliedert wird. Der Verweis auf die *„vorgesehenen Vergabeeinheiten"* (Abschnitt 3.4.4) ist in dieser Weise zu verstehen.

Kostenfeststellung

Die Kostenfeststellung zählt auch in der neuen DIN 276-1 weiterhin zur HOAI-Leistungsphase 8. Dies ist ihrem Sinn nach ohnehin nicht anders möglich. Entsprechend bleiben auch die Grundlagen der Kostenfeststellung in der DIN 276-1:2006-11 unverändert.

Neu ist hingegen die Vorgabe, dass nunmehr bei allen Arten von Kostenfeststellungen die Gesamtkosten bis auf die dritte Ebene der Kostengliederung unterteilt werden müssen. Bisher galt lediglich eine Sollvorgabe, die Kosten bis zur zweiten Ebene aufzuschlüsseln. Die nun für alle Bauvorhaben geforderte tiefere Aufgliederung bis in die dritte Kostengruppenebene war bislang (unverbindlich) auf Baumaßnahmen beschränkt, die für die Gewinnung von Kostenkennwerten oder zu Vergleichszwecken ausgewertet wurden.

Im Hinblick auf eine durchgängige Kostenfortschreibung und -dokumentation sind die verschärften Regelungen für die Aufschlüsselung der Kostenfeststellung zu begrüßen. Die bislang von der DIN 276 akzeptierte Praxis einer Kostenaufgliederung bis zur zweiten Ebene war bereits deshalb kritisch zu beurteilen, weil sie gegenüber dem Kostenanschlag die Dokumentationsanforderungen wieder zurückschraubte und somit implizit einen erneuten Systemwechsel von einer im Allgemeinen ausführungsorientierten Gliederung zurück zu einer bauteilbezogenen Kostendarstellung erforderte.

Die Beibehaltung der dritten Kostengruppenebene aus der Phase des Kostenanschlags auch für die Kostenfeststellung erleichtert vor diesem Hintergrund die Kostenkontrolle, ohne dem Planer zusätzlichen Aufwand bei der Kostenermittlung aufzubürden.

3.1.5   Kostenkontrolle und Kostensteuerung

In der DIN 276-1:2006-11 wird dem Thema der Kostenkontrolle und der Kostensteuerung erstmals ein eigenes Kapitel (Abschnitt 3.5) gewidmet. Das Selbstverständnis der DIN 276-1 als Instrument der Kostenkontrolle und -steuerung im Sinne einer Zielkostenplanung kommt dadurch weit stärker zum Ausdruck als in den vorausgegangenen Ausgaben der Norm.

Die Leistungspflichten des Planers ergeben sich grundsätzlich aus dem Wortlaut des Abschnitts 3.5.2 der DIN 276-1:2006-11. Dort heißt es:

„Bei der Kostenkontrolle und Kostensteuerung sind die Planungs- und Ausführungsmaßnahmen eines Bauprojekts hinsichtlich ihrer resultierenden Kosten kontinuierlich zu bewerten. Wenn bei der Kostenkontrolle Abweichungen festgestellt werden, insbesondere beim Eintreten von Kostenrisiken, sind diese zu benennen. Es ist dann zu entscheiden, ob die Planung fortgesetzt wird oder ob zielgerichtete Maßnahmen der Kostensteuerung ergriffen werden."

Den Planer treffen danach folgende Pflichten:

- kontinuierliche Bewertung der aus den Planungs- und Ausführungsmaßnahmen resultierenden Kosten,
- Benennung der bei der Kostenkontrolle etwaig festgestellten Abweichungen.

Daraus ergeben sich zunächst keine Neuerungen im Vergleich zur bestehenden Rechtslage: Nach ständiger Rechtsprechung hat der Planer die Baukosten ohnehin zu überwachen, den Bauherrn über etwaig festgestellte Kostenmehrungen zu informieren und ihn laufend zu den entstehenden Baukosten zu beraten (BGH, BauR 1998, 354; OLG Stuttgart, OLGR 2000, 422). Gleichwohl finden sich in der neuen DIN 276-1 ergänzende Regelungen, auf die es sich genauer einzugehen lohnt.

3.1.5.1 Kontinuierliche Kostenfortschreibung

Die Kostenkontrolle gründet sich sachlogisch auf die im Vorfeld festgelegte Kostenvorgabe und/oder die bereits erbrachten Kostenermittlungen. Sie muss sich daher auch an der für die Kostenermittlung maßgeblichen Systematik ausrichten. Diese Forderung spiegelt sich auch im Anspruch einer kontinuierlichen Kostenermittlung wider.

Dies ist an sich unproblematisch, kann aber zu Begründungsbedarf führen, soweit unterschiedliche Systeme der Kostenermittlung (bauteilbezogene oder ausführungsorientierte Gliederung) zulässig sind. Mit der Vorgabe einer kombinierten bauteil- **und** ausführungsorientierten Kostengliederung im Zuge des Kostenanschlags schließt die DIN 276-1:2006-11 in diesem Zusammenhang eine bislang problematische Lücke.

Die zwingend vorgegebene duale Struktur des Kostenanschlags sorgt dafür, dass trotz des Systemwechsels von der bauteilorientierten hin zur ausführungsbezogenen Kostengliederung eine durchgängige Überprüfbarkeit gewahrt bleibt. Mittelbar kann das Erfordernis einer insoweit gekoppelten bzw. dualen Gliederungsstruktur des Kostenanschlags zudem auch aus der Dokumentationsverpflichtung des Architekten/Ingenieurs bei der Kostenkontrolle hergeleitet werden.

Ein weiterer Bruch existierte bislang zwischen dem Kostenanschlag und der Kostenfeststellung, weil Letztere in ihrer Strukturvorgabe (Kostenaufschlüsselung bis zur zweiten Ebene) wieder bauteilorientiert ausgelegt war. Diese Schnittstelle ist durch den nunmehr gemeinsamen Bezug der Kostenfeststellung und des Kostenanschlags auf die dritte Ebene der Kostengruppen nach DIN 276-1 harmonisiert worden. Parallel wird der Vergleich dieser Kostenermittlungen mit früheren Stufen der Kostenplanung vereinfacht.

Bei der Kostenkontrolle muss der Planer beachten, dass diese Verpflichtung nicht allein punktuell im Rahmen eines Abgleichs der aufeinanderfolgenden Kostenermittlungsstufen zum Abschluss der jeweiligen HOAI-Leistungsphasen besteht, sondern während des gesamten Planungsverlaufs.

Der Begriff der kontinuierlichen Kostenfortschreibung ist vor dem Hintergrund der geltenden Rechtslage so auszulegen, dass der Planer bei allen kostenwirksamen Planungsereignissen (Bauherrenvorgaben, Einflüsse Dritter etc.) eine Aufklärungs-, Dokumentations- und Beratungsverpflichtung trägt. Die neue Norm nimmt hierzu im Wortlaut des Abschnitts 3.5.2 der DIN 276-1 beispielhaft und direkt auf das *„Eintreten von Kostenrisiken"* Bezug. In die gleiche Richtung zielt die unter Abschnitt 3.5.4 der DIN 276-1:2006-11 formulierte Handlungsvorgabe:

„Bei der Vergabe und der Ausführung sind die Angebote, Aufträge und Abrechnungen (einschließlich Nachträgen) in der für das Bauprojekt festgelegten Struktur aktuell zusammenzustellen und durch Vergleiche mit vorherigen Ergebnissen zu kontrollieren."

Mit dieser Forderung an die Kostenfortschreibung und -kontrolle reagiert die DIN 276-1:2006-11 auf den Umstand, dass in der Baupraxis vielfach Kostensteigerungen erst während der Bauphase realisiert werden. Die Ursachen hierfür sind vielgestaltig und liegen neben Planungsfehlern des Architekten/Ingenieurs nicht selten auch in der Anordnung von Leistungsänderungen oder zusätzlichen Leistungen durch den Bauherrn.

Als Kostentreiber kommen während der Bauausführung vor allem folgende Faktoren infrage:

- markt- bzw. konjunkturbedingte Überschreitungen des Vergabebudgets,
- Nachträge aus bei der Ausschreibung „vergessenen" Leistungen bzw. infolge einer mangelhaften Leistungsbeschreibung,
- Nachträge aus dem Eintritt unvorhersehbarer (höhere Gewalt) bzw. vorhersehbarer Risiken (z. B. abweichende Baugrundverhältnisse, Beschaffenheit vorhandener Bausubstanz, behördliche Auflagen),
- Nachträge aus Planungsfehlern des Architekten/Ingenieurs,
- Nachträge aus Anordnung geänderter und zusätzlicher Leistungen durch den Bauherrn,
- Nachträge infolge mangelhafter Bauüberwachung bzw. Gewerkekoordination durch den Planer/Bauüberwacher,
- Nachträge aus unzureichender Mitwirkung des Bauherrn (z. B. zu spätes Treffen von Ausführungsvorgaben).

Wird die Kostenfortschreibung und -kontrolle unter diesen Rahmenbedingungen nicht ereignisbezogen bzw. zeitnah vorgenommen, drohen erhebliche irreversible Kostenüberschreitungen. Folglich muss der Architekt/Ingenieur sämtliche Kostenentwicklungen rechtzeitig dokumentieren, sobald sie erkennbar werden.

Dementsprechend verlangt die DIN 276-1 im Rahmen der Kostenkontrolle und Kostensteuerung nicht allein die Berücksichtigung von Aufträgen bzw. Abschlags- und Schlussrechnungen der einzelnen Vergabeeinheiten, sondern es müssen auch (Nachtrags-)Angebote in die Kostenkontrolle einbezogen werden. Im Sinne der Verpflichtung des Planers zum Risikomanagement sind hierunter nicht allein die zur Vergabe vorgesehenen Leistungsangebote bzw. die als berechtigt anerkannten Nachträge zu zählen, sondern insbesondere auch eine Risikobewertung strittiger Vergütungs-, Entschädigungs- und Schadensersatzansprüche.

Die Aufgliederung dieser vergabe- und ausführungsbegleitenden Kostenfortschreibung gemäß einer vorab für das Bauvorhaben festgelegten Struktur dient in diesem Kontext einer vereinfachten Überprüfung sämtlicher Kostenentwicklungen und Maßnahmen der Kostensteuerung durch die Projektbeteiligten sowie einer erleichterten Nachweisführung bei Streitigkeiten.

3.1.5.2 Dokumentation der Kostenermittlungen

Mit der Vorgabe zur Dokumentation der Kostenkontrolle sowie der vorgeschlagenen und durchgeführten Maßnahmen zur Kostensteuerung erweitert die DIN 276-1:2006-11 in Abschnitt 3.5.3 die Leistungspflichten des Planers. Sie trifft allerdings im selben Abschnitt keine Aussage darüber, wie die jeweiligen Erkenntnisse zu dokumentieren sind.

Hinweise zu den Dokumentationsanforderungen lassen sich allerdings aus den einzelnen Regelungen zur Kostenermittlung und -kontrolle entnehmen:

So legt die DIN 276-1 für jede Kostenermittlungsstufe fest, zu welchem Zeitpunkt diese (spätestens) zu erbringen ist, welche Planungsinformationen als Grundlage der Ermittlung heranzuziehen sind und wie detailliert die Kosten jeweils aufzuschlüsseln sind.

Aus dem Zweck der Kostenkontrolle heraus ergibt sich ferner die Notwendigkeit, die Kosten mit den Ergebnissen vorhergehender Ermittlungen zu vergleichen. Dies impliziert, dass die Kosten aus den verschiedenen – und insbesondere aus den aufeinanderfolgenden – Ermittlungsstufen in eine kausale Beziehung gesetzt werden müssen.

Aus der Systematik der Kostenplanung und dem Aufbau der einzelnen Kostenermittlungen über den Planungsverlauf lässt sich somit ein Rahmen für die Dokumentation der Ergebnisse aus der Kostenkontrolle ableiten.

Gleichwohl kann die DIN 276-1 als technische Regel für sämtliche Arten von Hochbauprojekten naturgemäß keine allgemeingültigen Vorgaben für den Inhalt und den Aufbau der Dokumentation liefern. Soweit die Vertragsparteien in dieser Hinsicht keine detaillierte Regelung im Planungsvertrag treffen, dürfte sich die Dokumentation primär nach den Informations- und Kontrollinteressen des Bauherrn im Einzelfall richten (BGH, BauR 1994, 654). Die DIN 276-1:2006-11 gibt aus ihrer Systematik heraus in diesen Fällen immerhin einen Rahmen vor, an dem sich die Projektbeteiligten orientieren sollten.

3.1.5.3 Entscheidungen bei Abweichungen von der Kostenvorgabe

In Satz 3 des Abschnitts 3.5.2 regelt die DIN 276-1:2006-11, dass im Falle etwaiger Abweichungen von der Kostenvorgabe Entscheidungen über den weiteren Planungs- und Ausführungsverlauf zu treffen sind. Diese Entscheidungen obliegen dem Bauherrn. Dies gilt zumindest für die richtungweisende Entscheidung, ob das Vorhaben unverändert fortgesetzt werden kann oder Maßnahmen der Kostensteuerung ergriffen werden müssen. Sofern sich der Bauherr für Maßnahmen der Kostensteuerungen entscheidet, muss ihn der Architekt/Ingenieur dabei beraten. Dies ergibt sich bereits aus dem Begriff der Kostensteuerung. Ein bloßes Abwarten von (etwaig nicht fundierten) Änderungsanordnungen des Bauherrn würde dem nicht gerecht werden.

Entscheidet sich der Bauherr dazu, die Planung bzw. Ausführung unverändert fortzusetzen, können daraus unterschiedliche Konsequenzen resultieren.

Im Fall einer ordnungsgemäßen Planung und Kostenermittlung des Architekten/Ingenieurs nimmt der Bauherr durch die Fortsetzung des Bauvorhabens trotz Abweichung von der Kostenvorgabe eine ggf. daraus resultierende Kostensteigerung hin. Nach der bereits dargestellten Systematik der Zielkostenplanung sollen sich die Vertragsparteien dann auf eine Anpassung der Kostenvorgabe einigen. Später eintretende und kostensteigernde Ereignisse müssen sich an der (neuen) Kostenvorgabe messen lassen. Da Abschnitt 3.5 der DIN 276-1:2006-11 die Anpassung der Kostenvorgabe nicht vorsieht, sollte eine diesbezügliche Regelung in den Planungsvertrag aufgenommen werden.

Resultiert die Abweichung von der Kostenvorgabe aus einer mangelhaften Planung des Architekten/Ingenieurs, stellt sich die Situation anders dar. Selbst wenn der Bauherr in diesem Fall die Fortsetzung des Bauvorhabens wünscht, wird er die Kostensteigerung in der Regel nicht anerkennen wollen. Der Bauherr sollte in solchen Fällen keine Anpassung der Kostenvorgabe vornehmen, sondern vielmehr der unrichtigen Kostenplanung explizit widersprechen. Anderenfalls könnte der Planer bei späteren Konflikten um die vertragsgerecht erbrachte Leistung argumentieren, der Bauherr habe die Kostensteigerung – ggf. auch stillschweigend – anerkannt und damit auf seine Gewährleistungsrechte und Schadensersatzansprüche (z. B. wegen Bausummenüberschreitung) verzichtet. Dies kann im Einzelfall weitreichende finanzielle und rechtliche Konsequenzen haben.

Die Voraussetzung für einen solchen Widerspruch gegen die Kostenplanung ist natürlich, dass der Bauherr Anhaltspunkte für eine Pflichtverletzung des Architekten/Ingenieurs bei der Kostenplanung erkennt. In diesem Kontext trägt die neu in die Norm aufgenommene Verpflichtung des Planers zur Dokumentation der Kostenkontrolle nachhaltig zu einer Informationsverbesserung des Bauherrn bei. In jedem Fall erhält der Bauherr auf diesem Weg einfacher Gelegenheit, die ihm vorgelegte Kostenermittlung bzw. Kostenkontrolle durch einen fachkundigen Dritten prüfen zu lassen.

Dennoch steht der Bauherr bei Zweifeln an der Richtigkeit einer Kostenplanung, die zu einer Überschreitung der Kostenvorgabe führt, vor einem Dilemma: Erst wenn er den Fehler des Architekten/Ingenieurs bei der Kostenermittlung sicher nachweisen kann, kann er die Planung unverändert fortführen. Trifft er nämlich keine Maßnahmen zur Kostensteuerung und stellt sich im weiteren Verlauf des Projekts heraus, dass dem Planer keine Pflichtverletzung vorzuwerfen ist, riskiert der Bauherr nicht nur eine Überschreitung seines Baukostenbudgets, sondern weiterhin auch eine stillschweigende oder konkludente Anpassung (= Erhöhung) der Kostenvorgabe. Will der Bauherr dieses Risiko ausschließen, so muss er trotz Zweifeln an der ordnungsgemäßen Kostenplanung zunächst Maßnahmen zur Baukostenreduzierung treffen, die unter Umständen im weiteren Projektverlauf – wenn ggf. ein Fehler des Planers nachgewiesen ist und eine korrigierte Kostenplanung vorliegt – nicht mehr oder nur noch unter erheblichem Aufwand rückgängig gemacht werden können.

Hieraus können zwar unter den Voraussetzungen der §§ 634 Nr. 4, 280, 281, 283 BGB Schadensersatzansprüche des Bauherrn erwachsen, er wird jedoch ggf. bis zur Durchsetzung dieses Anspruchs nicht die erforderlichen Umplanungs- und Umbaumaßnahmen zur nachträglichen Realisierung seiner ursprünglichen Objektvorstellungen umsetzen können, sofern er nicht das Risiko der dafür anfallenden Kosten selbst tragen will.

3.1.5.4 Maßnahmen zur Kostensteuerung

Hinsichtlich der Maßnahmen, die bei (drohenden) Baukostenüberschreitungen erforderlich sind, trifft die DIN 276-1:2006-11 in Abschnitt 3.5 keine Aussage. Es wird lediglich darauf hingewiesen, dass ggf. „zielgerichtete Maßnahmen" (Abschnitt 3.5.2) zu treffen seien.

Eine konkrete Vorgabe von Maßnahmen durch die Norm wäre an dieser Stelle mit Blick auf den Individualcharakter von Bauprojekten weder zielführend noch Regelungsaufgabe der DIN 276-1, die allein auf die Kostenplanung als solche abstellt. Schnittmengen der Kostenplanung mit der technischen, gestalterischen und funktionalen Objektplanung ergeben sich bereits aus der Natur der Sache. Auch eine Hinweispflicht des Architekten/Ingenieurs auf mögliche Einsparungspotenziale wird mit der DIN 276-1:2006-11 nicht neu statuiert, sondern besteht bislang schon im Rahmen der Kostenkontrolle (vgl. Löffelmann/Fleischmann, 2000, Rdn. 184m, 517).

Als grundsätzliche Maßnahmen der Kostensteuerung kommen nur Modifikationen der baukostenverursachenden (materiellen) Planungsergebnisse in Betracht – konkret also Anpassungen der technischen, gestalterischen und funktionalen Objektplanung. Im

Extremfall kann es sogar erforderlich werden, das Gesamtprojekt abzubrechen, wenn die Mindestanforderungen an das zu erstellende Bauobjekt im Rahmen der Kostenvorgabe bzw. des maximal verfügbaren Bausummenbudgets nicht erfüllt werden können (vgl. Abb. F 3.2).

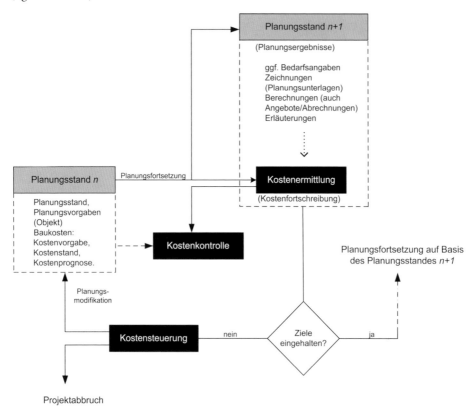

Abb. F 3.2: Regelkreismodell der Kostenermittlung, -kontrolle und -steuerung

In der Anpassung der Kostenvorgabe als Teil des Planungsrahmens liegt grundsätzlich zwar eine weitere Option für die Fortsetzung des Bauvorhabens, hiermit sind allerdings keine Kostensteuerungseffekte verbunden.

3.2   Ansätze für die Umsetzung von Zielkostenmodellen in Planungsverträgen

Mit der DIN 276-1:2006-11 liegt erstmals eine Norm zur Kostenplanung vor, die Grundsätze der Zielkostenplanung für die Anwendung im Bauwesen ausdrücklich formuliert und durch systematisierte Verfahren der Kostenermittlung, -kontrolle und -steuerung operationalisiert.

Dieses Instrumentarium allein bietet allerdings noch keine Gewähr dafür, dass eine kostenoptimierte Planung erfolgt oder eine (Ziel-)Kostenvorgabe zwingend eingehalten wird. Es bietet sich deshalb an, neben einer Kostenplanung nach der neuen DIN bei der Vertragsgestaltung weitere Maßnahmen zu treffen, um sowohl zusätzliche Anreize einer kostenoptimierten Planung einzuführen als auch die Projektrisiken aus einer Überschreitung von Kostenvorgaben zu minimieren.

Die Basis hierfür liefert die DIN 276-1:2006-11 und die in ihr festgeschriebenen Leistungspflichten des Architekten/Ingenieurs bei der Kostenplanung.

3.2.1   Phasenfestlegung und -organisation der Planungsvertragsabwicklung

Die DIN 276 organisiert die Kostenplanung von Bauprojekten seit jeher auf der Grundlage projektphasenbezogener Kostenermittlungen, die stufenweise aufeinander aufbauen und in ihrer Strukturierung bzw. der wachsenden Genauigkeit ihrer Kostenaussagen dem zunehmend detaillierten Planungs- bzw. Ausführungsstand des Bauobjektes Rechnung tragen.

Sofern die Projektrealisierung maßgeblich von ökonomischen Erwägungen – und hier besonders von der Einhaltung eines Bausummenbudgets – abhängig ist, kommen der Kostenplanung und einer phasenbezogenen Kostenkontrolle Schlüsselfunktionen für die gesamte weitere Projektabwicklung zu. Im Extremfall entscheidet wie beschrieben die Kostenaussage darüber, ob das Projekt wie geplant oder ggf. modifiziert fortgesetzt werden kann oder ob das Projekt sogar vollständig abgebrochen werden muss.

Zur organisatorischen und zeitlichen Optimierung der Planungsabwicklung ist deshalb anzustreben, dass bereits mit dem Start der Planung die Zielkosteneinhaltung besonders im Fokus steht und auf dieser Basis die kostenbedingt erforderlichen Planungsmodifikationen minimiert werden. Daneben kann es für den Bauherrn von Vorteil sein, den Planungsprozess bei Störungen zu flexibilisieren (z. B. bei Störungen durch erforderliche Nachfinanzierungen oder die Herbeiführung von Baubeschlüssen).

Um den entstehenden Kostenaufwand im Falle eines Projektabbruchs auf den bis zu diesem Zeitpunkt tatsächlich erbrachten Leistungsteil der Planung zu begrenzen, wird von vielen Auftraggebern eine **schrittweise vertragliche Bindung** des entwurfsverfassenden Architekten/Ingenieurs angestrebt. Möglichkeiten zur adäquaten Organisation des Planungsprozesses liegen vor diesem Hintergrund in einer stufenweisen Beauftragung des Planers oder in einer Auftragsoption bei Fortsetzung des Projekts.

3.2.1.1 Stufenweise Beauftragung

Ist die Einhaltung von Kostenzielen für die Projektrealisierung von primärer Bedeutung, so wird in der Praxis vermehrt auf eine stufenweise Beauftragung des Planers zurückgegriffen. Diese Vorgehensweise hat sich nicht allein im Bereich der öffentlichen Hand etabliert, sondern sie wird verbreitet auch von privaten, insbesondere erwerbswirtschaftlich orientierten Bauherren zur Grundlage der Planungsabwicklung gemacht.

In diesem Zusammenhang existieren vielfach Vertragsmuster, in denen sich die einzelnen Vertragsstufen entweder auf vollständige HOAI-Leistungsphasen oder auch auf Teile davon beziehen (vgl. beispielsweise die Formularverträge der RBBau[23] auf Bundes- oder der RLBau auf Länderebene).

Die Option einer stufenweisen Beauftragung gründet auf der Rechtsprechung des Bundesgerichtshofs, nach der keine grundsätzliche Vermutung eines Vollarchitekturvertrags existiert (BGH, BauR 1980, 84; NJW 1980, 122). Der Bauherr ist insoweit frei, sukzessive einzelne Planungsteile an den Architekten/Ingenieur zu beauftragen. Die Vertragsmuster sind hierbei allerdings zumeist so aufgebaut, dass der Planer ein ver-

---

23 Die Abkürzung RBBau steht für „Richtlinien für die Durchführung von Bauaufgaben des Bundes". Aktuell gilt hier nach Runderlass des Bundesministeriums für Verkehr, Bau und Stadtentwicklung (BMVBS) vom 8.11.2005 die achtzehnte Austauschlieferung der RBBau.

bindliches Angebot zur Erbringung sämtlicher (maximal) geforderten Planungsleistungen abzugeben hat, über dessen Annahme der Bauherr sukzessive, also in Stufen, befinden kann. Sofern der Bauherr seinerseits keine Verpflichtung anerkennt, das Planungsangebot bei Durchführung des Projekts auch tatsächlich abzurufen, sondern selbst in der Wahl seines Planers für die weiteren Projektstufen frei bleiben will, bestehen in AGB-rechtlicher Hinsicht allerdings Bedenken gegen derartige Formularverträge. Hier wird eine unangemessene Benachteiligung des Architekten/Ingenieurs durch dessen einseitige Angebotsbindung gesehen. Eine Lösung liegt vor diesem Hintergrund in einer beidseitigen Auftragsoption bei Projektfortsetzung (vgl. Kapitel 3.2.1.2).

Je nach Marktlage kann sich der Bauherr auch entschließen, die Planung stufenweise ohne vorherige Bindung des Architekten/Ingenieurs für die Gesamtplanungsleistung zu beauftragen. Er ist dann prinzipiell in jeder Stufe frei in der Wahl des zu beauftragenden Planers. Zu beachten ist allerdings, dass diese „Reinform" der stufenweisen Beauftragung ggf. erhebliche Probleme hinsichtlich urheberrechtlicher Fragen bei der Verwertung von Planungsergebnissen unter Fortsetzung der Planung durch einen anderen Architekten/Ingenieur oder im Hinblick auf die Haftung für die Mangelfreiheit der Planung (auch unter kostenmäßigen Aspekten) haben kann. In jedem Fall bedarf es hierzu detaillierter vertraglicher Regelungen im Einzelfall. Es stellt sich daher die Frage, ob ein Planerwechsel insofern wirtschaftlich sinnvoll ist. Im Zweifelsfall ist eine Abwägung zwischen der gewonnenen Flexibilität bei der Planerbeauftragung und den ökonomischen Risiken zu treffen.

3.2.1.2 Beidseitige Auftragsoption bei Projektfortsetzung

Eine Sonderform der stufenweisen Beauftragung des Planers liegt in Verträgen, nach denen der Bauherr eine Option erhält, von seinem Planer auf Basis eines insoweit bindenden Angebotes die Erbringung der Planungsleistung bei Projektfortsetzung gleichsam in Stufen abzurufen. Sofern sich der Auftraggeber im Falle der Projektdurchführung seinerseits zur Weiterbeauftragung verpflichtet, werden hierbei keine AGB-rechtlichen Hemmnisse gesehen (vgl. Locher/Koeble/Frik, 2005, Einleitung, Rdn. 27; kritisch zu dieser Klausel: Werner, 1992, S. 699; Löffelmann/Fleischmann, 2000, Rdn. 742). Locher/Koeble/Frik weisen in diesem Zusammenhang darauf hin, dass auch eine angemessene zeitliche Befristung der Verpflichtung zulässig sein dürfte (genannt werden 3 Jahre nach Formular RBBau).

Der konkrete Planungsauftrag für die weiteren Leistungen kommt allerdings erst mit ihrem Abruf zustande. Dies ist insbesondere bei der Honorarvereinbarung bzw. Honorarermittlung zu beachten. Nach § 4 Abs. 1 Satz 4 der HOAI müssen nämlich Honorarvereinbarungen oberhalb des Mindestsatzes bei Auftragserteilung schriftlich erfolgen. Demnach kann für die einzelnen Teilplanungen noch bei Abruf eine Honorarvereinbarung getroffen werden (vgl. Werner, 1992, S. 698; Locher/Koeble/Frik, 2005, Einleitung, Rdn. 28).[24] Allein bei Vereinbarung des Mindestsatzes kann die Honorarabrede auch bereits im ursprünglich geschlossenen (Haupt-)Vertrag getroffen werden, ohne dass sie bei Abruf der weiteren Planungsleistungen explizit bekräftigt bzw. wiederholt oder neu festgelegt werden müsste (vgl. Werner, 1992, S. 698).

---

24 Dem widersprechen Löffelmann/Fleischmann mit der Begründung, es handele sich bei der Option einer Weiterbeauftragung des Planers um einen Vorvertrag, bei dessen Abschluss es bereits der Einigung hinsichtlich aller wesentlichen Punkte bedürfe, zu denen insbesondere auch die Honorierung des Planungswerks zähle (vgl. Löffelmann/Fleischmann, 2000, Rdn. 800).

Dem Bauherrn wird mit dieser Form einer Auftragsoption die Möglichkeit gegeben, die Beauftragung und damit einen Honoraranspruch des Planers von der tatsächlichen Projektfortsetzung abhängig zu machen. Der Vorteil für ihn liegt insofern darin, dass der weitere Planungsauftrag auch dann noch nicht „automatisch" erteilt wird, wenn der Architekt/Ingenieur die Kosten zwar ordnungsgemäß ermittelt hat, diese aber dennoch die Zielkosten bzw. die Kostenvorgabe ohne Verschulden des Planers überschreiten (z. B. aufgrund von Planungsänderungen des Bauherrn).

Eine Auftragsoption zugunsten des Planers bei Kosteneinhaltung oder aber bei ordnungsgemäßer Kostenermittlung könnte dies nicht leisten; sie wäre vielmehr aus den im Folgenden beschriebenen Gründen sinnlos.

Zum einen schuldet der Architekt/Ingenieur bei Vereinbarung einer Kostenvorgabe oder Bausummengarantie ohnehin die Bausummeneinhaltung als Beschaffenheit des Planungswerks. Kann er diese Leistung im Planungsverlauf aufgrund eigenen Verschuldens auch durch Nacherfüllung einer mangelhaften Leistung nicht erbringen, so kann dem Bauherrn ggf. das Recht der Kündigung aus wichtigem Grund zustehen. Die Vertragsbindung an den Planer und ein Honoraranspruch für folgende Planungsphasen wären damit aufgehoben.

Zum anderen wäre der Auftraggeber mit einer solchen Vereinbarung dazu verpflichtet, den geschlossenen Planungsvertrag mit dem Architekten/Ingenieur auch dann fortzuführen, wenn die ermittelten Kosten über seinen finanziellen Möglichkeiten liegen und er aus von ihm selbst zu vertretenden Gründen zur Aufgabe des Projekts gezwungen ist. Es bliebe ihm hier lediglich die Möglichkeit einer freien Kündigung des Planungsvertrags mit der Folge eines Honoraranspruchs des Planers abzüglich ersparter Aufwendungen nach § 649 Satz 2 BGB. Der Bauherr würde sich mit einer solchen Vereinbarung nicht besserstellen als mit einer Vollbeauftragung des Architekten/Ingenieurs unter Festlegung einer Kostenobergrenze.

3.2.1.3 Festlegung sinnvoller Planungsstufen

Sofern die Realisierung eines Bauprojekts auch im Hinblick auf die Fortführung oder die Beendigung des Planungsvertrags an phasenbezogene Kostenaussagen gekoppelt werden soll, müssen hierfür bereits in der Vertragsgestaltung sinnvolle Planungsstufen definiert werden.

Als Planungsstufe ist hier die Zusammenfassung von Leistungen aus verschiedenen aufeinanderfolgenden Leistungsphasen nach § 15 HOAI zu verstehen. In diesem Kontext können nicht nur vollständige Leistungsphasen zu einer Stufe zusammengefasst werden, sondern auch Teile einzelner HOAI-Leistungsphasen. Eine solche Stufenregelung sieht beispielsweise das RBBau-Planungsvertragsmuster für die Erstellung der Entscheidungsunterlage Bau (ES-Bau) vor; danach können teilweise oder vollständige Leistungen der Leistungsphase 1 und ggf. Teile der Leistungsphase 2 in einer Planungsstufe zusammengefasst werden. Analoges findet sich im RBBau-Vertragsmuster für die Erstellung der Entwurfsunterlage Bau (EW-Bau), die neben den im Allgemeinen vollständigen Leistungsphasen 2, 3 und 4 auch Teile der Leistungsphase 5 umfassen kann.

Mit dieser Vorgehensweise ist allerdings die Schwierigkeit verbunden, dass die vom Architekten/Ingenieur innerhalb einer Stufe geschuldeten Planungsleistungen nicht mehr durch bloße globale Bezugnahme auf die Honorartatbestände aus den Leistungsphasen der HOAI – etwa als „Grundleistungen der Leistungsphasen 2 und 3 § 15 HOAI" – beschreibbar sind. Vielmehr müssen die im Einzelnen geforderten Leistungen detaillierter beschrieben werden. Bei der Vertragsvorbereitung bzw. -gestaltung ist deshalb besonderes Augenmerk auf eine sinnvolle Stufenorganisation der Planung zu legen.

Dies gilt insbesondere auch mit Blick auf die in den einzelnen Planungsstufen geforderten Leistungen bei der Kostenplanung: Hängt die Fortführung des Bauprojekts wesentlich von der Einhaltung einer Kostenvorgabe ab, sollte der Planer dazu verpflichtet werden, mit dem Abschluss jeder einzelnen Planungsstufe eine aktuelle Kostenermittlung vorzulegen. Dies bedeutet, dass je nach Stufenorganisation der Planung nicht erst zum Ende einer Leistungsphase nach § 15 HOAI eine Kostenermittlung zu erstellen ist, sondern auch dann, wenn zum Abschluss einer Planungsstufe vertragsgemäß erst Teile der entsprechenden HOAI-Grundleistungen erbracht sind. In diesem Fall sind die zusätzlich erforderlichen Kostenermittlungen ggf. als Besondere Leistungen zu vergüten.

Grundsätzlich muss der Planungsprozess so gestaltet werden, dass zum Abschluss einer vertraglichen Planungsstufe ein klar umrissener Planungsstand mit Ermittlung der entsprechenden Baukostensumme erarbeitet ist. Dieses Stufenergebnis muss es in einer frühen Phase ermöglichen, eine eindeutige Kostenvorgabe zu definieren. Ist eine Kostenvorgabe bereits festgelegt, muss das Planungsergebnis der folgenden Planungsstufe(n) eine Überprüfung dahingehend ermöglichen, ob die Kostenvorgabe eingehalten ist.[25] Auf dieser Basis wiederum kann sodann die Entscheidung über die Fortführung des Bauprojekts getroffen werden (vgl. Abb. F 3.3).

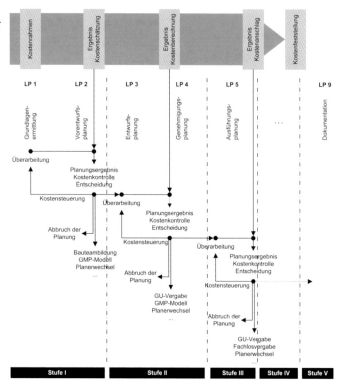

Abb. F 3.3: Beispiel für eine Stufenorganisation der Planungsvertragsabwicklung

---

25 Die Verpflichtung des Planers zu einer fortlaufenden Kostenkontrolle und zur entsprechenden Baukosteninformation und -beratung des Bauherrn bleibt davon unberührt (vgl. hierzu Kapitel 3.1.5).

Eine sinnvolle stufenweise Gestaltung des Planungsprozesses bietet dabei nicht allein vertragliche Flexibilität des Bauherrn gegenüber seinem Planer bei Abweichungen von der Kostenvorgabe, sondern schafft überdies auch Raum für organisatorische Anpassungsmaßnahmen.

Drohen beispielsweise Bausummenüberschreitungen aufgrund von hohen Kostenrisiken, so kann ggf. durch Wahl eines alternativen Wettbewerbs- und Vertragsmodells eine Risiküberwälzung auf den bauausführenden Unternehmer erreicht werden. Ein solches Vorgehen findet sich in der Praxis etwa mit dem Modell der sog. GU-Vergabe (GU = Generalunternehmung) auf Basis eines Global-Pauschalvertrags.

Ebenso kann es bei Überschreitungen einer Kostenvorgabe bzw. einer Budgetvorstellung des Bauherrn sinnvoll sein, bereits in einer frühen Projektphase auch die Kompetenz der bauausführenden Unternehmen im Hinblick auf eine fertigungsgerechte und wirtschaftlich optimierte Planung mit in die Projektabwicklung einzubeziehen. In der Praxis finden sich im Modell des Bauteams oder anderer Wettbewerbsmodelle mit eingeschobener Optimierungsphase vor Baubeginn entsprechende Beispiele (etwa GMP-Vertragsmodell [GMP = garantierter Maximalpreis]).

Zwangsläufig ist mit der Umsetzung solcher alternativen Wettbewerbsmodelle auch eine Restrukturierung der Projektorganisation verbunden. Dazu gehört ggf. auch, dass Planungsleistungen in Teilen an das ausführende Unternehmen übertragen werden oder dass statt einer Leistungsbeschreibung mit Leistungsverzeichnis eine Leistungsbeschreibung mit Leistungsprogramm[26] erforderlich wird.

Für die damit einhergehende und notwendige Anpassung des Planungsvertrags bietet die Stufengestaltung der Planung geeignete Voraussetzungen. Das in der Abb. F 3.3 skizzierte Modell ist in diesem Kontext lediglich als beispielgebend zu sehen; neben der gezeigten Variante sind viele andere Stufenbildungen denkbar. Die konkrete Festlegung der vertraglichen Planungsstufen richtet sich stets nach den Erfordernissen des Einzelfalls.

3.2.2   Transparenz und Anreizorientierung der Honorarberechnung

Mit der Einführung der DIN 276-1:2006-11 ändert sich in vielen Punkten der Aufbau der Kostenermittlungen. Hieraus ergeben sich ggf. Transparenzprobleme bei der Honorarabrechnung, weil die HOAI hierfür einen statischen Verweis auf die DIN 276 in der Fassung von 1981 enthält. Infolge der zahlreichen Neuregelungen der DIN 276-1: 2006-11 drohen hier noch größere Verständigungsschwierigkeiten zwischen den Vertragspartnern, als dies bislang schon unter Zugrundelegung der DIN 276:1993-06 bei der Kostenplanung der Fall war.

Zur leichteren Nachvollziehbarkeit der Architekten-/Ingenieurrechnung wird deshalb für viele Bauherren und Planer von Interesse sein, ob Möglichkeiten bzw. welche Möglichkeiten bestehen, die Honorarberechnung analog zur Kostenplanung auf Basis der DIN 276-1:2006-11 durchzuführen, um die Honorarrechnungserstellung und -prüfung zu vereinfachen.

Darüber hinaus steht bei einer Kostenplanung mit dem Ziel der Baukostenminimierung (Minimalprinzip) bei definierten Qualitäten und Quantitäten zu erwarten, dass

---

26 Synonym wird auch der Begriff „funktionale Leistungsbeschreibung" verwendet (vgl. hierzu Ali, 1999, S. 43 ff.).

Bauherren vermehrt ein Interesse an einer erfolgsabhängigen Honorierung des Architekten/Ingenieurs formulieren werden, um eine optimale Anreizwirkung im Hinblick auf die Baukostenminimierung zu generieren.

Diese Aspekte sollen abschließend kurz beleuchtet werden.

3.2.2.1 Honorarberechnung nach DIN 276-1:2006-11

Dem Architekten/Ingenieur stellt sich die Frage, ob er im Rahmen seiner Honorarberechnung – zur Ermittlung der anrechenbaren Kosten – auf die DIN 276 in der Fassung von 2006 zurückgreifen kann. Eine ähnliche Fragestellung ergab sich bereits bei der Neufassung der DIN 276 im Juni 1993.

Gemäß § 10 Abs. 2 HOAI hat der Architekt/Ingenieur der Ermittlung der anrechenbaren Kosten die DIN 276 in der Fassung vom April 1981 zugrunde zu legen. Daran hatte der Verordnungsgeber selbst dann festgehalten, als im Juni 1993 eine neue Fassung der DIN 276 eingeführt wurde. Nach herrschender Meinung ist der Verweis in § 10 Abs. 2 HOAI auf die Fassung vom April 1981 als **statisch** aufzufassen (vgl. Korbion/Mantscheff/Vygen, 2004, § 10, Rdn. 3b). Soweit eine Honorarrechnung dennoch auf der Grundlage der DIN 276 in der Fassung vom Juni 1993 erstellt wird, ist diese in aller Regel nicht prüffähig (BGH, BauR 1998, 354). Dies wird u.a. damit begründet, dass die Verwendung der DIN 276 in der Fassung vom Juni 1993 zu abweichenden anrechenbaren Kosten führen würde (vgl. Korbion/Mantscheff/Vygen, 2004, § 10, Rdn. 3b). Bedenkt man, dass die DIN 276 in der Fassung von 2006 gravierendere Änderungen mit sich bringt, als es bei der zwischenzeitlichen Neufassung im Jahre 1993 der Fall war, muss diese Argumentation im Umkehrschluss nun erst recht gelten.

Erstellt der Architekt/Ingenieur die Kostenermittlung auf der Grundlage der neuen DIN 276-1:2006-11, so muss er diese zum Zwecke der Honorarberechnung grundsätzlich in eine Kostenermittlung gemäß DIN 276 (April 1981) umformen bzw. konvertieren.

Anders könnte dies zu bewerten sein, wenn die Parteien bei Vertragsschluss ausdrücklich **vereinbaren,** dass der Honorarberechnung (ebenfalls) die DIN 276-1:2006-11 zugrunde zu legen ist.

Im Rahmen von Honorarvereinbarungen sind grundsätzlich auch Abreden über die anrechenbaren Kosten oder die diesbezüglichen Berechnungsgrundlagen möglich, soweit die Regelungen der HOAI beachtet werden (vgl. Weyer, 1982, S. 314). Aus § 4 HOAI ergeben sich die Anforderungen, die an eine wirksame Honorarvereinbarung zu stellen sind: § 4 Abs. 1 HOAI bestimmt insoweit, dass eine solche Vereinbarung **schriftlich bei Auftragserteilung** erfolgen und die durch die HOAI festgelegten **Mindest- und Höchstsätze einhalten** muss. Bewegt sich ein derart vereinbartes und auf der Grundlage der DIN 276-1:2006-11 ermitteltes Honorar im Rahmen der Mindest- und Höchstsätze eines gemäß § 10 Abs. 2 HOAI – also unter Berücksichtigung der DIN 276 (Ausgabe 1981) – berechneten (hypothetischen) Honorars, sind die Anforderungen des § 4 Abs. 1 HOAI erfüllt.

Soweit dem entgegengehalten würde, ein auf der Grundlage der DIN 276-1:2006-11 ermitteltes Honorar sei nicht prüffähig, dürfte dieser Einwand nicht durchgreifen. Die Prüffähigkeit dient insbesondere den Informations- und Kontrollinteressen des Auftraggebers (vgl. Korbion/Mantscheff/Vygen, 2004, § 8, Rdn. 38 ff.). Es ist nicht ersichtlich, warum der zu schützende Auftraggeber nicht freien Willens auf diesen Schutz verzichten können soll. Immerhin steht es ihm auch frei, eine nicht prüffähig erstellte Honorarrechnung ungerügt zu lassen.

Der in einer solchen Vereinbarung enthaltene Verzicht auf die Prüffähigkeit der Honorarschlussrechnung muss allerdings dann scheitern, wenn dieser gerade nicht auf einem freien Willensentschluss des Auftraggebers beruht, sondern im Rahmen **allgemeiner Geschäftsbedingungen** im Sinne der §§ 305 ff. BGB vom Architekten/Ingenieur gestellt wurde. Darin ist eine unangemessene Benachteiligung des Auftraggebers im Sinne des § 307 BGB zu sehen, die zur Unwirksamkeit dieser Vereinbarung führen muss.

Soweit eine solche Honorarvereinbarung **individualvertraglich** geschlossen wurde, dürfte deren Wirksamkeit jedoch nichts entgegenstehen.

3.2.2.2 Möglichkeiten einer erfolgsabhängigen Honorierung

Den Vertragsparteien steht es frei, Erfolgshonorare zu vereinbaren. Die HOAI steht dem grundsätzlich nicht entgegen. Durch die Vereinbarung eines erfolgsabhängigen Honorars soll dem Planer ein wirtschaftlicher Anreiz dafür gegeben werden, eine besonders kostengünstige Planung zu erstellen.

Wollen die Vertragsparteien ein Erfolgshonorar vereinbaren, müssen sie insoweit die strengen Vorgaben der HOAI beachten. Bei der HOAI handelt es sich um bindendes Preisrecht (BGH, BauR 1999, 187; BauR 1997, 154), das nicht umgangen werden darf. Zur wirksamen Vereinbarung eines Erfolgshonorars ist es insbesondere erforderlich, eine den Anforderungen des § 4 HOAI entsprechende Honorarvereinbarung zu schließen. Eine solche Honorarvereinbarung muss u. a. schriftlich bei Auftragserteilung getroffen werden und die durch die HOAI festgesetzten Mindest- und Höchstsätze beachten (vgl. § 4 Abs. 1 HOAI).

Bei Erfolgshonoraren ist zu differenzieren, ob der angestrebte Erfolg im Rahmen der Grundleistungen zu erbringen oder als Besondere Leistung gemäß HOAI einzustufen ist (vgl. Korbion/Mantscheff/Vygen, 2004, § 4, Rdn. 55 ff.). Beides ist denkbar. Soll der Erfolg bereits Bestandteil der Grundleistungen sein, könnte zugunsten des Planers etwa eine Erhöhung des Honorarsatzes (z. B. von Mindestsatz auf Mittelsatz) vereinbart werden. Handelt es sich bei dem zu erreichenden Erfolg um eine Besondere Leistung, hängt deren Vergütung von den weiteren Voraussetzungen des § 5 Abs. 4a HOAI (wesentliche Kostensenkung ohne Verminderung des Standards) bzw. des § 29 HOAI (rationalisierungswirksame Leistungen) ab. In beiden Fällen bedarf es erneut einer schriftlichen (Honorar-)Vereinbarung.

Demnach gibt es 3 Möglichkeiten der Vereinbarung einer erfolgsabhängigen Honorierung:

- Erfolgshonorare bei Grundleistungen,
- Erfolgshonorare als Besondere Leistung nach § 5 Abs. 4a HOAI,
- Erfolgshonorare bei Besonderen Leistungen nach § 29 HOAI.

Trotz dieser grundsätzlichen Möglichkeiten hat sich die Vereinbarung von Erfolgshonoraren in der Praxis bisher nicht auf breiter Basis durchsetzen können. Dies ist insbesondere darauf zurückzuführen, dass der Architekt/Ingenieur von vornherein eine Leistung schuldet, die den Planungserfolg möglichst wirtschaftlich herbeiführt (vgl. näher dazu: Pott/Dahlhoff/Kniffka/Rath, 2006, § 5, Rdn. 34). Aus der höchstrichterlichen Rechtsprechung und der einschlägigen Literatur geht jedoch nicht hinreichend deutlich hervor, wo die bereits geschuldete Kostenoptimierung endet und wo ein besonders zu vergütender Optimierungserfolg beginnt. Diese Ungewissheit geht zulasten des Planers. Präsentiert der Architekt/Ingenieur eine aus seiner Sicht gesondert zu vergütende kostenoptimierende Leistung, wird ihm der Auftraggeber daher regelmäßig entgegenhalten, dass er diese Aspekte ohnehin habe berücksichtigen müssen.

Erreicht der Planer den kostenoptimierenden Erfolg hingegen nicht, wird er sich häufig dem Vorwurf eines etwaigen Planungsmangels ausgesetzt sehen und etwaige Honorarminderungen oder Schadensersatzansprüche befürchten müssen.

In der Literatur werden Erfolgshonorare zum Teil dann für möglich gehalten, wenn der Planer neue Techniken, Materialien etc. ausprobiert (vgl. Pott/Dahlhoff/Kniffka/Rath, 2006, § 5, Rdn. 34). Auch dies ist jedoch nicht ohne Risiko, da der Planer regelmäßig eine den anerkannten Regeln der Technik entsprechende Leistung schuldet (vgl. Palandt, 2007, § 633, Rdn. 6). Wie in Kapitel 1.2.3.1 beschrieben, setzt die Annahme einer anerkannten Regel der Technik voraus, dass sie in der technischen Wissenschaft als theoretisch richtig anerkannt wird und sich in der Baupraxis durchgesetzt haben muss. Will der Planer darüber hinausgehen und durch die Verwendung neuer Techniken und Materialien besonders kostenoptimierend leisten, besteht hierbei die Gefahr, dass er sich mit seiner Leistung in Widerspruch zu den anerkannten Regeln der Technik begibt. Dies kann zur Folge haben, dass seine Leistung als mangelhaft eingestuft wird und er sich Mängelhaftungsansprüchen des Auftraggebers ausgesetzt sieht.

Die Vereinbarung eines Erfolgshonorars mag einen sinnvollen Zweck verfolgen. Sie birgt nach der bestehenden Rechtslage jedoch erhebliche Risiken für den Planer und ist daher in der Regel nicht zu empfehlen.

Literaturverzeichnis Teil F

Ali, H.: Funktionsorientierte Beschreibung und Planung von Bausystemen und Bauteilen. Dissertation Universität Dortmund, 1999

Baukosteninformationszentrum Deutscher Architektenkammern GmbH (BKI) (Hrsg.): BKI Baukosten 2002. Teil 1: Kostenkennwerte für Gebäude. Stuttgart: BKI, 2002

Blecken, U.; Sundermeier, M.; Nister, O.: Gestaltungsvorschläge einer Vertragsordnung für Architekten und Ingenieure. In: BauR 2004, S. 916 bis 927

Blecken, U.: Zielkostenplanung und Bausummenüberschreitung aus rechtlicher und ökonomischer Sicht. In: Kapellmann, K. D., Nießen, B. (Hrsg.): Baubetrieb und Baurecht. Festschrift für K.-H. Schiffers zum 60. Geburtstag. Düsseldorf: Werner Verlag, 2001, S. 17 bis 35

Budnick, J.: Architektenhaftung für Vergabe-, Koordinierungs- und Baukostenplanungsfehler. Düsseldorf: Werner Verlag, 1998

Dittert, K.: Architekten/Ingenieure: Haftung und Versicherungsschutz. Köln: Colonia Versicherung, 1997

Ingenstau, H.; Korbion, H.: VOB-Vergabe und Vertragsordnung für Bauleistungen, Teile A und B, herausgegeben von Horst Locher und Klaus Vygen. 15. Aufl. Düsseldorf: Werner Verlag, 2003

Jochem, R.: HOAI-Kommentar zur Honorarordnung für Architekten und Ingenieure. 4. Aufl. Wiesbaden u. a.: Bauverlag, 1998

Korbion, H.; Mantscheff, J.; Vygen, K.: HOAI-Kommentar. 6. Aufl. München: Verlag C. H. Beck, 2004

Kuffer, J.; Wirth, A. (Hrsg.): Handbuch des Fachanwalts Bau- und Architektenrecht. Düsseldorf: Werner Verlag, 2005

Langen, U.: Die Berufshaftpflichtversicherung für Architekten und Ingenieure und deren Ausschlussklauseln. In: Jochem, R. u. a. (Hrsg.): Seminar Haftung der Architekten und Ingenieure und ihr Versicherungsschutz. Wiesbaden u. a.: Bauverlag, 1993, S. 53 bis 63

Lauer, J.: Die Haftung des Architekten bei Bausummenüberschreitung. Baurechtliche Schriften Bd. 28. Düsseldorf: Werner Verlag, 1993

Lauer, J.: Zur Haftung des Architekten bei Bausummenüberschreitung. In: BauR 1991, S. 401 bis 412

Leupertz, S.: Architekten und Ingenieurrecht. Die Haftung der Architekten und Ingenieure (Kapitel 10 Teil C). In: Kuffer, J., Wirth, A. (Hrsg.): Handbuch des Fachanwalts Bau- und Architektenrecht. Düsseldorf: Werner Verlag, 2005, S. 1169 bis 1234

Locher, H.; Koeble, W.; Frik, W.: Kommentar zur HOAI. 9. Aufl. Düsseldorf: Werner Verlag, 2005

Löffelmann, P.; Fleischmann, G.: Architektenrecht. 4. Aufl. Düsseldorf: Werner Verlag, 2000

Meurer, K.: 10 Anleitungsschritte zur Überprüfung einer Honorarschlussrechnung für Architekten- und Ingenieurleistungen auf ihre Prüffähigkeit. In: BauR 2001, S. 1659 bis 1665

Miegel, J.: Baukostenüberschreitung und fehlerhafte Kostenermittlung. Zwei neue Entscheidungen des Bundesgerichtshofes. In: BauR 1997, S. 923 bis 928

Miegel, J.: Die Haftung des Architekten für höhere Baukosten sowie für fehlerhafte und unterlassene Kostenermittlungen. Baurechtliche Schriften Bd. 29. Düsseldorf: Werner Verlag, 1995

Motzke, G.; Wolff, R.: Praxis der HOAI. 3. Aufl. München: Verlag C. H. Beck, 2004

Nicklisch, F.: Vorteile einer Dogmatik für komplexe Langzeitverträge. In: Nicklisch, F. (Hrsg.): Der komplexe Langzeitvertrag. Strukturen und internationale Schiedsgerichtsbarkeit. Heidelberg: C. F. Müller Verlag, 1987

Niestrate, H.: Die Architektenhaftung. Umfang, Abwehr, Haftungsbegrenzung, Versicherungsschutz. Köln u.a.: Heymanns Verlag, 2000

Palandt Bürgerliches Gesetzbuch (Kommentar). 66. Aufl. München: Verlag C. H. Beck, 2007

Pott, W.; Dahlhoff, W.; Kniffka, R.; Rath, H.: HOAI Kommentar. 8. Aufl. Essen: Wingen Verlag, 2006

Prote, K.: Auswirkungen von Nachträgen auf andere Beteiligte (Kapitel VII). In: Würfele, F., Gralla, M. (Hrsg.): Nachtragsmanagement. Düsseldorf: Werner Verlag, 2006, S. 513 bis 586

Quack, F.: Baukosten als Beschaffenheitsvereinbarung und die Mindestsatzgarantie der HOAI. In: ZfBR 2004, S. 315 bis 316

Richter, R.; Furubotn, E. G.: Neue Institutionenökonomik. 3. Aufl. Tübingen: Mohr Siebeck, 2003

Schwenker, H. C.: Die Haftung des Architekten im Kostenbereich. In: BauRB 2003, S. 114 bis 117

Seibel, M.: Stand der Technik, allgemein anerkannte Regeln der Technik und Stand von Wissenschaft und Technik. In: BauR 2004, S. 266 bis 274

Sienz, C.: Die Neuregelungen im Werkvertragsrecht nach dem Schuldrechtsmodernisierungsgesetz. In: BauR 2002, S. 181 bis 196

Thode, R.; Wirth, A.; Kuffer, J.: Praxishandbuch Architektenrecht. München: Verlag C. H. Beck, 2004

Vorwerk, V.: Mängelhaftung des Werkunternehmers und Rechte des Bestellers nach neuem Recht. In: BauR 2003, S. 1 bis 13

Werner U.; Pastor, W.: Der Bauprozess. 11. Aufl. Düsseldorf: Werner Verlag, 2005

Werner, U.: Die „stufenweise" Beauftragung des Architekten. In: BauR 1992, S. 695 bis 700

Werner, U.: Die Haftung der Architekten und Ingenieure wegen Baukostenüberschreitung. In: Jochem, R. u.a. (Hrsg.): Seminar Haftung der Architekten und Ingenieure und ihr Versicherungsschutz. Wiesbaden u.a.: Bauverlag, 1993, S. 36 bis 52

Weyer, F.: Neue Probleme im Architektenhonorarprozess. In: BauR 1982, S. 309 bis 318

Will, L.: Die Rolle des Bauherrn im Planungs- und Bauprozess. Frankfurt/Main u.a.: Lang, 1983

Winkler, W.: Hochbaukosten, Flächen, Rauminhalte, Kommentar zur DIN 276 und DIN 277. 8. Aufl. Wiesbaden: Vieweg Verlag, 1994

Wirth, A.; Würfele, F.; Broocks, S.: Rechtsgrundlagen des Architekten und Ingenieurs. Wiesbaden: Vieweg Verlag, 2004

Würfele, F.; Gralla, M. (Hrsg.): Nachtragsmanagement. Düsseldorf: Werner Verlag, 2006

Teil G: Kostenermittlungen.xls – Anwendungen in der Praxis

Autor: Dipl.-Ing. MA Klaus Liebscher

0   Allgemeine Hinweise

Auf der Basis der theoretisch-wissenschaftlichen Erläuterungen zur DIN 276-1:2006-11 im vorliegenden Buch wurden Tabellenvorlagen im Programm Microsoft® Excel 2003 erstellt und programmiert, mit deren Hilfe die normengerechte Ermittlung der Gesamtkosten erfolgen kann. Die Datei „Kostenermittlungen.xls" befindet sich auf der beiliegenden CD.

Die Funktionsweise dieser Tabellen bzw. der Umgang mit ihnen werden nachfolgend erläutert.

Um die Tabellenvorlagen optimal nutzen zu können, wird das Programm Microsoft® Excel in der Version 2003 benötigt.[1] Vor dem Öffnen der Datei muss die „Makrosicherheit" auf „Mittel" eingestellt werden (Extras → Optionen → Sicherheit → Makrosicherheit... → Mittel). Beim Öffnen der Datei muss in dem Bildschirmmenü der Schalter „Makros aktivieren" ausgewählt werden.

Die Datei Kostenermittlungen.xls enthält verschiedene Tabellen, die durch farbig markierte Reiter gekennzeichnet sind. Aus der farblichen Markierung lässt sich ein inhaltlicher Zusammenhang zwischen den Reitern erkennen. Die einzelnen Arbeitsblätter sind mit einem Passwort geschützt, sodass die Zellen mit enthaltenen Formeln nicht angewählt und verändert werden können.

Grundsätzlich gilt für alle Tabellen, dass in weißen Feldern Eintragungen gemacht werden sollen und in hellgrauen Feldern ein Auswahlmenü hinterlegt ist. Dieses Menü erreicht man durch Anklicken der jeweiligen Felder und Betätigen des Pull-down-Schalters, der daraufhin am rechten Rand sichtbar wird.

Nachfolgend werden die einzelnen Tabellen und inhaltliche Zusammenhänge kurz beschrieben. Die dabei verwendeten Kapitelüberschriften beziehen sich auf die Bezeichnungen der einzelnen Reiter.

Zur besseren Nachvollziehbarkeit der Erläuterungen wurden die Tabellenblätter mit Daten gefüllt und als Abbildungen in die Tabellenbeschreibung eingebunden.

Das dabei zugrunde gelegte Bauprojekt ist ein Beispielprojekt und wurde in Bezug auf die Kosten so weit modifiziert, dass ein Verständnis der Funktionsweise der Tabellenblätter möglich ist. Das bedeutet, dass die angegebenen Kosten nicht den realen Kosten des Bauprojekts entsprechen.

---

1 Das Programm Microsoft® Excel wird nachfolgend nur noch als Excel bezeichnet.

1   Reiter Datenblatt

Zum besseren Verständnis wird das Datenblatt, wie es ausgedruckt werden kann, nachfolgend abgebildet.

Datenblatt

Projektnummer:	0001

Projektname:	Neubau Musterhaus
Projektadresse:	Mustertraße 1, 11111 Musterstadt

Neubau	✓	Standard: gehobener Standart (Baukonstruktionen und Haustechnik)
Umbau	☐	
Instandsetzung	☐	
Modernisierung	☐	

Bauherr:	Max Mustermann GbR		
Adresse:	Mustergasse 2, 11111 Musterstadt		
Telefon:	0111 12345-67	Fax:	0111 12345-68
Mail:	info@muster.org	Web:	www.muster.org

Planer:	Architektengemeinschaft XX		
Adresse:	Beispielstraße 3, 11111 Mustertadt		
Telefon:	0231 754450	Fax:	0231 756010
Mail:	info@architektenXX.de	Web:	www.architektenXX.de

Projekt-beschreibung:	Büro und Ausbildungszentrum
	Funktionsbereiche: Verwaltungs-, Seminar- und Konferenzbereich,
	Bibliothek, Computerarbeitsplätze, Kommunikationszonen
	2 Vollgeschosse, Tiefgeschoss

Grundstücksgröße:	2.378 m²

zulässige GRZ:	0,8	gewählte GRZ:	0,48
zulässige GFZ:	2,4	gewählte GFZ:	0,94

Sonstiges:

Aufgestellt von:	Architektengemeinschaft XX, Paul Müller	Stand:	13.05.2006

Abb. G 1.1: Datenblatt

Das Datenblatt dient der zentralen Erfassung wichtiger Projektdaten.

Dazu gehören Projektname und -adresse sowie die Projektnummer, falls vorhanden. Der eingegebene Projektname und die Projektnummer werden auf allen folgenden Tabellen zur Kostenermittlung im oberen Bereich wiedergegeben. In die Felder hinter „Neubau", „Umbau", „Instandsetzung" und „Modernisierung" können an der entsprechenden Stelle Haken gesetzt werden. Unter „Standard" kann – soweit festgelegt – eine Standardeinordnung und -beschreibung erfolgen.

In die dem Bauherrn zugeordneten Felder werden Name, Adresse und die Kontaktdaten des Bauherrn eingetragen.

In die dem Planer zugeordneten Felder werden Name, Adresse und die Kontaktdaten des planenden Büros, das auch die nachfolgenden Kostenermittlungen durchführt, eingetragen.

Unter „Projektbeschreibung" ist eine Beschreibung des Bauvorhabens mit allen erforderlichen Angaben möglich.

Die Angaben zu Grundstücksgröße, Grundflächenzahl (GRZ) und Geschossflächenzahl (GFZ) können ebenfalls im Datenblatt erfasst werden, da diese in der Regel zu Projektbeginn feststehen.

Die im Feld „Grundstücksgröße" eingetragene Fläche wird in den entsprechenden Tabellen zur Kostenermittlung verwendet und muss daher eingetragen werden. Das Feld „Sonstiges" dient ergänzenden Beschreibungen.

Bei Bedarf kann das Datenblatt den individuellen Erfordernissen angepasst werden.

Am Ende aller Tabellenblätter finden sich Felder zum Eintragen des Bearbeiternamens und des Datums der Bearbeitung. Diese Felder sind im Sinne einer Dokumentation besonders wichtig.

Alle Kostenangaben in den Tabellenblättern stellen Bruttokosten dar.

2   Reiter KR (Kostenrahmen)

Im Reiter **KR** wird der Kostenrahmen erstellt. Basis der Berechnungen bildet die Kostenvorgabe des Bauherrn, die in dem entsprechenden Feld einzutragen ist. Über das Auswahlfeld neben der Kostenvorgabe wird festgelegt, um welche Art der Kostenvorgabe es sich handelt (Zielkosten oder Kostenobergrenze).

2.1   Beispiel A – Zielkosten

Wird die Kostenvorgabe des Bauherrn in der Tabelle als Zielkosten-Vorgabe definiert, so weist das rechts daneben liegende Feld die Aufgabenstellung „Rückrechnung auf mögliche BGF" aus.

Abb. G 2.1:   Kostenrahmen mit Kostenvorgabe als Zielkosten

In den zum Preisindex gehörenden Feldern wird der gewählte Kostenkennwert bezogen auf die Brutto-Grundfläche (BGF) für die Bauwerkskosten eingetragen und kann bei Vervollständigung der Felder „Index Bezugsjahr" und „aktueller Index" automatisch aktualisiert werden. Wenn der aktualisierte Kennwert im Kostenrahmen verwendet werden soll, ist in dem Auswahlfeld durch Anklicken ein Haken zu setzen.

Für die Kostengruppe 100 werden der Verkehrs- oder Grundstückswert in €/m² und der Anteil der Nebenkosten in % eingetragen.

Bei den Kostengruppen 200, 500 und 600 kann über das hellgraue Auswahlfeld eingestellt werden, ob die Kosten pauschal oder bezogen auf eine Flächeneinheit eingegeben werden sollen. Die Kosten für die Kostengruppen 100, 200, 500 und 600 werden in der Spalte „Kosten (brutto)" automatisch anhand der eingegebenen Werte ermittelt.

Für die Kostengruppe 700 wird eine prozentuale Angabe gemacht, die sich in der Kostenermittlung auf die Kosten der Bauwerkskosten bezieht, der Betrag der Kosten wird automatisch ermittelt.

Nach Eingabe der genannten Angaben in die Tabelle wird in der Zeile „Bauwerk – gesamt" automatisch die realisierbare BGF ermittelt. Dieses Ergebnis wird unter der Tabelle in einem gelben Balken dargestellt.

Über eine prozentuale Verteilung der Bauwerkskosten lassen sich diese auf die Kostengruppen 300 und 400 aufteilen, wobei die entsprechenden Kennwerte automatisch ermittelt werden.

2.2   Beispiel B – Kostenobergrenze

Wird die Kostenvorgabe des Bauherrn in der Tabelle als Kostenobergrenze definiert, so weist das rechts daneben liegende Feld die Aufgabenstellung als „Machbarkeitsüberprüfung" aus. In der Tabelle ändern sich dementsprechend die hinterlegten Formeln.

Kostenrahmen - nach DIN 276-1:2006-11

Projekt: 0001
          Neubau Musterhaus

Kostenvorgabe Bauherr: 7.000.000 €   Kostenobergrenze   Aufgabenstellung: Machbarkeitsüberprüfung

Preisindex: definierte BGF: 2.530,0 m²
Kostenkennwert KG 300+400   1.635 €
Bezugsjahr   2000
Index Bezugsjahr   100
aktueller Index   105,6
aktualisierter Kostenkennwert   1.727 €   ☑ Aktualisierung KG 300+400

lfd. Nr.	Kosten- gruppe	Bezeichnung der Kostengruppe		Bezugs- einheit	Menge	Kennwert [€/Einheit]	Kosten (brutto)	% von 300+400	% von Gesamt
1	100	Grundstück	Verkehrswert 90 €/m² Nebenkosten 5 %	m² FBG	2.378 m²	94,50	224.721 €	5,1%	3,6%
2	200	Herrichten und Erschließen		m² FBG	2.378 m²	85,00	202.130 €	4,6%	3,2%
3	300	Bauwerk - Baukonstruktionen		m² BGF	2.530,0 m²	1.381,60	3.495.448 €	80,0%	55,3%
4	400	Bauwerk - Technische Anlagen		m² BGF	2.530,0 m²	345,40	873.862 €	20,0%	13,8%
5	300+400	Bauwerk - gesamt		m² BGF	2.530,0 m²	1.727,00	4.369.310 €	100,0%	69,2%
6	500	Außenanlagen		m² AUF	4.740 m²	110,00	521.400 €	11,9%	8,3%
7	600	Ausstattung und Kunstwerke		psch.		300.000,00	300.000 €	6,9%	4,7%
8	700	Baunebenkosten		% von KG 300+400	16,0%	psch.	699.090 €	16,0%	11,1%
9		Gesamtkosten					6.316.651 €		100,0%

Restbetrag aus Kostenvorgabe des Bauherren: 683.349 €

Aufgestellt von: Architektengemeinschaft XX, Paul Müller   Stand: 13.03.2006

Abb. G 2.2: Kostenrahmen mit Kostenvorgabe als Kostenobergrenze

Unter der automatisch angepassten Aufgabenstellung öffnet sich ein Feld, in dem die vom Bauherrn definierte BGF eingetragen werden muss.

Die weiteren Eingaben entsprechen den im Beispiel A (Kapitel 2.1) beschriebenen.

In einem farbigen Feld unter der Tabelle wird der Betrag ausgewiesen, der sich als Differenz aus der Kostenvorgabe des Bauherrn und den im Kostenrahmen ermittelten Kosten ergibt. Zur optischen Unterstützung ist das Feld

- rot gefärbt, wenn die Kostenobergrenze überschritten wurde,
- grün gefärbt, wenn die Kostenobergrenze eingehalten wurde.

3   Reiter KR Risiko

In der Tabelle des Reiters **KR Risiko** kann eine monetäre Bewertung der Kostenrisiken erfolgen. In Abhängigkeit von der Art der Kostenvorgabe wird das Ergebnis der Bewertung in dem farbigen Feld unter der Tabelle dargestellt.

3.1   Beispiel A – Zielkosten

Kostenrahmen - Risikobetrachtung nach DIN 276-1:2006-11

Projekt: 0001
           Neubau Musterhaus

Kostenvorgabe Bauherr: 7.000.000 € als Zielkosten   Aufgabenstellung: Rückrechnung auf mögliche BGF

im Kostenrahmen ermittelte BGF: 2.871 m²

Aufgabenstellung hier: Risikobetrag ermitteln und in möglicher BGF berücksichtigen

lfd. Nr.	Kosten-gruppe	Bezeichnung der Kostengruppe	Kosten (brutto)	Standard-risiko [%]	Risiko-abweichung	Risiko-Kosten VaR$_{(x)}$	Risiko-Budget Verteilung	Kosten abzgl. Risiko	Kosten inkl. Risiko
1	100	Grundstück	224.721 €	10,0%	mittel	28.799 €	17.358 €	207.363 €	224.721 €
2	200	Herrichten und Erschließen	202.130 €	10,0%	mittel	25.904 €	15.613 €	186.517 €	202.130 €
3	300	Bauwerk - Baukonstruktionen	3.966.724 €	10,0%	mittel	508.356 €	306.402 €	3.660.322 €	3.966.724 €
4	400	Bauwerk - Technische Anlagen	991.680 €	10,0%	mittel	127.089 €	76.600 €	915.080 €	991.680 €
5	300+400	Bauwerk - gesamt	4.958.404 €				383.002 €	4.575.402 €	4.958.404 €
6	500	Außenanlagen	521.400 €	10,0%	mittel	66.820 €	40.275 €	481.125 €	521.400 €
7	600	Ausstattung und Kunstwerke	300.000 €	10,0%	mittel	38.447 €	23.173 €	276.827 €	300.000 €
8	700	Baunebenkosten	793.345 €	10,0%	mittel	101.671 €	61.280 €	732.065 €	793.345 €
9		Gesamtkosten KG 100 - 700	7.000.000 €		Risikobudget:	540.701 €	540.701 €	6.459.299 €	7.000.000 €

Rückrechnung der Kosten KG 300 + 400 auf mögliche BGF unter Berücksichtigung des Risikobudgets: 2.649,34 m²

Aufgestellt von: Architektengemeinschaft XX, Paul Müller   Stand: 15.03.2006

Abb. G 3.1:   Risikobetrachtung bei einer Kostenvorgabe als Zielkosten

Die Kostenvorgabe des Bauherrn, die im Kostenrahmen ermittelte realisierbare BGF sowie die Kosten der einzelnen Kostengruppen werden in der Tabelle automatisch übernommen. Das Kostenrisiko für die jeweilige Kostengruppe muss in der Spalte „Standardrisiko" als Prozentwert – bezogen auf die Kosten der jeweiligen Kostengruppe – eingetragen werden. Die Spalte „Standardrisiko" ist in allen Tabellen zur Risikoermittlung auf 10 % voreingestellt.

In der Spalte „Risikoabweichung" stehen im Auswahlfeld vordefinierte Größen für die Ermittlung des Risikowertes als VaR-Wert zur Verfügung. Dabei bedeuten die Bezeichnungen:

- „keine"   keine Risikostreuung $VaR_{(84,124)}$-Wert,
- „gering"   geringe Risikostreuung $VaR_{(85)}$-Wert,
- „mittel"   mittlere Risikostreuung $VaR_{(90)}$-Wert,
- „hoch"   hohe Risikostreuung $VaR_{(95)}$-Wert.

Die Spalte „Risikoabweichung" ist in allen Tabellen zur Risikoermittlung auf „mittel" voreingestellt.

In Abhängigkeit von der gewählten Risikostreuung wird der $VaR_{(x)}$-Wert für die jeweilige Kostengruppe automatisch berechnet. Alle weiteren Berechnungsschritte werden ebenfalls automatisch ausgeführt:

- Berechnung des einzuplanenden Risikobudgets,
- Verteilung des Risikobudgets,
- Ermittlung der Kosten der jeweiligen Kostengruppe abzüglich des entsprechenden Risikobudgets.

Die letzte Spalte „Kosten inkl. Risiko" ist mit der Spalte „Kosten (brutto)" identisch.

In dem gelb unterlegten Feld wird der Wert für die realisierbare BGF unter Berücksichtigung des Risikobudgets automatisch neu ermittelt und dargestellt. Da ein bestimmter und berechneter Betrag für Kostenrisiken zurückgestellt werden muss, liegt der Wert für die realisierbare BGF unter Berücksichtigung des Risikobudgets immer unter dem Wert, der in der vorhergehenden Tabelle errechnet wurde.

3.2   Beispiel B – Kostenobergrenze

Wurde im Tabellenblatt KR die Kostenvorgabe als Kostenobergrenze festgelegt, wird die vom Bauherrn definierte BGF in der Risikobetrachtung übernommen.

Risikobewertung, Ermittlung der Risikokosten und Verteilung des Risikobudgets erfolgen wie bereits beschrieben.

Bei der Betrachtung der Kostenrisiken im Zusammenhang mit einer Kostenobergrenze wird das Risikobudget auf die vorher ermittelten Gesamtkosten addiert. Dementsprechend sind Beträge in der Spalte „Kosten abzgl. Risiko" identisch mit den Beträgen in der Spalte „Kosten (brutto)". In der Spalte „Kosten inkl. Risiko" werden die Kostenrisiken addiert und ergeben die Gesamtkosten inkl. des Risikobudgets (rotes Feld). Dieser Betrag wird wieder automatisch mit der Kostenvorgabe verglichen und die Differenz in dem farbigen Balken unter der Tabelle dargestellt. Wird die Kostenvorgabe unterschritten, ist der Balken grün, bei Überschreiten der Kostenvorgabe wird der Balken rot dargestellt. Das Ergebnis der Risikobetrachtung ist somit optisch sofort wahrnehmbar.

Kostenrahmen - Risikobetrachtung nach DIN 276-1:2006-11

Projekt: 0001
            Neubau Musterhaus

Kostenvorgabe Bauherr: 7.000.000 € als Kostenobergrenze

Aufgabenstellung: Machbarkeitsüberprüfung

definierte BGF: 2.530 m²

Aufgabenstellung hier: Risikobetrag ermitteln und in Kosten berücksichtigen

lfd. Nr.	Kosten-gruppe	Bezeichnung der Kostengruppe	Kosten (brutto)	Standard-risiko [%]	Risiko-abweichung	Risiko-Kosten VaR(x)	Risiko-Budget Verteilung	Kosten abzgl. Risiko	Kosten inkl. Risiko
1	100	Grundstück	224.721 €	10,0%	mittel	28.799 €	17.013 €	224.721 €	241.734 €
2	200	Herrichten und Erschließen	202.130 €	10,0%	mittel	25.904 €	15.302 €	202.130 €	217.432 €
3	300	Bauwerk - Baukonstruktionen	3.495.448 €	10,0%	mittel	447.960 €	264.624 €	3.495.448 €	3.760.072 €
4	400	Bauwerk - Technische Anlagen	873.862 €	10,0%	mittel	111.990 €	66.156 €	873.862 €	940.018 €
5	300+400	Bauwerk - gesamt	4.369.310 €				330.781 €	4.369.310 €	**4.700.091 €**
6	500	Außenanlagen	521.400 €	10,0%	mittel	66.820 €	39.473 €	521.400 €	560.873 €
7	600	Ausstattung und Kunstwerke	300.000 €	10,0%	mittel	38.447 €	22.712 €	300.000 €	322.712 €
8	700	Baunebenkosten	699.090 €	10,0%	mittel	89.592 €	52.925 €	699.090 €	752.015 €
9		Gesamtkosten KG 100 - 700	6.316.651 €		Risikobudget:	478.205 €	478.205 €	6.316.651 €	6.794.856 €

Restbetrag aus Kostenvorgabe des Bauherren: 205.144 €

Aufgestellt von: Architektengemeinschaft XX, Paul Müller   Stand: 15.03.2006

Abb. G 3.2: Risikobetrachtung bei einer Kostenvorgabe als Kostenobergrenze

4   Reiter I. Ebene

In dem Tabellenblatt mit der Reiterbezeichnung **I. Ebene** erfolgt die Kostenschätzung in der ersten Ebene der Kostengliederung.

Die aus dem Vorentwurf ermittelte BGF ist in dem entsprechenden Feld einzutragen. Die zu wählenden Kostenkennwerte für die Kostengruppen 300 und 400 beziehen sich auf die BGF und werden ebenfalls in die jeweiligen Felder eingetragen. Über die Angabe von Preisindizes ist eine Aktualisierung der Kennwerte möglich. Sollen diese aktualisierten Kennwerte in der Kostenschätzung verwendet werden, müssen die entsprechenden Felder durch Anklicken aktiviert werden (Haken). Die Kostenkennwerte werden automatisch in der Tabelle übernommen.

Der weitere Aufbau der Tabelle ähnelt dem Kostenrahmen bei der Definition der Kostenvorgabe als Kostenobergrenze (vgl. Kapitel 2.2 [Beispiel B]).

Für die Kostengruppe 100 werden der Verkehrs- oder Grundstückswert in €/m² und der Anteil der Nebenkosten in % eingetragen.

Bei den Kostengruppen 200, 500 und 600 kann über das hellgraue Auswahlfeld eingestellt werden, ob die Kosten pauschal oder bezogen auf eine Flächeneinheit eingegeben werden sollen. Die Kosten für die Kostengruppen 100, 200, 500 und 600 werden in der Spalte „Kosten (brutto)" automatisch anhand der eingegebenen Werte ermittelt.

Für die Kostengruppe 700 wird eine prozentuale Angabe gemacht, die sich in der Kostenermittlung auf die Kosten der Bauwerkskosten bezieht, der Betrag der Kosten wird automatisch ermittelt.

Kostenschätzung - nach DIN 276-1:2006-11

Projekt: 0001 Neubau Musterhaus

BGF: 2.530 m²

Preisindex

Kostenkennwert KG 300	1.190 €	Kostenkennwert KG 400	437 €
Bezugsjahr	2000	Bezugsjahr	2000
Index Bezugsjahr	100	Index Bezugsjahr	100
aktueller Index	105,6	aktueller Index	105,6
aktualisierter KKW	1.257 €	aktualisierter KKW	462 €
☑ Aktualisierung KG 300		☑ Aktualisierung KG 400	

lfd. Nr.	Kosten- gruppe	Bezeichnung der Kostengruppe		Bezugs- einheit	Menge	Kennwert [€/Einheit]	Kosten (brutto)	% von 300+400	% von Gesamt
1	100	Grundstück	Verkehrswert 90 €/m² Nebenkosten 4,8 %	m² FBG	2.378 m²	94,32	224.293 €	5,2%	3,5%
2	200	Herrichten und Erschließen		m² FBG	2.378 m²	70,00	166.460 €	3,8%	2,6%
3	300	Bauwerk - Baukonstruktionen		m² BGF	2.530 m²	1.257,00	3.180.210 €	73,1%	49,5%
4	400	Bauwerk - Technische Anlagen		m² BGF	2.530 m²	462,00	1.168.860 €	26,9%	18,2%
5	300+400	Bauwerk - gesamt		m² BGF	2.530 m²	1.719,00	4.349.070 €	100%	67,7%
6	500	Außenanlagen		m² AUF	4.740 m²	90,00	426.600 €	9,8%	6,6%
7	600	Ausstattung und Kunstwerke		psch.		300.000,00	300.000 €	6,9%	4,7%
8	700	Baunebenkosten		% von KG 300+400	22,0%	psch.	956.796 €	22,0%	14,9%
9		Gesamtkosten					6.423.219 €		100%
10		Gesamtkosten gerundet					6.424.000 €		

Aufgestellt von: Architektengemeinschaft XX, Paul Müller   Stand: 20.04.2006

Abb. G 4.1:   Kostenschätzung

Alle Kosten (brutto) werden automatisch ermittelt und in ihrer prozentualen Verteilung dargestellt.

Die Gesamtkosten werden selbstständig addiert und anschließend auf ganze tausend Euro gerundet.

5   Reiter I-Risiko

In der Tabelle des Reiters **I-Risiko** kann für die Kostenschätzung eine monetäre Risikobewertung vorgenommen werden. Die entsprechenden Werte der Kostenschätzung werden wieder automatisch aus der vorhergehenden Tabelle übernommen und die Gesamtkosten als Summe in einem grün unterlegten Feld dargestellt.

Das Verfahren der Risikobetrachtung und -bewertung ist identisch mit der Risikobetrachtung und -bewertung im Reiter KR Risiko (vgl. Kapitel 3).

Kostenschätzung - Risikobetrachtung nach DIN 276-1:2006-11

Projekt: 0001
            Neubau Musterhaus

Lfd. Nr.	KG	Bezeichnung der Kostengruppe	Kosten aus KS	Risikobeschreibung	Standardrisiko [%]	Risikoabweichung	Risikokosten VaR(x)	Risikobudget	Kosten inkl. Risikobudget
1	100	Grundstück	224.293 €			keine	€	- €	224.293 €
2	200	Herrichten und Erschließen	166.460 €	Altlasten + Abbruch	15,0%	hoch	41.070€	24.289 €	190.749 €
3	300	Bauwerk - Baukonstruktionen	3.180.210 €	Bautyp	10,0%	mittel	407.560€	241.034 €	3.421.244 €
4	400	Bauwerk - Technische Anlagen	1.168.860 €	Klimatechnik	10,0%	hoch	192.260€	113.704 €	1.282.564 €
5	300+400 - Summe Bauwerkskosten		4.349.070 €				450.632 €	354.737 €	4.349.070 €
6	500	Außenanlagen	426.600 €	Bepflanzung	10,0%	niedrig	44.214€	26.149 €	452.749 €
7	600	Ausstattung und Kunstwerke	300.000 €	Ausstattungsgrad	10,0%	niedrig	31.093€	18.389 €	318.389 €
8	700	Baunebenkosten	956.796 €	div. Gutachter	5,0%	mittel	61.309€	36.259 €	993.055 €
9	Gesamtkosten KG 100 - 700		6.423.219 €		einzuplanendes Risikobudget:		459.822 €	459.822 €	6.883.041 €
10				Gesamtkosten einschließlich einzuplanendes Risikobudget gerundet:					6.883.041 €

Aufgestellt: Architektengemeinschaft XX, Paul Müller   Stand: 22.04.2006

Risikobewertung

Abb. G 5.1: Risikobetrachtung zur Kostenschätzung

Die Risikoart kann in der Spalte „Risikobeschreibung" erfasst werden.

In der letzten Spalte („Kosten inkl. Risikobudget") werden die Gesamtkosten einschließlich des einzuplanenden Risikobudgets dargestellt (rot unterlegtes Feld).

Unter der Tabelle wird die monetäre Risikobewertung grafisch dargestellt: Ausgehend von dem Betrag der Gesamtkosten (links im Balken und grün dargestellt) erstreckt sich der farbige Balken bis zur Summe der Gesamtkosten einschließlich des einzuplanenden Risikobudgets (rechts im Balken und rot dargestellt).

Der ermittelte Betrag für die Gesamtkosten einschließlich des einzuplanenden Risikobudgets ist im Rahmen der Kostenkontrolle und Kostensteuerung mit der Kostenvorgabe zu vergleichen. Dieser Vergleich ist jedoch noch nicht Bestandteil der hier vorgestellten Excel-Lösung zur Kostenermittlung nach DIN 276-1:2006-11.

6   Reiter II. Ebene

In der Tabelle des Reiters **II. Ebene** erfolgt die Kostenermittlung bis in die zweite Ebene der Kostengliederung. Da es sich bei dieser Kostenermittlung um eine Kostenberechnung oder eine Kostenschätzung handeln kann, steht in der ersten Zeile ein Auswahlfeld zur Verfügung, über das die Stufe der in diesem Tabellenblatt vorzunehmenden Kostenermittlung festgelegt wird.

In der folgenden Abbildung ist nur ein Ausschnitt der gesamten Tabelle wiedergegeben.

Kostenberechnung nach DIN 276-1:2006-11

Projekt: 0001
           Neubau Musterhaus

Flächenerfassung: alle Flächen erfasst

Lfd. Nr.	KG	Bezeichnung der Kostengruppe	%	Menge	Ein-heit	Kennwert [€/Einheit]	Kosten - brutto	% von 300+400	% von Gesamt
1	100	Grundstück		2.378,00	m² FBG	94,00	224.293 €	5,20	3,43
5	200	Herrichten und Erschließen		2.378,00	m² FBG	72,00	171.216 €	3,97	2,62
11	300	Bauwerk - Baukonstruktionen		2.530,00	m² BGF	1.285,00	3.251.044 €	75,37	49,66
12	310	Baugrube		2.800,00	m³	34,18	95.704 €	2,22	
13	320	Gründung		1.124,00	m²	295,00	331.580 €	7,69	
14	330	Außenwände		1.171,00	m²	870,00	1.018.770 €	23,62	
15	340	Innenwände		2.166,00	m²	290,00	628.140 €	14,56	
16	350	Decken		1.527,00	m²	280,00	427.560 €	9,91	
17	360	Dächer		1.088,00	m²	305,00	331.840 €	7,69	
18	370	Baukonstruktive Einbauten		2.530,00	m²	85,00	215.050 €	4,99	
19	390	Sonst. Maßnahmen f. Baukonstrukt.		2.530,00	m²	80,00	202.400 €	4,69	
20	400	Bauwerk - Technische Anlagen		2.530,00	m² BGF	420,00	1.062.600 €	24,63	16,23
30	300+400	Bauwerk		2.530,00	m² BGF	1.705,00	4.313.644 €	100,00	
31	500	Außenanlagen		4.740,00	m² AUF	101,00	478.740 €	11,10	7,31
39	600	Ausstattung und Kunstwerke		2.530,00	m² BGF	150,00	379.500 €	8,80	5,80
42	700	Baunebenkosten	22,69			4.313.644	978.582 €	22,69	14,95
51		Gesamtkosten 100 - 700					6.545.975 €		100%
52		Gesamtkosten gerundet					6.546.000 €		

Aufgestellt: Architektengemeinschaft XX, Paul Müller   Stand: 17.06.2006

Abb. G 6.1:   Kostenberechnung

Auf der linken Seite des Excel-Arbeitsblattes befinden sich kleine Schalter mit einem ⊞, die in Abbildung G 6.1 nicht mit dargestellt sind. Über diese Schalter gelangt man in die Flächenerfassung und in die zweite Gliederungsebene der jeweiligen Kostengruppe.

In der Flächenerfassung werden die aus den Planungsgrundlagen zu ermittelnde BGF sowie die Mengenangaben für die Grobelemente erfasst. Diese Angaben werden dann automatisch in der Tabelle zur Kostenermittlung übernommen. Die Angabe der Einheiten in der zweiten Gliederungsebene ist mit einem Kommentarfeld versehen (in Abbildung G 6.1 nicht dargestellt), das über den Bezug der Mengenangabe informiert (z.B. „Dachfläche" [bei Kostengruppe 360, Dächer, Einheit: m²]).

In der Tabelle zur Kostenermittlung werden in der Spalte „Kennwert" die Kostenkennwerte für die Kostengruppen der zweiten Gliederungsebene eingetragen, die Ermittlung der Kosten und der prozentualen Verteilung erfolgt automatisch. Außerdem werden die Kosten der übergeordneten Kostengruppen dargestellt und die entsprechenden Kostenkennwerte automatisch ermittelt, umso die Kostenkontrolle bei Kostenabweichungen zu erleichtern.

In der zweiten Gliederungsebene der Kostengruppe 700 Baunebenkosten können prozentuale Angaben gemacht werden. Auf welche Kostengruppen sich diese prozentualen Angaben beziehen, kann über die hellgrauen Auswahlfelder eingestellt werden.

Die Gesamtkosten werden automatisch ermittelt und anschließend auf ganze tausend Euro gerundet.

7   Reiter II-Risiko

In der Tabelle des Reiters **II-Risiko** kann für die vorangegangene Kostenermittlung eine monetäre Risikobewertung vorgenommen werden. Die gewählte Stufe der Kostenermittlung (Kostenschätzung oder Kostenberechnung) wird dabei automatisch in der Überschrift des Tabellenblattes (oberste Zeile) übernommen. Die entsprechenden Werte der Kostenermittlung werden ebenfalls automatisch aus der vorhergehenden Tabelle übernommen und die Gesamtkosten als Summe in einem grün unterlegten Feld dargestellt.

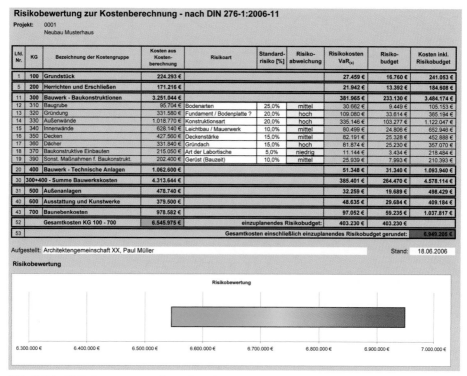

Risikobewertung zur Kostenberechnung - nach DIN 276-1:2006-11

Projekt: 0001
           Neubau Musterhaus

Lfd. Nr.	KG	Bezeichnung der Kostengruppe	Kosten aus Kostenberechnung	Risikoart	Standard-risiko [%]	Risiko-abweichung	Risikokosten VaR(x)	Risiko-budget	Kosten inkl. Risikobudget
1	100	Grundstück	224.293 €				27.459 €	16.760 €	241.053 €
5	200	Herrichten und Erschließen	171.216 €				21.942 €	13.392 €	184.608 €
11	300	Bauwerk - Baukonstruktionen	3.251.044 €				381.965 €	233.130 €	3.484.174 €
12	310	Baugrube	95.704 €	Bodenarten	25,0%	mittel	30.662 €	9.449 €	105.153 €
13	320	Gründung	331.580 €	Fundament / Bodenplatte ?	20,0%	hoch	109.080 €	33.614 €	365.194 €
14	330	Außenwände	1.018.770 €	Konstruktionsart	20,0%	hoch	335.146 €	103.277 €	1.122.047 €
15	340	Innenwände	628.140 €	Leichtbau / Mauerwerk	10,0%	mittel	80.499 €	24.806 €	652.946 €
16	350	Decken	427.560 €	Deckenstärke	15,0%	mittel	82.191 €	25.328 €	452.888 €
17	360	Dächer	331.840 €	Gründach	15,0%	hoch	81.874 €	25.230 €	357.070 €
18	370	Baukonstruktive Einbauten	215.050 €	Art der Labortische	5,0%	niedrig	11.144 €	3.434 €	218.484 €
19	390	Sonst. Maßnahmen f. Baukonstrukt.	202.400 €	Gerüst (Bauzeit)	10,0%	mittel	25.939 €	7.993 €	210.393 €
20	400	Bauwerk - Technische Anlagen	1.062.600 €				51.348 €	31.340 €	1.093.940 €
30	300+400	- Summe Bauwerkskosten	4.313.644 €				385.401 €	264.470 €	4.578.114 €
31	500	Außenanlagen	478.740 €				32.259 €	19.689 €	498.429 €
40	600	Ausstattung und Kunstwerke	379.500 €				48.635 €	29.684 €	409.184 €
43	700	Baunebenkosten	978.582 €				97.052 €	59.235 €	1.037.817 €
52		Gesamtkosten KG 100 - 700	6.545.975 €		einzuplanendes Risikobudget:		403.230 €	403.230 €	
53					Gesamtkosten einschließlich einzuplanendes Risikobudget gerundet:				6.949.205 €

Aufgestellt: Architektengemeinschaft XX, Paul Müller

Stand: 18.06.2006

Risikobewertung

Risikobewertung

| 6.300.000 € | 6.400.000 € | 6.500.000 € | 6.600.000 € | 6.700.000 € | 6.800.000 € | 6.900.000 € | 7.000.000 € |

Abb. G 7.1: Risikobewertung zur Kostenberechnung

Das Verfahren der Risikobetrachtung und -bewertung ist identisch mit der Risikobetrachtung und -bewertung im Reiter I-Risiko (vgl. Kapitel 5).

8   Reiter III. Ebene

In der Tabelle des Reiters **III. Ebene** erfolgt die Kostenermittlung bis in die dritte Ebene der Kostengliederung. Da es sich bei dieser Kostenermittlung um einen Kostenanschlag oder eine Kostenberechnung handeln kann, steht in der ersten Zeile ein Auswahlfeld zur Verfügung, über das die Stufe der in diesem Tabellenblatt vorzunehmenden Kostenermittlung festgelegt wird.

In der folgenden Abbildung ist ein Ausschnitt der gesamten Tabelle wiedergegeben.

Kostenanschlag   3.Ebene, nach DIN 276-1:2006-11

Projekt: 0001
Neubau Musterhaus

Flächenerfassung: alle Flächen erfasst

Lfd. Nr.	KG	Bezeichnung der Kostengruppe	%	Menge	Ein-heit	Kennwert [€/Einheit]	Kosten - brutto	% von 300+400	% von Gesamt
1	100	Grundstück					224.327 €	5,13	3,47
17	200	Herrichten und Erschließen		2.378,00	m² FBG	74,88	178.065 €	4,07	2,75
48	300	Bauwerk - Baukonstruktionen		2.530,00	m² BGF	1.289,89	3.263.422 €	74,67	50,48
49	310	Baugrube		2.800,00	m³	36,80	103.040 €	2,36	
54	320	Gründung		1.124,00	m²	294,40	330.906 €	7,57	
63	330	Außenwände		1.171,00	m²	868,90	1.017.482 €	23,28	
73	340	Innenwände		2.166,00	m²	289,20	626.407 €	14,33	
81	350	Decken		1.527,00	m²	278,07	424.613 €	9,72	
82	351	Deckenkonstruktionen		1.562,00	m²	117,10	182.910 €		
83	352	Deckenbeläge		2.688,00	m²	64,20	172.570 €		
84	353	Deckenbekleidungen		1.964,00	m²	35,20	69.133 €		
85	359	Decken, sonstiges		1.527,00	m²	0,00	- €		
86	360	Dächer		1.088,00	m²	307,60	334.669 €	7,66	
92	370	Baukonstruktive Einbauten		2.530,00	m²	85,90	217.327 €	4,97	
96	390	Sonst. Maßnahmen f. Baukonstrukt.		2.530,00	m²	82,60	208.978 €	4,78	
106	400	Bauwerk - Technische Anlagen		2.530,00	m² BGF	437,45	1.106.749 €	25,33	17,12
174	300+400			2.530,00	m² BGF	1.727,34	4.370.171 €	100,00	
175	500	Außenanlagen		4.740,00	m² AUF	91,10	431.814 €	9,88	6,68
235	600	Ausstattung und Kunstwerke		2.530,00	m² BGF	123,50	312.455 €	7,15	4,83
245	700	Baunebenkosten					947.519 €	21,68	14,66
293		Gesamtkosten 100 - 700					6.464.351 €		100%
294		Gesamtkosten gerundet					6.464.000 €		

Aufgestellt: Architektengemeinschaft XX, Paul Müller   Stand: 23.09.2006

Abb. G 8.1: Kostenermittlung in der dritten Ebene der Kostengliederung (Kostenanschlag)

Die Vorgehensweise bei der Kostenermittlung ist identisch mit der Kostenermittlung im Reiter II. Ebene (vgl. Kapitel 6). Entsprechend der Gliederungstiefe sind auch die Schalter auf der linken Seite um eine Ebene tiefer gegliedert.

In den Feldern der Flächenerfassung werden die Mengenangaben der vorhergehenden Kostenermittlungsstufe automatisch übernommen, müssen aber auf der Grundlage des aktuellen Planungsstandes ermittelt werden und können daher überschrieben werden. Diese Mengenangaben dienen (mit Ausnahme der Grundstücksfläche und der BGF) nicht mehr der eigentlichen Kostenermittlung, sondern der Bildung von Kennwerten auf den übergeordneten Ebenen der Kostengliederung. Diese Kennwertbildung dient der besseren Kostenkontrolle bei Kostenabweichungen.

Die Mengenangabe sowie die Angabe von Kostenkennwerten zur Kostenermittlung erfolgen in der dritten Gliederungsebene. Dabei sind die Felder in der Spalte „Einheit" wieder mit Kommentarfeldern versehen, die Auskunft darüber geben, worauf sich die einzutragende Menge bezieht.

In der dritten Gliederungsebene der Kostengruppe 760 (Finanzierungskosten) muss der Eigenkapitalanteil als Prozentwert festgelegt werden. Die Bauzeit als Grundlage für die Berechnung der Finanzierungskosten kann für die einzelnen Kostengruppen differenziert festgelegt werden, die Angabe erfolgt in Monaten.

Die Gesamtkosten werden automatisch ermittelt und anschließend auf ganze tausend Euro gerundet.

9   Reiter III-Risiko

In der Tabelle des Reiters **III-Risiko** kann für die vorangegangene Kostenermittlung eine monetäre Risikobewertung vorgenommen werden. Die gewählte Stufe der Kostenermittlung (Kostenberechnung oder Kostenanschlag) wird dabei automatisch in der Überschrift des Tabellenblattes (oberste Zeile) übernommen. Die entsprechenden Werte der Kostenermittlung werden ebenfalls automatisch aus der vorhergehenden Tabelle übernommen und die Gesamtkosten als Summe in einem grün unterlegten Feld dargestellt.

Das Verfahren der Risikobetrachtung und -bewertung ist identisch mit der Risikobetrachtung und -bewertung im Reiter II-Risiko (vgl. Kapitel 7).

Die nachfolgende Abbildung gibt einen Ausschnitt der gesamten Tabelle zur Risikobewertung wieder.

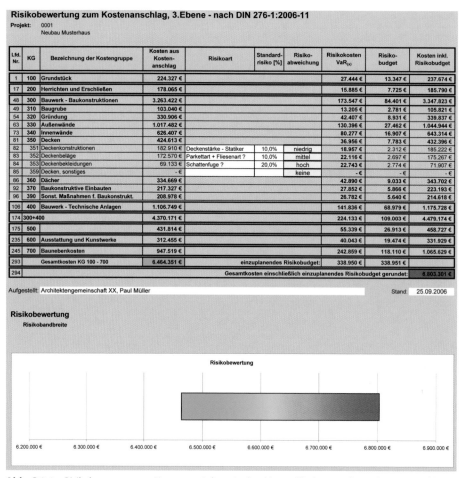

Abb. G 9.1: Risikobewertung zur Kostenermittlung in der dritten Gliederungsebene (Kostenanschlag)

10   Reiter IV. Ebene

In der Tabelle des Reiters **IV. Ebene** erfolgt die Kostenermittlung bis in die vierte Ebene der Kostengliederung. Dafür wird die Kostengliederung der DIN 276-1:2006-11 um eine ausführungsorientierte Ebene erweitert. Hierfür stehen dem Anwender 2 Möglichkeiten zur Verfügung:

- Leistungsbereiche des Standardleistungsbuchs Bau (STLB-Bau, Stand: Oktober 2006),
- Gliederung entsprechend der Normenreihe der VOB Teil C: Allgemeine Technische Vertragsbedingungen für Bauleistungen (ATV).

Die Auswahl der Gliederungsart erfolgt in der dritten Spalte des Tabellenkopfes: Über das hellgrau unterlegte Feld können die Kürzel „LB" oder „DIN 18-" ausgewählt werden. Diese stehen jeweils für:

- LB   Leistungsbereiche des STLB-Bau,
- DIN 18-   Normenreihe der VOB Teil C (ATV).

Die Codierung der vierten Gliederungsebene erfolgt bei Wahl der Leistungsbereiche des STLB-Bau über die dreistellige Codierung dieser Leistungsbereiche, bei Wahl der Normenreihe der VOB Teil C (ATV) mithilfe der letzten 3 Ziffern der Normencodierung.

Nach Wahl der entsprechenden Gliederungsart wird diese in der zweiten Zeile des Tabellenblattes aufgeführt.

In der folgenden Abbildung ist ein Ausschnitt der gesamten Tabelle wiedergegeben, wobei als Gliederungsart die Normenreihe der VOB Teil C (ATV) gewählt wurde.

Kostenanschlag, 4.Ebene - nach DIN 276-1:2006-11
Gliederung nach den ATV der VOB/C

Projekt 0001
Neubau Musterhaus

Flächenerfassung: alle Flächen erfasst

Lfd. Nr.	KG	DIN 18-	Bezeichnung der Kostengruppe	Erläuterungen	%	Menge	Ein-heit	Kennwert [€/Einheit]	Kosten - brutto	% von 300+400	% von Gesamt
1	100		Grundstück						224.327 €	5,13	3,47
17	200		Herrichten und Erschließen			2.378,00	m² FBG	74,88	178.065 €	4,07	2,75
309	300		Bauwerk - Baukonstruktionen			2.530,00	m² BGF	1.289,89	3.263.422 €	74,67	50,48
310	310		Baugrube			2.800,00	m³	36,80	103.040 €	2,36	
395	320		Gründung			1.124,00	m³	294,40	330.906 €	7,57	
564	330		Außenwände			1.171,00	m²	868,90	1.017.482 €	23,28	
754	340		Innenwände			2.166,00	m²	289,20	626.407 €	14,33	
902	350		Decken			1.527,00	m²	278,07	424.613 €	9,72	
903	351		Deckenkonstruktionen			1.562,00	m²	117,10	182.910 €		
924	352		Deckenbeläge			2.688,00	m²	64,20	172.570 €		
925		345	Wärmedämm-Verbundsysteme	Ausb. Bodenbelag inkl. Treppen		117,00	m²	254,22	29.744 €		
926		352	Fliesen- und Plattenarbeiten	Ausb. Bodenfliesen		64,00	m²	102,70	6.573 €		
927		353	Estricharbeiten	Ausb. schwimmender Estrich		211,00	m²	22,54	4.756 €		
928		353	Estricharbeiten	Ausb. Hohlraum- und Doppelboden		1.076,00	m²	39,64	42.653 €		
929		356	Parkettarbeiten	Ausb. Parkett		795,00	m²	94,90	75.446 €		
930		365	Bodenbelagsarbeiten	Ausb. Textilbelag und Linoleum		350,00	m²	38,28	13.398 €		
945	353		Deckenbekleidungen			1.964,00	m²	35,20	69.133 €		
966	359		Decken, sonstiges			1.527,00	m²		- €		
987	360		Dächer			1.088,00	m²	307,60	334.669 €	7,66	
988	361		Dachkonstruktionen			1.088,00	m²	307,60	334.669 €		
989		334	Zimmer- und Holzbauarbeiten	Rohb.		1.088,00		307,60	334.669 €		
1009	362		Dachfenster, Dachöffnungen				m²		- €		
1030	363		Dachbeläge				m²		- €		
1051	364		Dachbekleidungen				m²		- €		
1072	369		Dächer, sonstiges			1.088,00	m²	-	- €		
1093	370		Baukonstruktive Einbauten			2.530,00	m³	85,90	217.327 €	4,97	
1157	390		Sonst. Maßnahmen f. Baukonstrukt.			2.530,00	m²	82,60	208.978 €	4,78	
1347	400		Bauwerk - Technische Anlagen			2.530,00	m² BGF	437,45	1.106.749 €	25,33	17,12
2576	300+400					2.530,00	m² BGF	1.727,34	4.370.171 €	100,00	
2577	500		Außenanlagen			4.740,00	m² AUF	91,10	431.814 €	9,88	6,68
3657	600		Ausstattung und Kunstwerke			2.530,00	m² BGF	123,50	312.455 €	7,15	4,83
3667	700		Baunebenkosten						947.519 €	21,68	14,66
3715			Gesamtkosten 100 - 700						6.464.351 €		100%
3716			Gesamtkosten gerundet						6.464.000 €		

Aufgestellt: Architektengemeinschaft XX, Paul Müller
Stand: 14.12.2006

Abb. G 10.1: Kostenanschlag in der vierten Ebene, Gliederung nach den ATV der VOB Teil C

Der Kostenanschlag in der vierten Ebene wird in der beschriebenen Datei als separate Kostenermittlungsstufe verstanden. Die Kostenermittlung erfolgt dabei, indem den einzelnen Kostengruppen der dritten Ebene Leistungen zugewiesen werden. Diese werden mit einer Menge (z. B. m² BGF) und einem Kostenkennwert (bezogen auf die Menge) versehen.[2] Die Kosten werden wieder automatisch errechnet.

Die Zuweisung der entsprechenden Leistung erfolgt nach dem Aufklappen der Kostengruppe der dritten Gliederungsebene in der ersten hellgrau unterlegten Spalte durch Anklicken der Zelle und Auswahl über das Untermenü. Die zugehörige Codierung erscheint automatisch im Feld links neben der Leistung. Erscheint in diesem Feld ein rot unterlegtes „Def?", wurde nachträglich die Gliederungsart verändert; die Leistung muss dann neu über das Auswahlfeld bestimmt werden.

Innerhalb der Kostengruppe 300 muss im Feld rechts neben der Leistung (ebenfalls hellgrau unterlegt) eine Zuordnung zu den Bereichen Roh- oder Ausbau erfolgen. In einem weiteren Feld (rechts, ohne Farbe) können Anmerkungen zu der jeweiligen Leistung gemacht oder eine weitere Differenzierung vorgenommen werden.

---

2 Entsprechende Kennwerte finden sich z. B. in den „BKI Objektdaten, Kosten abgerechneter Bauwerke" des Baukosteninformationszentrums in Stuttgart.

Die Gesamtkosten werden automatisch ermittelt und anschließend auf ganze tausend Euro gerundet.

In Abhängigkeit von der gewählten Gliederungsart für die vierte Ebene der Kostengliederung sind die nächsten Tabellenblätter für eine Bearbeitung zu wählen:

- Wurden als Gliederungsart die Leistungsbereiche des STLB-Bau gewählt, erfolgt die weitere Bearbeitung in den Tabellen mit den Reiterbezeichnungen **IV-LB-Risiko** und **IV-LB-Budgets.**
- Wurden als Gliederungsart die ATV der VOB Teil C gewählt, erfolgt die weitere Bearbeitung in den Tabellen mit den Reiterbezeichnungen **IV-ATV-Risiko** und **IV-ATV-Budgets.**

Die methodische Vorgehensweise ist in beiden Fällen identisch.

Da in der hier beschriebenen Beispieltabelle zum Kostenanschlag in der vierten Gliederungsebene die ATV der VOB Teil C als Gliederungsschema gewählt wurden, werden nachfolgend die Tabellenblätter mit den Reiterbezeichnungen **IV-ATV-Risiko** und **IV-ATV-Budgets** beschrieben.

11 Reiter IV-ATV-Risiko

In der Tabelle des Reiters **IV-ATV-Risiko** kann für die vorangegangene Kostenermittlung eine monetäre Risikobewertung vorgenommen werden. Die gewählte Gliederung der vierten Ebene der Kostengliederung wird unter der Überschrift wieder angezeigt. Die entsprechenden Werte der Kostenermittlung werden automatisch aus der Tabelle IV. Ebene übernommen und die Gesamtkosten als Summe in einem grün unterlegten Feld dargestellt.

Risikobewertung zum Kostenanschlag - nach DIN 276-1:2006-11
Gliederung nach den ATV der VOB/C

Projekt: 0001
Neubau Musterhaus

Lfd. Nr.	KG	DIN 18-	Bezeichnung der Kostengruppe	Kosten aus Kosten anschlag	Risikoart	Standard-risiko [%]	Risiko-abweichung	Risikokosten VaR$_{(x)}$	Risiko-budget	Kosten inkl. Risikobudget
1	100		Grundstück	224.327 €				22.221 €	11.113 €	235.440 €
17	200		Herrichten und Erschließen	178.065 €				- €	- €	178.065 €
59	300		Bauwerk - Baukonstruktionen	3.263.422 €				228.023 €	114.032 €	3.377.454 €
60			Rohbau	3.090.852 €				227.544 €	111.138 €	3.201.990 €
61		300	Erdarbeiten	103.040 €	Bodenklasse ?	10,0%	mittel	13.205 €	3.527 €	106.567 €
62		301	Rohrarbeiten	- €		10,0%	mittel	- €	- €	- €
81		321	Dusenstrahlarbeiten	- €		10,0%	mittel	- €	- €	- €
82		330	Mauerarbeiten	1.643.889 €	Steinart ?	10,0%	mittel	210.673 €	56.269 €	1.700.158 €
83		331	Betonarbeiten	182.910 €	Sichtbetonqualität	15,0%	hoch	45.129 €	12.054 €	194.964 €
84		332	Naturwerksteinarbeiten	- €		10,0%	mittel	- €	- €	- €
86		334	Zimmer- und Holzbauarbeiten	334.669 €	sep. Holzschutz	10,0%	mittel	42.690 €	11.456 €	346.125 €
87		335	Stahlbauarbeiten	217.327 €	Stahlpreisentw.	10,0%	mittel	27.852 €	7.439 €	224.766 €
88		336	Abdichtungsarbeiten	- €		10,0%	mittel	- €	- €	- €
105		352	Fliesen- und Plattenarbeiten	6.573 €	Fliesenformat ?	10,0%	hoch	1.081 €	291 €	6.864 €
106		353	Estricharbeiten	47.409 €	Höhenausgleich ?	10,0%	mittel	6.076 €	1.636 €	49.045 €
109		356	Parkettarbeiten	75.446 €	Parkettart ?	10,0%	hoch	12.410 €	3.341 €	78.787 €
116		365	Bodenbelagsarbeiten	13.398 €	Teppichart ?	20,0%	mittel	3.434 €	924 €	14.322 €
121	400		Bauwerk - Technische Anlagen	1.106.749 €				141.836 €	70.931 €	1.177.680 €
132	300+400		- Summe Bauwerkskosten	4.370.171 €				268.537 €	184.963 €	4.555.134 €
133	500		Außenanlagen	431.814 €				55.339 €	27.675 €	459.489 €
169	600		Ausstattung und Kunstwerke	312.455 €				40.043 €	20.025 €	332.480 €
179	700		Baunebenkosten	947.519 €				111.267 €	55.644 €	1.003.163 €
227			Gesamtkosten KG 100 - 700 in Euro	6.464.351 €		einzuplanendes Risikobudget:		299.419 €		
228						Gesamtkosten einschließlich einzuplanendes Risikobudget gerundet:				6.764.000 €

Aufgestellt: Architektengemeinschaft XX, Paul Müller   Stand: 16.12.2006

Risikobewertung

Risikobewertung

6.300.000 €   6.350.000 €   6.400.000 €   6.450.000 €   6.500.000 €   6.550.000 €   6.600.000 €   6.650.000 €   6.700.000 €   6.750.000 €   6.800.000 €

Abb. G 11.1: Risikobewertung zum Kostenanschlag in der vierten Ebene der Kostengliederung (Ausschnitt)

In der Tabelle zur Risikobewertung werden die einzelnen Leistungen entsprechend ihrer Codierung bereits aufsummiert. Es muss an dieser Stelle überprüft werden, ob die Gesamtkosten (grün unterlegtes Feld) den Gesamtkosten der Kostenermittlung (Kostenanschlag in der vierten Ebene) entsprechen. Ist dies nicht der Fall, wurde die Leistungszuordnung zu Roh- bzw. Ausbau (nur Kostengruppe 300) im Kostenanschlag nicht korrekt vorgenommen. Bestehen Unsicherheiten hinsichtlich der korrekten Zuordnung, so stehen 2 Tabellenblätter (Reiter **STLB-Bau** und **VOB_C**) am Ende der Reiterreihe zur Verfügung, in denen die entsprechenden Informationen bereitgestellt sind (vgl. Kapitel 14 und 15).

Das Verfahren der Risikobetrachtung und -bewertung ist identisch mit der Risikobetrachtung und -bewertung im Reiter III-Risiko (vgl. Kapitel 9).

12   Reiter IV-ATV-Budgets

Die Tabelle im Reiter **IV-ATV-Budgets** dient der Bildung von Vergabeeinheiten.

Die folgende Abbildung gibt einen Ausschnitt der Tabelle wieder.

Kostenanschlag / Vergabeeinheiten - nach DIN 276-1:2006-11
Gliederung nach den ATV der VOB/C

Projekt: 0001
             Neubau Musterhaus

Übersicht Vergabeeinheiten:

Vergabeeinheit	Bezeichnung der Vergabeeinheit	Budget aus Kostenanschlag	Nullbieter Kosten aus LV	beauftragte Summe	Auftragnehmer
Vergabeeinheit 01	Erdbau	448.800 €	395.276 €	420.135 €	FA. Erdmann
Vergabeeinheit 02	Bauhaupt	1.895.122 €	1.794.382 €	1.731.203 €	FA. Bauhof Meier
Vergabeeinheit 03	Zimmerer	346.125 €	339.463 €	332.115 €	FA. Holzwurm
Vergabeeinheit 04	Stahlbau	224.766 €	218.039 €	245.673 €	FA. Eisenbeißer

Festlegung der Vergabeeinheiten:

Lfd. Nr.	KG	DIN 18-	Bezeichnung der Kostengruppe	Kosten aus Kostenanschlag inkl. Risikobudget	Vergabeeinheit	Anmerkungen
1	100		Grundstück	235.440 €		
17	200		Herrichten und Erschließen	178.065 €		
59	300		Bauwerk - Baukonstruktionen	3.377.454 €		
60			Rohbau	3.201.990 €		
61		300	Erdarbeiten	106.567 €	Vergabeeinheit 01	
69		308	Dränarbeiten	342.233 €	Vergabeeinheit 01	
81		321	Düsenstrahlarbeiten			
82		330	Mauerarbeiten	1.700.158 €	Vergabeeinheit 02	
83		331	Betonarbeiten	194.964 €	Vergabeeinheit 02	
84		332	Naturwerksteinarbeiten			
85		333	Betonwerksteinarbeiten			
86		334	Zimmer- und Holzbauarbeiten	346.125 €	Vergabeeinheit 03	
87		335	Stahlbauarbeiten	224.766 €	Vergabeeinheit 04	
97			Ausbau	179.788 €		
121	400		Bauwerk - Technische Anlagen	1.177.680 €		
132	300+400 - Summe Bauwerkskosten			4.555.134 €		
133	500		Außenanlagen	459.489 €		
169	600		Ausstattung und Kunstwerke	332.480 €		
179	700		Baunebenkosten	1.003.163 €		
227			Gesamtkosten KG 100 - 700 in Euro	6.763.771 €	inkl. Risikobudget	
228						

Aufgestellt: Architektengemeinschaft XX, Paul Müller   Stand: 16.12.2006

Abb. G 12.1: Tabelle Kostenanschlag/Vergabeeinheiten (Ausschnitt)

Der Schalter ⊞ links neben „Übersicht Vergabeeinheiten" öffnet (und schließt) das Feld mit 40 Vergabeeinheiten, die hier projektspezifisch bezeichnet werden können.

In der Tabelle darunter können in den Kostengruppen, denen Leistungen zugewiesen wurden, Vergabeeinheiten vergeben werden. Für die einzelnen Kostengruppen und Leistungen werden die entsprechenden Kosten einschließlich des einzuplanenden Risikobudgets automatisch aus der Tabelle im Reiter IV-ATV-Risiko übernommen. Hinter den einzelnen hellgrauen Feldern in der Spalte „Vergabeeinheit" kann über ein entsprechendes Auswahlmenü die Vergabeeinheit bestimmt werden, in welche die entsprechende Leistung aufgenommen werden soll. Somit können mehrere Leistungen zu einer Vergabeeinheit zusammengefasst werden.

In der oberen Tabelle „Übersicht Vergabeeinheiten" werden automatisch die entsprechenden Summen der Leistungen für die jeweilige Vergabeeinheit abgebildet. Diese entsprechen dann den jeweiligen Budgets der Vergabeeinheiten.

Da der Kostenanschlag auch als Entscheidungsgrundlage für die Vorbereitung der Vergabe (HOAI-Leistungsphase 6) dient, können in der oberen Tabelle ebenfalls die vom Architekten ermittelten Schätzpreise der einzelnen Leistungsverzeichnisse (Nullbieter) eingetragen werden. Dabei ist zu beachten, dass die Schätzpreise als Bruttosummen eingetragen werden. So ist eine Auswertung im Sinne einer Kostenkontrolle noch vor der eigentlichen Vergabe möglich.

Die obere Tabelle kann im Verlauf der Vergabe um die beauftragten Summen und Firmen für die einzelnen Vergabeeinheiten ergänzt werden.

13   Reiter KF (Kostenfeststellung)

Die Tabelle des Reiters **KF** dient der Kostenfeststellung nach Fertigstellung des Bauvorhabens und ermöglicht eine Kennwertbildung.

In den Leistungsverzeichnissen können den einzelnen Positionen Kostengruppen in der dritten Gliederungsebene zugewiesen werden. Die einzelnen Summen für die Kostengruppen können nach Fertigstellung des Bauvorhabens exportiert und in die Tabelle des Reiters KF eingetragen werden. Dabei ist wieder darauf zu achten, dass es sich bei den Summen für die Kostengruppen um Bruttoangaben handelt.

Die Mengenerfassung für die Kostengruppen der zweiten Gliederungsebene erfolgt wieder zentral oberhalb der Tabellen, die Bezugsmengen für die Kostengruppen der dritten Gliederungsebene werden in den entsprechenden Zeilen der Tabellen erfasst. Die Kennwertbildung sowie die prozentuale Verteilung der Kostengruppen erfolgen automatisch.

Die Abb. G 13.1 gibt einen Ausschnitt der Tabelle mit der Reiterbezeichnung KF wieder.

Kostenfeststellung - nach DIN 276-1:2006-11   Bildung von Kennwerten

Projekt: 0001
            Neubau Musterhaus

Flächenerfassung: alle Flächen erfasst

Lfd. Nr.	KG	Bezeichnung der Kostengruppe	%	Menge	Ein-heit	Euro - Betrag brutto	Kennwert [€/Einheit]	% von 300+400	% von Gesamt
1	100	Grundstück		2.378,00	m²	224.327,00	94,33	5,42	3,43
2	110	Grundstückswert		2.378,00	m²	224.327,00	94,33		
3	120	Grundstücksnebenkosten		2.378,00	m²	0,00	0,00		
13	130	Freimachen				0,00	0,00		
17	200	Herrichten und Erschließen		2.378,00	m² FBG	181.541,00	76,34	4,38	2,78
18	210	Herrichten		2.378,00	m²	0,00	0,00		
24	220	Öffentliche Erschließung		2.378,00	m²	0,00	0,00		
34	230	Nichtöffentliche Erschließung		2.378,00	m²	0,00	0,00		
44	240	Ausgleichsabgaben		2.378,00	m²	181.541,00	76,34		
45	250	Übergangsmaßnahmen		2.530,00	m²	0,00	0,00		
48	300	Bauwerk - Baukonstruktionen		2.530,00	m³ BGF	3.308.157,00	1.307,57	75,10	50,62
49	310	Baugrube		2.800,00	m³	107.834,00	38,51	2,21	
54	320	Gründung		1.124,00	m³	328.431,00	292,20	16,78	
63	330	Außenwände		1.171,00	m²	1.023.346,00	873,91	50,19	
73	340	Innenwände		2.166,00	m²	629.344,00	290,56	16,69	
81	350	Decken		1.527,00	m²	429.471,00	281,25	16,15	
82	351	Deckenkonstruktionen			m²	184.978,00	0,00		
83	352	Deckenbeläge			m²	173.056,00	0,00		
84	353	Deckenbekleidungen			m³	71.437,00	0,00		
85	359	Decken, sonstiges		1.527,00	m²	0,00	0,00		
86	360	Dächer		1.088,00	m²	343.981,00	316,16	18,16	
92	370	Baukonstruktive Einbauten		2.530,00	m²	241.637,00	95,51	5,49	
96	390	Sonst. Maßnahmen f. Baukonstrukt.		2.530,00	m²	204.113,00	80,68	4,63	
106	400	Bauwerk - Technische Anlagen		2.530,00	m² BGF	1.096.783,00	433,51	24,90	16,78
174	300+400			2.530,00	m² BGF	4.404.940,00	1.741,08	100,00	67,41
175	500	Außenanlagen		4.740,00	m² AUF	451.785,00	95,31	5,47	6,91
235	600	Ausstattung und Kunstwerke		2.530,00	m² BGF	324.012,00	128,07	7,36	4,96
245	700	Baunebenkosten, bezogen auf KG 300/400		4.404.940,00 €		948.124,30	21,52%	0,01	14,51
293		Gesamtkosten 100 - 700				6.534.729,30			100%
294		Gesamtkosten gerundet				6.535.000,00			

Aufgestellt: Architektengemeinschaft XX, Paul Müller   Stand: 28.12.2006

Abb. G 13.1: Kostenfeststellung (Ausschnitt)

Die Datei Kostenermittlungen.xls stellt mit den Reitern **STLB-Bau** und **VOB_C** 2 Übersichtstabellen zur Verfügung, die der reinen Information dienen. Diese werden im Folgenden beschrieben.

14   Reiter STLB-Bau

In der Tabelle des Reiters **STLB-Bau** sind die Leistungsbereiche des Standardleistungsbuchs Bau wiedergegeben (Stand Oktober 2006). Außerdem sind die einzelnen Leistungsbereiche den Kostengruppen der ersten Gliederungsebene zugeordnet. Mithilfe der Filterfunktion kann sich der Anwender einen Überblick verschaffen, welche Leistungsbereiche für die einzelnen Kostengruppen infrage kommen können (Symbol mit dem Dreieck über den Kostengruppen – Zeile mit dem „x" auswählen oder wieder „(Alle)" auswählen).

STLB Bau - Dynamische Baudaten
Standardleistungsbuch für das Bauwesen - Stand: Oktober 2006

| | | | Zuordnung | (x = Leistungsbereich in dieser KG enthalten) | | | |
Code	Leistungsbereiche	Tiefbau allg.	Herrichten KG 200	Rohbau KG 300	Ausbau KG 300	Technik KG 400	Freianlagen KG 500
	Allgemeine Standardbeschreibungen (Vorbemerkungen)	x	x	x	x	x	x
000	Sicherheitseinrichtungen, Baustelleneinrichtungen	x	x	x	x	x	x
001	Gerüstarbeiten			x	x		
002	Erdarbeiten	x	x	x			x
003	Landschaftsbauarbeiten	x	x				x
004	Landschaftsbauarbeiten - Pflanzen -	x	x				x
005	Brunnenbauarbeiten und Aufschlussbohrungen	x	x	x			
006	Bohr-, Verbau-, Ramm- und Einpressarbeiten, Anker, Pfähle	x		x			x
007	Untertagebauarbeiten	x		x			
008	Wasserhaltungsarbeiten	x		x			
009	Abwasserkanalarbeiten	x		x			x
010	Dränarbeiten	x		x			x
011	Abscheider- und Kleinkläranlagen	x		x		x	x
012	Mauerarbeiten	x		x			x
013	Betonarbeiten	x		x			x
014	Natur- und Betonwerksteinarbeiten	x		x	x		x
016	Zimmer- und Holzbauarbeiten			x			
017	Stahlbauarbeiten			x			
018	Abdichtungsarbeiten	x		x			x
020	Dachdeckungsarbeiten			x			
021	Dachabdichtungsarbeiten			x			
022	Klempnerarbeiten			x			
023	Putz- und Stuckarbeiten, Wärmedämmsysteme			x	x		
024	Fliesen- und Plattenarbeiten			x	x		
025	Estricharbeiten			x	x		
026	Fenster, Außentüren			x			
027	Tischlerarbeiten				x		
028	Parkettarbeiten, Holzpflasterarbeiten				x	x	
029	Beschlagarbeiten				x		
	Rollladenarbeiten						
053	Niederspannungsanlagen - Kabel, Verlegesysteme					x	x
054	Niederspannungsanlagen - Verteilersysteme, Einbaugeräte					x	
055	Ersatzstromversorgungsanlagen					x	
057	Gebäudesystemtechnik					x	
058	Leuchten und Lampen					x	x
059	Sicherheitsbeleuchtungsanlagen					x	x
060	Elektroakustische Anlagen, Sprech-, Personenrufanlagen					x	x
061	Kommunikationsnetze					x	x
062	Kommunikationsanlagen *)					x	
063	Gefahrenmeldeanlagen					x	x
064	Zutrittskontroll-, Zeiterfassungssysteme					x	x
069	Aufzüge					x	x
070	Gebäudeautomation					x	
075	Raumlufttechnische Anlagen					x	
078	Kälteanlagen					x	
080	Straßen, Wege, Plätze	x		x			x
081	Betonerhaltungsarbeiten	x		x			
082	Bekämpfender Holzschutz			x	x		
083	Sanierungsarbeiten an schadstoffhaltigen Bauteilen			x	x		
084	Abbrucharbeiten	x	x	x	x	x	x
085	Rohrvortrieb	x					x
086	Bauwerkstrockenlegung	x		x			
087	Abfallentsorgung, Verwertung und Beseitigung	x	x	x	x	x	x
090	Baulogistik *)	x	x	x	x	x	x
096	Bauarbeiten an Bahnübergängen						
097	Bauarbeiten an Gleisen und Weichen						
098	Winterbauschutz-Maßnahmen	x		x	x		

*) in Vorbereitung

Abb. G 14.1: Übersicht über die Leistungsbereiche des STLB-Bau (Ausschnitt)

15   Reiter VOB_C

In der Tabelle des Reiters **VOB_C** sind die Normen der VOB Teil C mit der entsprechenden Normennummer und dem aktuellen Ausgabedatum der Norm wiedergegeben (Stand Januar 2007).

Eine entsprechende Zuordnung der Normen zu den Kostengruppen der ersten Gliederungsebene dient wiederum der Information bei der Anwendung von Kostenermittlungen.xls.

Zusätzlich sind die Normenbezeichnungen mit einem Kommentarfeld versehen. In diesen ist der jeweilige Gültigkeitsbereich der Norm kurz zusammengefasst.

VOB Vergabe und Vertragsordnung für Bauleistungen 2006
Teil C: Allgemeine Technische Vertragsbedingungen für Bauleistungen (ATV)

| | | | Zuordnung (x = Leistungsbereich in dieser KG enthalten) | | | | | |
DIN	Ausgabe	Bezeichnung	Tiefbau	Herrichten KG 200	Rohbau KG 300	Ausbau KG 300	Technik KG 400	Freianlagen KG 500
18299	2006-10	Allgemeine Regelungen für Bauarbeiten jeder Art	x	x	x	x	x	x
18300	2006-10	Erdarbeiten	x	x	x			x
18301	2006-10	Bohrarbeiten	x	x	x			x
18302	2006-10	Arbeiten zum Ausbau von Bohrungen	x	x	x			x
18303	2002-12	Verbauarbeiten	x	x	x			
18304	2000-12	Ramm-, Rüttel- und Pressarbeiten	x	x	x			
18305	2000-12	Wasserhaltungsarbeiten	x	x	x			x
18306	2000-12	Entwässerungskanalarbeiten	x	x	x			x
18307	2006-10	Druckrohrleitungsarbeiten außerhalb von Gebäuden	x	x	x			x
18308	2002-12	Dränarbeiten		x	x			x
18309	2002-12	Einpressarbeiten	x		x			
18310	2000-12	Sicherungsarbeiten an Gewässern, Deichen und Küstendünen	x	x	x			x
18311	2006-10	Nassbaggerarbeiten	x	x	x			
18312	2002-12	Untertagebauarbeiten	x	x	x			
18313	2002-12	Schlitzwandarbeiten mit stützenden Flüssigkeiten	x	x	x			
18314	2006-10	Spritzbetonarbeiten			x			x
18315	2006-10	Verkehrswegebauarbeiten - Oberbauschichten ohne Bindemittel			x			x
18316	2006-10	Verkehrswegebauarbeiten - Oberbauschichten mit hydraulischen Bindemitteln			x			x
18317	2006-10	Verkehrswegebauarbeiten - Oberbauschichten aus Asphalt			x			x
18318	2006-10	Verkehrswegebauarbeiten, Pflasterdecken, Plattenbeläge in ungebundener Ausführung, Einfassungen			x			x
18319	2000-12	Rohrvortriebsarbeiten		x	x			x
18320	2006-10	Landschaftsbauarbeiten		x				x
18321	2002-12	Düsenstrahlarbeiten			x			
18322	2006-10	Kabelleitungstiefbauarbeiten						x
18325	2002-12	Gleisbauarbeiten						x
18330	2006-10	Mauerarbeiten			x			x
18331	2006-10	Betonarbeiten			x			x
18332	2002-12	Naturwerksteinarbeiten			x	x		x
18333	2000-12	Beonwerksteinarbeiten			x	x		x
18334	2006-10	Zimmer- und Holzbauarbeiten			x			
18335	2002-12	Stahlbauarbeiten			x	x		x
18336	2002-12	Abdichtungsarbeiten			x			x
18338	2006-10	Dachdeckungs- und Dachabdichtungsarbeiten			x			x
18339	2002-12	Klempnerarbeiten			x			x

Abb. G 15.1:   Übersicht über die Normenreihe der VOB Teil C (Ausschnitt)

16   Schlussbemerkung

Die auf der beiliegenden CD vorhandene Datei **Kostenermittlungen.xls** ermöglicht das Durchführen der einzelnen Stufen der Kostenermittlung entsprechend den Vorgaben der DIN 276-1:2006-1. Darüber hinaus besteht die Möglichkeit, eine monetäre Risikobewertung vorzunehmen. Diese Datei kann dem Architekten ein wertvolles Hilfsmittel bei der Kostenplanung sein.

Die Datei wurde nach bestem Wissen und Gewissen erstellt und programmiert. Trotzdem kann die absolut sichere Funktionsweise der Datei nicht garantiert werden. Dementsprechend wird keine Haftung für diese Datei übernommen.

Abkürzungsverzeichnis

AfA	Absetzung für Abnutzung
ATV	Allgemeine Technische Vertragsbedingungen für Bauleistungen
AVA	Abrechnung Vergabe Ausschreibung
AWF	Außenwandfläche
BauNVO	Baunutzungsverordnung
BauR	Baurecht (Zeitschrift)
BauRB	Der Bau-Rechts-Berater
BBR/Arch	Besondere Bedingungen und Risikobeschreibungen für die berufshaftpflichtversicherung der Architekten und Ingenieure
BetrKV	Betriebskostenverordnung
BGB	Bürgerliches Gesetzbuch
BGF	Brutto-Grundfläche (nach DIN 277)
BGH	Bundesgerichtshof
BKI	Baukosteninformationszentrum Deutscher Architektenkammern
BMVBS	Bundesministerium für Verkehr, Bau und Stadtentwicklung
BMZ	Baumassenzahl
BRI	Brutto-Rauminhalt (nach DIN 277)
BWL	Betriebswirtschaftslehre
CAD	computer-aided design
DC	Discounted Cash
DCF	Discounted Cashflow
DIN	Deutsche Industrie Norm (auch: Deutsches Institut für Normung e. V.)
EG	Erdgeschoss
EK	Eigenkapital
EN	Europäische Norm
ES-Bau	Entscheidungsunterlage Bau

EW-Bau	Entwurfsunterlage Bau
FBG	Fläche des Baugrundstücks
FK	Fremdkapital
GEFMA	German Facility Management Association (Deutscher Verband für Facility Management e. V.)
GFZ	Geschossflächenzahl (nach § 20 Baunutzungsverordnung)
gif	Gesellschaft für Immobilienwirtschaftliche Forschung e. V.
GRZ	Grundflächenzahl (nach § 19 Baunutzungsverordnung)
HF	Hüllfläche (Summe der Fassaden-, Dach- und Grundflächen)
HOAI	Honorarordnung für Architekten und Ingenieure
IBR	Immobilien- & Baurecht
IRR	Internal Rate of Return
KFA	Kostenflächenart
KG	Kostengruppe(n)
KGF	Konstruktions-Grundfläche (nach DIN 277)
LP	Leistungsphase (nach HOAI)
LV	Leistungsverzeichnis
MF-G	Richtlinie zur Berechnung der Mietfläche für gewerblichen Raum (auch: Mietfläche nach gif)
NF	Nutzfläche (nach DIN 277)
NGF	Netto-Grundfläche (nach DIN 277)
NJW	Neue Juristische Wochenschrift
NJW-RR	Neue Juristische Wochenschrift – Rechtsprechungs-Report Zivilrecht
NPV	Net Present Value
NZBau	Neue Zeitschrift für Baurecht und Vergaberecht
OG	Obergeschoss

OLG	Oberlandesgericht	VDMA	Verband Deutscher Maschinen- und Anlagenbau e. V.
OLGR	OLG-Report (auch: Rechtsprechung der Oberlandesgerichte)	VF	Verkehrsfläche (nach DIN 277)
RBBau	Richtlinien für die Durchführung von Bauaufgaben des Bundes	VOB	Vergabe- und Vertragsordnung für Bauleistungen
Rdn.	Randnummer	WertR	Wertermittlungsrichtlinien
STLB-Bau	Standardleistungsbuch Bau	WertV	Wertermittlungsverordnung
SWOT	Strenghts, Weaknesses, Opportunities, Threats (SWOT-Analyse: Analyse der Stärken, Schwächen, Chancen und Risiken)	WFL	Wohnfläche
		WoFG	Wohnraumförderungsgesetz
		WoFlV	Wohnflächenverordnung
TF	Technische Funktionsfläche (nach DIN 277)	ZfBR	Zeitschrift für deutsches und internationales Baurecht
TP	Trading Profit		
UG	Untergeschoss		
VaR	Value at Risk		
VDI	Verband Deutscher Ingenieure e. V.		

Stichwortverzeichnis

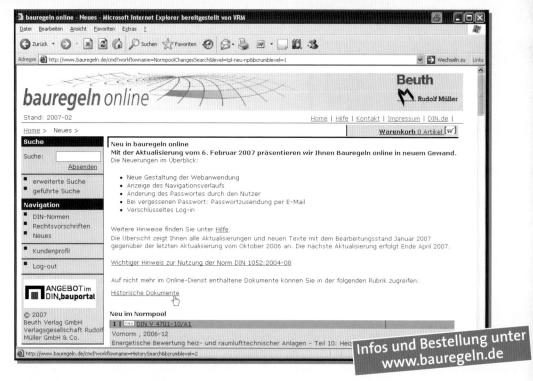